北京高等教育精品教材
BEIJING GAODENG JIAOYU JINGPIN JIAOCAI

飞行器质量与可靠性专业系列教材

质量工程技术基础(第2版)

何益海　戴　伟　编著
康　锐　主审

北京航空航天大学出版社

内容简介

本书在跟踪国内外质量工程技术发展与应用的基础上，以产品寿命周期为主线，对适用于产品规划、设计与制造过程的主要质量工程技术的概念、原理和应用进行了系统的整理和编排，着重阐述质量工程技术的基本原理，在突出技术特色的同时，力求内容的系统性与可操作性。全书共8章。第1、2章介绍质量工程技术相关概念，讲述产品规划阶段的质量功能展开技术；第3～5章介绍产品设计阶段需要的系统设计、参数设计和容差设计技术；第6、7章介绍生产制造阶段需要的统计过程控制技术、质量检验与抽样技术；第8章介绍常用的数据驱动的质量分析与改进基础方法。

本书可供高等院校本科生和研究生学习使用，也可供工程技术和质量管理人员学习与参考。

图书在版编目(CIP)数据

质量工程技术基础 /何益海，戴伟编著. -- 2版
. -- 北京 ：北京航空航天大学出版社，2021.2
ISBN 978-7-5124-3450-9

Ⅰ. ①质… Ⅱ. ①何… ②戴… Ⅲ. ①质量管理
Ⅳ. ①F273.2

中国版本图书馆CIP数据核字(2021)第029455号

质量工程技术基础(第2版)
何益海　戴　伟　编著
康　锐　主审
策划编辑　蔡　喆　　责任编辑　蔡　喆
*
北京航空航天大学出版社出版发行
北京市海淀区学院路37号(邮编100191)　http://www.buaapress.com.cn
发行部电话：(010)82317024　传真：(010)82328026
读者信箱：goodtextbook@126.com　邮购电话：(010)82316936
涿州市新华印刷有限公司印装　各地书店经销
*
开本：787×1 092　1/16　印张：17　字数：435千字
2021年2月第2版　2021年2月第1次印刷　印数：2 000册
ISBN 978-7-5124-3450-9　定价：59.00元

第2版前言

《质量工程技术基础》自2012年8月出版以来，作为质量与可靠性工程、飞行器质量与可靠性、安全工程等本科专业的核心专业课“质量工程技术基础”的指定教材，在近8年的使用中受到师生的好评和肯定，2013年被评为北京高等教育精品教材，并作为核心支撑成果，获得了2017年北京市高等教育教学成果奖二等奖（质量与可靠性国防特色专业质量工程课程体系十年探索与实践）。为了满足质量工程技术的迅速发展和一流本科课程建设的新要求，需要对其内容进行更新和完善。

本版教材在第1版基础上进行修订，保留了原来的基本框架与内容，主要修订思路是：既要符合飞行器质量与可靠性、安全工程等专业培养目标，又要适应质量工程技术发展趋势。根据这一原则，对内容和形式进行了如下整合和完善：

1. 补充了部分内容。第1章增加“质量工程技术的构成”一节，介绍质量工程技术的构成全貌，增加“质量工程师的技术素养”一节，介绍质量工程技术对于质量工程师的应用需求和重要性；第6章增加“制造质量控制原理”一节，介绍制造过程质量控制原理；第8章增加“质量改进基本原理”和“偏差流理论”等内容；附录增加“典型质量事故案例”和“质量工程技术领域主要中英文期刊”等内容。

2. 修订了部分内容。对1.1节、2.1节以及第8章所有二级标题等内容进行了重新梳理和编排。

3. 改正了上一版的编校差错。对出版以来使用过程中发现的各章中的格式和文字错误进行了统一修订，进一步提升了教材的文字质量。

本书再版工作得到北京航空航天大学教材出版基金、北京航空航天大学MOOC建设项目（同名课程已在中国大学MOOC平台上线，课程网址：https://www.icourse163.org/course/BUAA-1461112171）与北京航空航天大学首批校级一流本科课程建设项目的资助，在此表示特别感谢。

本书由何益海副教授和戴伟副教授编写，何益海副教授负责第1、6、7、8章以及附录的编写和修订，戴伟副教授负责第2、3、4、5章的编写和修订，全书由康锐教授主审。本书第1版出版后，在北京航空航天大学可靠性与系统工程学院2010—2017级本科生中使用了8届，使用过程中同学们积极参与勘误，发现和提出了很多好的修订建议,在此向这些同学表示感谢。

本书在编写过程中,参考了大量国内外相关著作、论文与报告,已尽可能在参考文献中列出,在此谨向所有作者表示衷心感谢,若有遗漏,特此致歉。

质量工程技术随着质量管理活动的开展而不断进化,其内涵十分丰富,由于作者水平有限,在把握内容取舍方面,难免有疏漏之处,还请国内外学者给予批评指正。

编　者

2021年1月

第1版前言

2006年，经教育部批准，我国高等院校增设了“质量与可靠性工程”本科专业，北京航空航天大学率先开始招收该专业的本科生，在培养计划中设立了“质量工程技术基础”专业基础核心课，本书就是为适应该课程的教学需要而编写的。

一般认为，质量工程基础知识是由技术与管理两部分组成。本书侧重于按照产品寿命周期介绍适用于产品规划、设计与制造过程的主要质量工程技术方法的概念、原理、运用步骤，并结合实例进行详细阐述，在突出技术特色的同时，力求内容的系统性与可操作性。全书由8章组成：第1章介绍质量工程基本概念；第2章介绍产品规划阶段需要的质量要求的分解与转换技术；第3章、第4章、第5章介绍产品设计阶段需要的系统设计、参数设计和容差设计技术；第6章、第7章介绍生产制造阶段需要的统计过程控制技术、质量检验与抽样技术；第8章介绍常用的质量数据分析基本方法。

本书编写工作得到北京航空航天大学教改项目、北京航空航天大学精品课程建设项目与“十一五”国防特色专业建设项目的资助，同期建设了课程配套网站：http://qpr.buaa.edu.cn，供读者学习参考。

本书由康锐教授与何益海博士编写，康锐教授负责第1、2、3章的编写，何益海博士负责第4、5、6、7、8章的编写，全书由康锐教授统编。在本书编写过程中还得到赵宇教授的指导、常文兵副教授、付革利、温玉红、杨春等老师的帮助以及牟伟萍、马召、米凯、武春晖、毛一岚、沈珍、曾志国、崔亦谦、阳纯波等同学的支持，在此一并表示衷心感谢。本书初稿完成后，在北京航空航天大学可靠性与系统工程学院2006—2009级本科生中试用4届，试用过程中同学们提出了很多好的意见和建议，在此向这些同学表示感谢。本书还得到北京航空航天大学教务处匿名邀请的专家审阅，并对试用教材提出了中肯的修改建议，在此特别感谢。

本书在编写过程中，参考了大量国内外各种有关著作、论文与报告，已极尽可能在参考文献中列出，在此谨向所有作者表示衷心感谢。若有遗漏，特此致歉。

质量与可靠性工程是一个新专业，质量工程技术内涵十分丰富，由于作者水平有限，在如何办好新专业，如何把握内容取舍方面，难免有疏漏，还请国内外学者给予批评指正。

编　者

2012年2月

目　　录

第1章　概　述

1.1　基本概念

1.1.1　质　量

质量(Quality)的常用定义是“一组固有特性满足要求的程度”。在该定义中没有对质量的载体作出界定,是为了说明质量存在于各个领域和任何事物之中。在工业领域,质量的载体主要是指产品和过程。产品是一个非限定性的术语,用来泛指任何元器件、零部件、组件、设备、分系统或系统,它可以指硬件、软件或两者的结合。产品质量是指反映产品满足明确和隐含需要的能力的特性总和。需要指出的是,不同领域、不同类型的产品,其质量内涵的构成是不同的,因此要根据具体产品的实际情况,选择和定义其质量内涵。

产品的质量是由过程形成的,过程是由一系列子过程(活动)组成,包括产品寿命周期各个过程,如规划过程、设计过程、制造过程、使用过程、服务过程、报废处理过程等。图1-1所示是过程的一般图解模型,过程是一组将输入转化为输出的相互关联或相互作用的活动。其中,输入包括用户的需求和资源,资源可包括人员、资金、设备、设施、技术和方法。产品是过程或活动的结果,因此要提高产品质量则必须保证形成产品质量的所有过程的质量。

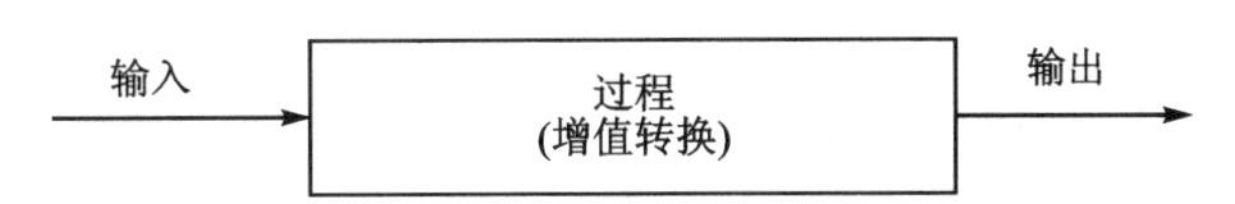

图1-1　过程的一般图解模型

在质量定义中,满足要求包括两个方面的含义,第一就是满足在标准、规范、图样、技术要求和其他文件中已经明确规定的要求;第二就是满足用户和社会公认的、不言而喻的、不必明确的惯例和习惯要求或必须履行的法律法规的要求。只有全面满足这些要求才能称为质量好。需要指出的是,要求是动态的、发展的和相对的,因此应当定期进行审查,按照要求的变化相应地改变产品和过程的质量,才能确保持续满足用户和社会的要求。

在质量定义中,固有特性是通过过程形成的产品的属性,反映了产品满足要求的能力。固有特性是通过要求转化而来的,如应用质量功能展开(QFD)技术。产品(包括不同的产品类型,如软件、硬件)和过程具有不同的质量特性,每一质量特性都有其度量与评价方法,如产品的性能和可靠性、过程的时间性等均具有各自的度量和评价方法。这些属性的度量和评价方法应当是定量的,或通过定性的途径得到定量的结果。

1.1.2　质量特性

在质量定义中,“一组固有特性”既可以对应产品,也可以对应过程。一般来说,产品的质量特性是比较容易定义和度量的,那么常见的产品质量特性主要包括哪些呢?下面以武器装备为例来说明质量特性的内涵。

武器装备的质量特性可以划分为专用质量特性和通用质量特性两个方面。专用质量特性反映了不同武器装备类别的个性特征。例如对于军用飞机而言,其专用质量特性一般包括飞行速度、飞行高度、加速度、作战半径、最大航程、载重量等。表1-1给出了几类典型武器装备的专用质量特性的示例。

表1-1 典型武器装备的专用质量特性

装备类型	主要专用质量特性
火炮	口径、射程、射击精度、射速、配备弹种
军用飞机	飞行速度、飞行高度、加速度、作战半径、最大航程、载重量
坦克装甲车辆	战斗全重、发动机马力、火力性能、速度、越野能力、最大行程、装甲防护能力
水面舰艇	吨位、排水量、续航力、自持力、速度、抗沉性
地面雷达	抗干扰能力、射频频率
制导武器	射程、精度、威力、抗干扰性、控制方式

通用质量特性反映了不同类别武器装备均应具有的共性特征,一般包括安全性、可靠性、维修性、保障性与经济可承受性等,具体如下。

(1) 安全性

安全性(Safety)是指装备不发生事故的能力,即装备在规定的条件下和规定的时间内,以可接受的风险执行规定功能的能力。安全性作为装备的设计特性,是装备设计中必须满足的首要特性。

(2) 可靠性

可靠性(Reliability)是指装备在规定条件下和规定时间内,完成规定功能的能力。可靠性反映了装备是否容易发生故障的特性,其中基本可靠性反映了装备故障引起的维修保障资源需求,任务可靠性反映了装备专用特性的持续能力。

(3) 耐久性

耐久性(Durability)是指装备在规定的使用和维修条件下,对其使用寿命的一种度量,是可靠性的一种特殊情况。

(4) 环境适应性

环境适应性(Environment Suitability)是指装备在变化的环境条件下正常工作的能力,是可靠性的一种特殊情况。其中的环境条件包括自然环境、诱发环境和人工环境等,如对硬件产品,环境条件可以是温度、湿度、振动、冲击、噪声、灰尘、电磁干扰等。对于软件产品,环境条件可以是操作系统、计算机系统等。

(5) 维修性

维修性(Maintainability)是指装备在规定的条件下和规定时间内,按规定的程序和方法进行维修时,保持或恢复其规定状态的能力。

(6) 测试性

测试性(Testability)是指装备(系统、子系统、设备或组件)能够及时而准确地确定其状态(可工作、不可工作或性能下降),并隔离其内部故障的一种设计特性。

(7) 保障性

保障性(Supportability)是指装备的设计特性和计划的保障资源能满足平时战备和战时

使用要求的能力。保障性描述的是装备使用和维修过程中保障是否及时的能力。保障性可分为使用保障性和维修保障性两个方面,前者针对装备的正常使用,后者针对装备的故障维修。

(8) 经济可承受性

经济可承受性(Affordability)是指装备全寿命周期所需费用的可承受程度。全寿命周期费用一般由研制费用、生产费用、使用与保障费用三大部分组成。经济可承受性是一个设计特性,同样要靠技术手段去实现。

(9) 需求适应性

需求适应性(Flexibility)也称柔性,它反映了装备适应用户需求随时间变化的能力。需求的变化可以包括对上述各种属性要求的变化,如使用模式的变化(功能性)、使用环境的变化(环境适应性)、使用时间的变化(耐久性)。

(10) 易用性

易用性(Usability)是指装备在特定使用环境下被特定用户用于特定用途时所具有的有效性(Effectiveness)、效率(Efficiency)以及用户主观满意度(Satisfaction),其中有效性是用户完成特定任务和达到特定目标时所具有的正确和完整程度;效率是用户完成任务的正确和完整程度与所使用资源(如时间)之间的比率;满意度是用户在使用产品过程中所感受到的主观满意和接受程度。易用性实际上体现的是从用户角度所看到的产品质量,是产品竞争力的核心。易用性是以人为核心因素,运用心理学、生理学、解剖学、人体测量学等人体科学知识于工程技术设计和作业管理中,以人为本,着眼于提高人的工作绩效(Human Performance),防止作业中人的失误(Human Error),在保证作业人员安全和创造尽可能舒适的条件下,达到人-机-环境系统总体性能优化的目标。

(11) 可生产性

可生产性(Producibility)也称为生产性,是指装备设计可以以最经济而快速的方法稳定地生产出符合质量要求的装备的可能性。可生产性是系统在规定的工艺、材料、人力、时间以及成本等生产规划的约束下,被生产/建造出来的能力,即生产/建造系统的相对难易程度。

(12) 可处置性

可处置性(Disposability)是装备在全寿命周期内可再次利用以及废弃时不引起任何环境恶化的能力。再利用包括再使用(Reuse)、再制造(Remanufacture)、再循环(Recycle),英文缩写为3R。环境恶化包括产生不能分解并带来健康危害的固体废物、空气污染(有害的气体,液体和悬浮物)、水污染、噪声污染、辐射等。从传统意义来说,产品和生产过程的设计者主要关注寿命周期中从原料的提取到生产这一阶段。现在,设计者越来越多地考虑如何循环利用他们的产品。同时,他们必须考虑消费者如何使用他们的产品。生产过程设计者必须避免生产场地的污染,简单地说,设计者必须对包括加工过程的产品的整个寿命周期负责。

1.1.3 质量工程

按照工程的定义,工程是以某组设想的目标为依据,应用有关科学知识和技术手段,通过一群人有组织的活动将某个(或某些)现有实体(自然的或人造的)转化为具有预期使用价值的人造产品过程。GJB 1405—92 给出了如下质量工程的定义:

将现代质量管理的理论及其实践与现代科学和工程技术成果相结合,以控制、保证和改进产品质量为目标而开发、应用的技术和技能。

GB/T 19030—2009(质量工程术语)给出了如下质量工程(Quality Engineering)的定义:

为策划、控制、保证和改进产品的质量,将质量管理理论与相关专业技术相结合而开展的系统性活动。

从上面定义看出:管理与技术是质量工程的两个重要基石,缺一不可。如果离开质量工程技术的支撑,质量工程管理将成为空洞的理念与模式;如果离开质量管理的指导、集成和应用,质量工程技术将是无序的、离散的。

需要指出的是,质量工程技术是在工业化进程中逐渐产生的,包括一系列用于产品和过程质量特性的需求论证、设计分析、试验评估、检验控制和缺陷分析的理论和方法,这些理论与方法具有共性和通用的特征,普遍适合于大部分产品和过程,因此质量工程技术是质量工程师必须掌握的基础。

1.1.4 质量管理

管理是指挥和控制组织协调地活动,基于此,GB/T 19000—2015(质量管理体系基础和术语)给出了如下质量管理(Quality Management)的定义:

在质量方面指挥和控制组织的协调的活动。在质量方面的指挥和控制活动,通常包括制定质量方针和质量目标,以及质量策划、质量控制、质量保证和质量改进等活动。

随着质量内涵的不断扩充和质量工程技术方法的不断出现,质量工程管理的理念和体系也在不断更新。在20世纪60年代初,产生了全面质量管理(Total Quality Management, TQM)的概念,其代表人物是美国的费根堡姆(A. V. Feigenbaum)和朱兰(J. M. Juran)。

全面质量管理是系统工程原理在质量工程领域的具体应用,符合系统工程的基本特性——整体性、综合性、择优性以及社会性。

全面质量管理的整体性体现在必须对产品设计、生产和使用的全寿命周期过程进行控制。这是因为质量是在产品设计、生产中形成的,在使用中表现出来。一般来说,在产品的不同发展阶段,由于质量缺陷带来的经济损失是不同的,越在寿命周期后期暴露出来的缺陷,其产生的经济损失越大。因此全面质量管理强调,在设计阶段缺乏质量管理是产生低劣质量的最主要原因。产品质量不是检验出来的,而首先是设计和制造出来的。以质量特性中的可靠性为例,可靠性设计的目的在于将未来产品可能发生的故障或隐患消灭在设计完成之前,因而加强可靠性管理(全面质量管理的重要组成部分)对消灭设计缺陷是至关重要的。因此,应当贯彻设计质量与制造质量并重,服务质量与产品质量并重的原则,将质量管理向产品寿命周期的两头延伸,变为对产品研制、生产、使用全过程的质量管理。

全面质量管理的综合性体现在质量管理必须对产品的性能、可靠性、维修性、测试性、保障性、安全性、经济性等各种质量特性进行全特性的综合。全面的质量是产品满足顾客要求的全部特性或特征的综合。一个产品,尤其是武器装备,其效能不仅取决于它的性能,还依赖于它的可靠性、维修性、测试性、保障性、安全性等因素。这些因素还共同决定了产品全寿命周期费用和效费比。因此全面质量管理的观念和方法不仅要贯穿到性能的设计过程与生产过程,还必须渗透到可靠性、维修性、测试性、保障性、安全性等技术领域,也就是要对产品进行全方位的质量管理。

全面质量管理的择优性体现在质量管理必须有明确的目标,即保证产品在全寿命周期中费用最少、效能最高。全面质量管理必须把质量效益放在第一位,“质量第一,永远第一”不是一句空洞的口号，而是企业应追求的永恒目标。

全面质量管理的社会性体现在质量管理要求全体人员注重不断改进产品质量。必须认识到在企业中推行全面质量管理的关键是领导者，只有各级领导者重视质量，才可能带动全体员工有效地开展以"全员"作为重要特征之一的全面质量管理。因此搞好产品质量是企业全体人员的共同任务，绝不仅是质量管理部门的责任。

从质量工程技术与管理的发展过程可以看出，质量工程的时间、空间观念在不断变化，深度、广度和过程都在不断发展，每一次质量观念的飞跃都伴随着科学技术的革命和变革。进入21 世纪以来，质量工程将进入一个新的发展阶段，质量工程将受到政治、经济、科技、文化、自然环境的制约而同步发展，质量工程系统将作为一个子系统而在更大的社会系统中发展。在这一过程中，必然要求有更加先进的质量工程技术作为技术支撑。

1.1.5　质量工程技术

按照技术的定义可以认为，所谓技术是人类在实践经验和科学原理基础上形成的关于改造自然的手段、工艺方法、技能体系的总和。

质量工程技术（Quality Engineering Technology，QET）是以系统工程理论为指导，保证产品质量特性实现的所有技术的统称，是实现产品"全系统全寿命全特性"质量管理的重要基础，是其他工程技术发挥效能的共性使能技术。

质量特性是在产品生命周期内开展质量控制与保证的主线，质量工程技术就是完成质量特性在产品生命周期内的识别、分解、设计、评价、控制、检验与运用的技术手段的集合，质量工程技术通过改变产品质量特性的状态来实现对产品质量的保证与控制。

1.2　质量工程技术的发展

1.2.1　质量检验技术

在人类社会发展史上，产品质量很早就被人们所重视。早在远古时代，人类在从事生产劳动时就存在对生产成果最简单的检验活动。中文的"质"在古文中写为"質"，即斤斤计较的意思，可以看出古代中国人对质量的理解还是非常深入的。

20 世纪前，科学技术落后，生产力低下，工业生产是在手工作坊中进行的，产品的需求论证、设计分析、生产检验往往集中在一个"能工巧匠"身上，产品质量完全取决于这个"能工巧匠"的能力和水平。公元前 403 年，中国的《周礼・考工记》中就曾提出"审曲面势，以饬五材，以辨民器"的产品质量要求。北宋年间，军事家曾公亮的《武经总要》和科学家沈括的《梦溪笔谈》中，都分别记载了兵器制造中的质量要求和控制标准。但是，这些质量要求和控制标准往往是定性的，并且依赖于人的主观判断，所以这个时期被称为"操作者的质量"时期。

到 20 世纪初，随着工业革命的兴起，生产力迅速发展，手工作坊式的质量检验已不能满足工业生产的复杂要求，因此出现了专门的产品质量检验人员，形成了一定的检验组织形式，并逐渐产生了专门的质量检验技术。质量检验的核心是对已生产出来的产品通过"事后把关"的方式，通过专门的检验发现不合格的产品。其主要做法是预先制定产品的技术要求和加工精度要求，检验人员按要求利用各种测试手段对零部件和成品进行检查，做出合格与不合格的判断,不允许不合格品进入下道工序或出厂。质量检验中所采用的检验技术是依附于各质量特性的专业基础的,比如对机械性能的检验要用到机械工程技术,对电气性能的检验要用到电气工程技术。质量检验的专业化在质量工程的发展史上具有里程碑式的意义。

质量检验实施的初期,采用的是全数检验方法,但随着产品产量的增加,这种方法的检验时间长、生产效率低,于是产生了基于概率论与数理统计理论的抽样检验方法。抽样检验方法的基本原理是对同一批次的产品,按照预先制定的比例抽取少量的产品样本进行检验,根据产品样本的检验结果来判定整个批次产品是否合格。这种方法在生产过程稳定的条件下,极大地提高了检验效率,同时也能保证批量产品的质量。可以说抽样检验方法标志着质量工程技术作为一个新的专业技术门类的诞生。

1.2.2 质量控制技术

虽然抽样检验可以提高检验工作的效率,但其本质是“事后把关”,如果检验中出现批次性的质量问题,将极大地增加生产成本,延迟交货时间,损失巨大。因此,人们开始寻求预防废品产生的方法。在 20 世纪二三十年代,英国数学家费希尔(R. A. Fisher)提出的方差分析与试验设计理论,美国贝尔实验室休哈特(W. A. Shewhart)提出的统计过程控制(SPC)理论及过程控制工具——控制图,均为缺陷预防提供了重要的理论基础。尤其是美国贝尔实验室的休哈特认为:质量管理应该具有预防废品的职能。1924 年,他利用概率论原理,提出了生产过程中的“质量控制图法”和“缺陷预防”的概念。从那时起,基于数理统计方法的质量控制技术不断产生,为质量管理插上了技术的翅膀。

质量特性的数据分析方法、试验设计方法、统计过程控制方法等新技术进一步丰富了质量工程技术的内涵,奠定了质量工程的技术基础。当然,从事后的缺陷检验到事前的缺陷预防也是质量管理观念的一次大飞跃。

1.2.3 质量设计技术

20 世纪 50 年代末期,随着科学技术的发展,工业产品不断更新换代,大规模工程系统相继问世,对于这些新产品,除了要满足原有的机械、电气等专用质量特性要求外,还需要满足安全性、可靠性、维修性、适应性、经济性等新的通用质量特性要求,这些新的特性要求一方面扩大了人们对质量特性的认识,另一方面对应着这些特性也产生了一批新的专业技术方法。这些新要求也使人们认识到单纯依靠对生产过程的统计控制和抽样检验技术已不能满足对产品的高质量要求,必须要从“产品设计”这个源头开始预防和控制缺陷与故障。因此,陆续产生了可靠性、安全性等新技术方法来预防产品故障,产生了质量功能展开(QFD)方法来分析产品质量需求,产生了三次设计方法来优化产品质量特性,产生了维修性、测试性、保障性技术来快速诊断产品故障和维修产品等。这些新技术方法又一次更新和扩充了质量工程技术的内涵。

1.3 质量工程技术的构成

1.3.1 质量管理与控制集成框架

根据系统工程思想,质量体系、过程质量、实物质量是开展产品质量管理和控制的 3 个主要部分,产品质量管理与控制集成框架如图 1-2 所示。

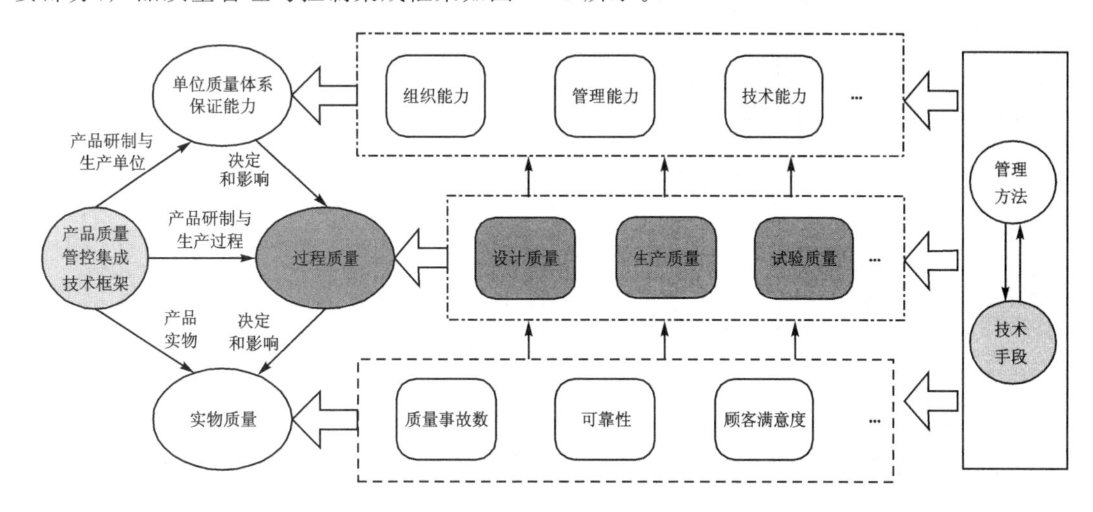

图 1-2　质量管理与控制集成框架

由图 1-2 可见,产品过程质量决定着产品实物质量,过程质量指标是产品实物质量的先兆指标;单位质量体系保证能力决定着产品过程质量,质量管理体系指标是产品过程质量的先兆指标。产品质量管控的关键在于预防,为此,要想对产品实物质量进行前摄性控制,必须要控制好产品的过程质量,进而进一步提高质量体系保证能力。以上分析可见,过程质量是产品实物质量和单位质量体系保证能力的中枢,抓好产品过程质量的防控是质量管理与控制集成框架协调运转的关键。

1.3.2　质量工程技术体系

针对现代科学技术的体系结构,中国著名科学家钱学森从系统科学思想出发提出了矩阵式结构,该科学技术体系横向看有 11 大科学技术部门,即自然科学、社会科学、数学科学、系统科学、思维科学、行为科学、人体科学、军事科学、地理科学、建筑科学、文艺理论;纵向看,每一个科学技术部门里都包含着 3 个层次的知识:第 1 个层次是揭示客观世界规律的基础理论(或基础科学),第 2 个层次是为应用技术直接提供理论基础和方法的技术科学(或基础技术),第 3 个层次是直接用来改造客观世界的应用技术(或工程技术)。

质量工程技术作为自然科学与系统科学的交叉学科,其学科技术体系也具有层次性,这种层次性反映了质量工程技术的研究应用规律,质量工程技术体系如图 1-3 所示。

1. 基础理论层

质量工程技术的基础理论是指依据应用统计理论与系统工程理论来认知质量特性演化、质量波动、故障发生规律的理论体系,并催生出新的质量工程基础技术。基础理论层包括以下 5 种理论。

(1) 系统工程理论

系统工程理论是一门纵览全局、着眼整体、综合利用各学科的思想与方法,从不同方法和视角来处理系统各部分的配合与协调,借助于数学方法与计算机工具来规划和设计、组建、运行整个系统,使系统的技术、经济、社会效果达到最优的方法性学科。

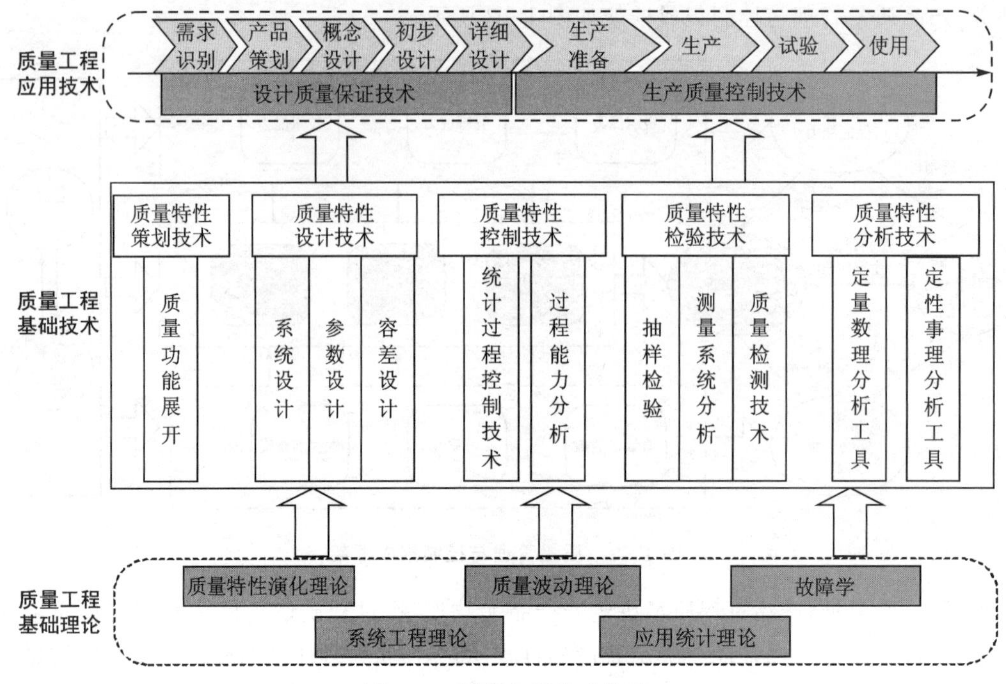

图 1-3　质量工程技术体系

(2) 应用统计理论

应用统计理论主要研究统计学的一般理论和方法在社会、自然、经济、工程等各个领域的应用以及在应用中使用的具体方法问题,它是统计学和其他学科之间形成的交叉学科,也是理论统计学发展的源泉。

(3) 质量特性演化理论

质量特性演化理论基于适用性质量理念,从顾客需求、功能需求、结构需求、工艺需求的演化状态空间出发,为实现定量化的质量设计与质量控制提供具体的信息支持,从而达到产品寿命周期质量可观、可测、可控的目的。

(4) 质量波动理论

质量波动理论基于符合性质量理念,研究质量特性测量值受操作者、设备、材料、工艺方法、测量及环境等影响因素作用的波动规律,为消除不正常的系统波动提供理论支持。可以认为质量水平与波动成反比,波动越小,质量水平越高。

(5) 故障学

故障学是研究和运用故障的系统特性与系统规律的方法学。它从产品的系统性出发,研究故障的发生与发展的基本规律,为预防、预测、诊断和修复故障提供理论基础。

2. 基础技术层

质量工程技术的基础技术是指运用质量特性演化理论、质量波动理论、故障学等基础理论来提高产品质量与可靠性的技术体系,它以产品质量特性在产品设计与生产过程中的策划、设计、分析、控制、检验为主线,为质量工程技术的应用提供技术手段。基础技术层包括以下5种技术。

(1) 质量特性策划技术

质量特性策划的主要任务是从表征产品全体特性(专有质量特性和通用质量特性)的集合

中识别出满足顾客需求的关键少数质量特性集合，并进行分解。质量功能展开(Quality Function Deployment，QFD)是使用最为广泛的质量特性策划技术，本书将在第2章详细介绍质量功能展开技术的概念与原理。

(2) 质量特性设计技术

质量特性设计的主要任务是按质量特性要求优化设计参数，从而达到将质量设计融入产品设计方案的目的。系统设计、参数设计与容差设计等三次(稳健)设计技术是最为主要的质量特性设计技术，本书将在第3、4、5章详细介绍上述三次设计技术的概念与原理。

(3) 质量特性控制技术

质量特性控制的主要任务是根据质量特性要求，监控质量特性波动与过程能力，通过控制过程质量达到满足产品实物质量的目的。统计过程控制、过程能力分析是应用最为广泛的质量特性控制技术，本书将在第6章介绍上述技术。

(4) 质量特性检验技术

质量特性检验的主要任务是根据质量检验要求，通过观察和判断，必要时结合测量、试验或度量来进行符合性评价。抽样检验、测量系统分析与质量检测技术是常用的质量检验技术，本书将在第7章介绍质量检验与抽样技术。

(5) 质量特性分析技术

质量特性分析的主要任务是基于质量数据，分析其质量特性发生偏差的原因，对产品质量趋势性发展规律进行刻画与度量。质量控制老七种工具等定量数理分析工具、质量管理新七种工具等定性事理分析工具是应用最为广泛的质量特性分析技术，考虑到质量分析技术为策划、设计、控制与检验技术提供基础方法支持，因此，本书将在第8章介绍上述质量分析基础方法。

3. 应用技术层

质量工程技术的应用技术是指在基础理论与基础技术之上形成的工程应用技术。这些技术为最终形成产品全系统全寿命质量与可靠性工程技术的标准与规范、工具与设备、组织与管理方法提供坚实的技术支持，并提高和改进产品质量。应用技术层包括以下5种技术。

(1) 设计质量保证技术

设计质量保证技术是对产品设计阶段应用质量工程基础技术保证产品设计方案与设计过程质量的应用技术的总称，是质量工程基础技术在产品设计阶段的具体应用。

(2) 生产质量控制技术

生产质量控制技术是产品生产阶段应用质量工程基础技术控制生产过程与工艺方案质量的应用技术的总称，是质量工程基础技术在产品生产阶段的具体应用。

本书面向产品形成过程质量控制和预防需求，重点介绍质量工程技术的基础技术层的技术概念与原理，重点阐述质量特性策划、设计、分析、控制与检验等狭义质量工程技术，对于可靠性等质量特性运用技术(广义质量工程技术即可靠性系统工程技术)及质量工程基础理论与应用技术则不做介绍。

1.4 实施质量工程技术的重要性

1.4.1 实施质量工程技术对武器装备建设的重要性

在武器装备建设与发展中全面实施质量工程技术具有多方面的重要意义。

(1) 提高军事竞争力的必然要求

武器装备建设是一个国家军事实力的重要组成部分。构成武器装备质量的性能、耐久性、可靠性、安全性、维修性、测试性、保障性、适应性、经济性等各种属性的最佳组合决定了武器装备的作战能力和保障能力。在武器装备的全寿命过程周期实施质量工程是使武器装备获得优良质量的有效途径,也是提高国际军事竞争实力的必然要求。

(2) 应对军事技术复杂性的有效手段

人类科学技术发展史表明,大多数先进科学技术首先应用于军事领域,因此武器装备的技术先进性和技术复杂性大大领先于其他产品领域。技术的先进性和复杂性使得影响武器装备质量的要素和环节增多,这些要素和环节之间的相互关系复杂,只有全面实施质量工程,才能保证武器装备达到质量优良的要求。当前我国正在利用信息技术等先进科学技术实现武器装备建设的跨越式发展,更加显现出了质量工程的重要性。

(3) 适应武器装备严酷使用环境的重要途径

武器装备作战需求多变、使用强度大、使用环境恶劣,要适应各种地理和气象条件,在这些环境条件下,如果武器装备的质量低劣,必然难以满足复杂的作战和训练任务要求,进而影响武器装备作战能力的发挥。因此,全面实施质量工程是保证武器装备具有良好环境适应性的重要途径。

(4) 降低巨额投资风险的基本保证

武器装备的研制和保障费用高昂,研制和使用周期长,一旦失败,造成的政治、经济和军事影响巨大。全面实施质量工程是实现武器装备研制“一次成功”的重要保证,所谓“一次成功”是指武器装备的研制质量是建立在对组成产品的各零部组件、各分系统以至全系统的精心设计、精心试制和严格充分的验证基础上,在全系统首次集成试验时就成功。在我国综合国力还不十分强大的现实情况下,更应该珍惜每一分投资,严格实施质量工程,千方百计提高装备质量,降低武器装备研制的风险,避免给社会造成巨大损失。

1.4.2 实施质量工程对民用产品开发的重要性

在民用产品的开发中,实施质量工程技术同样具有重要意义。

(1) 赢得市场竞争的必经之路

我国正在全面建设社会主义市场经济体制,从社会整体上看,市场经济的充分竞争使得社会总体的产品质量水平不断提高,广大消费者最终受益。但是对于一个具体的企业来说,这种竞争是具有某种程度的残酷性的。贯彻现代质量观,全面实施质量工程,不断提高本企业产品和服务的质量,是企业赢得市场竞争的必经之路。

(2) 实现企业利润最大化的有效手段

在社会法律和道德的约束下,企业必须要追逐最大的利润,而优良的产品质量和服务质量是降低企业产品研制成本、生产成本和售后服务成本，获取最大利润的有效手段。

(3) 打造“百年老店”的战略基础

国内外成功企业的实践表明，企业的发展和壮大大多都经历了产品价格竞争、售后服务竞争、产品质量竞争和企业品牌竞争这几个阶段。全面实施质量工程，进行质量文化建设，是实施企业品牌战略的重要组成部分。在国际化背景下，全面实施质量工程对企业发展的战略意义更加重要。

1.5 质量工程师的技术素养

质量工程师是企业运用和实施质量工程技术的主力，对于他们而言，扎实掌握各类质量分析工具的正确应用方法、全面熟悉质量管理体系的建立与维护、深入了解目标产品是形成自身卓越的核心竞争力的三大关键基础。只有具备了这些硬实力，质量工程师才能在实际工作中正确高效地解决和预防各类不同的质量问题。

首先，质量分析工具是质量工程师的立身之本。从最基本的质量概念与意识、质量控制(Quality Control，QC)新旧七大手法到较为高端的统计过程控制与各类基于数据的分析建模方法，都是质量工程师解决各类质量问题有力武器。依靠上述有力工具，质量工程师既可以实现最简单的品质控制与分析，也可以完成质量策划改进工作，从而帮助提升组织流程效率与效益，将质量工作从“点”逐步扩展到“线”再延伸到“面”。

其次，质量管理体系是质量工程师的另一看家法宝。质量工程师应当在掌握主要质量管理体系标准的基础上，通过实践操作和运用加深对质量体系技术要求的理解，进一步为实际质量管理与改善工作提供理论指导和总结。现如今，全面质量管理与六西格玛理念已经成为企业核心管理理念，这更要求质量工程师具有深厚的质量管理体系知识，例如ISO9001标准、抽样理论、丰富的审核经验等，将整个质量管理工作的任督二脉完全打通，从而把质量工作的效果提升至完美。

最后，质量工程师是产品研发、生产、采购与销售部门的服务支持者与决策参与者，因此必须深刻掌握目标产品的专业知识，例如产品技术指标、设计方案、工艺流程、关键控制要点等设计与工艺知识。对目标产品的正确理解，不仅能够帮助质量工程师在产品质量工作中快速击中问题要害，还有助于消除质量工程师与其他部门人员在认知与沟通上的分歧，使质量工程师的判定与结论更容易获得其他部门的认可与信服。

习题1

1-1 通过身边的例子说说你对质量的理解。

1-2 提高产品质量对我国国防和经济建设有何重要意义？

1-3 试列举你所知道的产品质量问题导致企业经营失败的案例。

1-4 列出一种你熟悉的产品的常用质量特性。

1-5 请登录图书馆电子文库查找两份质量工程技术领域的国际期刊名称。

本章参考文献

[1] 国家标准化管理委员会. 质量管理体系基础和术语:GB/T 19000—2016[S]. 北京:国家质量监督检验检疫总局,2016.

[2] 国家标准化管理委员会. 质量工程术语:GB/T 19030—2009[S]. 北京:国家质量监督检验检疫总局,2009.

[3] 康锐,何益海. 质量工程技术基础[M]. 北京:北京航空航天大学出版社,2012.

[4] 赵宇,何益海,戴伟. 质量工程技术体系与内涵[M]. 北京:国防工业出版社,2017.

[5] 制造质量强国战略研究课题组. 制造质量强国战略研究(技术卷)[M]. 北京:中国质检出版社,2016.

[6] 中国质量协会. 中国制造企业质量管理蓝皮书[M]. 北京:人民出版社,2017.

[7] Montgomery D C. Introduction to Statistical Quality Control,7th Edition[J]. Technometrics, 2012,49(1):108-109.

第2章　质量功能展开技术

2.1　质量规划

在产品的开发过程中,其产品定位和质量特性要求都是通过论证提出的。但是,在论证过程中应该关注哪些技术指标,当这些技术指标发生矛盾和冲突时,如何进行权衡和取舍,对这些问题的决策结果往往直接决定了产品开发的成败。这是因为,在某些情况下用户的需求是明确的,比如开发一项电子产品,如果主要用于国内市场,那么它的电源电压要求就是明确和具体的,而可靠性要好,这样的要求就是模糊的,所以,企业必须综合考虑成本、竞争、研发进度等多种要素后,才能明确一个具体的技术指标。因此归纳和权衡用户的各种需求对明确开发一个什么样的产品至关重要。以往,企业在开发一个新产品时,常常是由研发部门来论证要研制一个什么样的产品,然后由销售部门将它推销给用户,如果产品不是根据用户需要来设计、制造的,那么即使利用推销、促销等手段也难有起色。所以,采用什么样的程序和方法论证提出产品的各项质量特性的技术指标,对一个企业在推进质量工程的过程中是一个十分重要的技术与管理问题。随着技术日益先进,竞争日趋激烈,高质量的产品必须首先满足用户需求,因此,为了准确地从用户需求中获取便于设计人员理解的质量特性,需要有一种科学的、规范化的方法来进行需求分析,从而把用户的需求转换为质量特性的设计要求,再进一步转换为生产工艺等要求,这是成功进行产品研发的前提。

质量功能展开(Quality Function Deployment,QFD)方法提供了将用户需求转换为相应的质量特性要求的具体方法,可以保证用户需求落实到产品的市场定位和方案设计中。通过这种方法,能使每一项用户需求都尽量得到满足。通俗地讲,QFD是把用户的期望和要求转换为企业内部的“语言和程序”,并进行传递和实现的闭环方法。现代化的产品涉及众多的专业技术领域,而用户的需求也涉及各个方面,因此必须建立一个由多个专业人员构成的综合小组,才能胜任将用户需求转化为产品设计、工艺要求的任务。例如,这个小组可以由产品设计部门各专业技术方向的代表、制造部门的工艺设计师、销售和售后服务部门的工程师以及管理部门的骨干组成。有时,个别有代表性的用户也可参加。这个小组的任务不仅应当形成和确定各种质量特性的技术要求,还应当在整个研发过程中跟踪产品和工艺的技术要求,以确保用户的需求支配产品的设计和生产过程。

2.2　质量屋

QFD过程实际就是构建一个或多个矩阵,这些矩阵被称为“质量屋”,如图2－1所示。

① 左墙:需求(WHATS)矩阵,表示用户需求。用户的需求是各种各样的,此项矩阵的建立应尽量充分、准确和合理,否则后续的所有需求展开工作都可能会偏离真实的用户需求。

② 天花板:实现(HOWS)矩阵,表示在设计、生产中如何实现用户的需求。实现矩阵是设计开发人员的语言,用来描述对应于用户需求的设计、生产要素要求,即有什么样的用户需求

就应有什么样的设计、生产要素要求来对应保证。设计、生产要素要求是用户需求的映射变换结果。

③ 房间:相关关系矩阵,表示需求(WHATS)与实现(HOWS)的相互关系矩阵。每个用户需求与设计要素之间的关系,可以用"1—3—5"或者"1—3—9"来表示其弱相关、一般相关、强相关的关系。

④ 屋顶:自相关关系矩阵,表示实现(HOWS)矩阵内各项目的关联关系。各质量特性之间难免会出现冲突,降低其中一个指标的同时必然会影响到其他指标的完成情况。QFD用正相关、不相关以及负相关来定性描述质量特性之间的关系。

⑤ 右墙:评价矩阵,表示从用户角度评估竞争性。用户需求有主次、轻重之分,QFD方法中对此的处理是:对用户的各项需求给予权重因子以便排序,同时通过专业人员的判断,确定竞争对手在实现每个用户需求上的竞争力,并与自身产品进行比较,找出改进点。

⑥ 地下室:输出矩阵,表示实现(HOWS)矩阵中每一项的技术成本评价等情况,可以通过定性和定量分析得到输出项——细化的实现(HOWS)矩阵项,即完成了"需求什么"到"怎样去做"的转换。该矩阵通过相关关系矩阵和评价矩阵中的用户需求重要度得出设计、生产要素重要度,之后同样由专业人员判断竞争对手和自身公司对于每个设计、生产要素可以达到的水平,找出不足之处,提出改进措施。

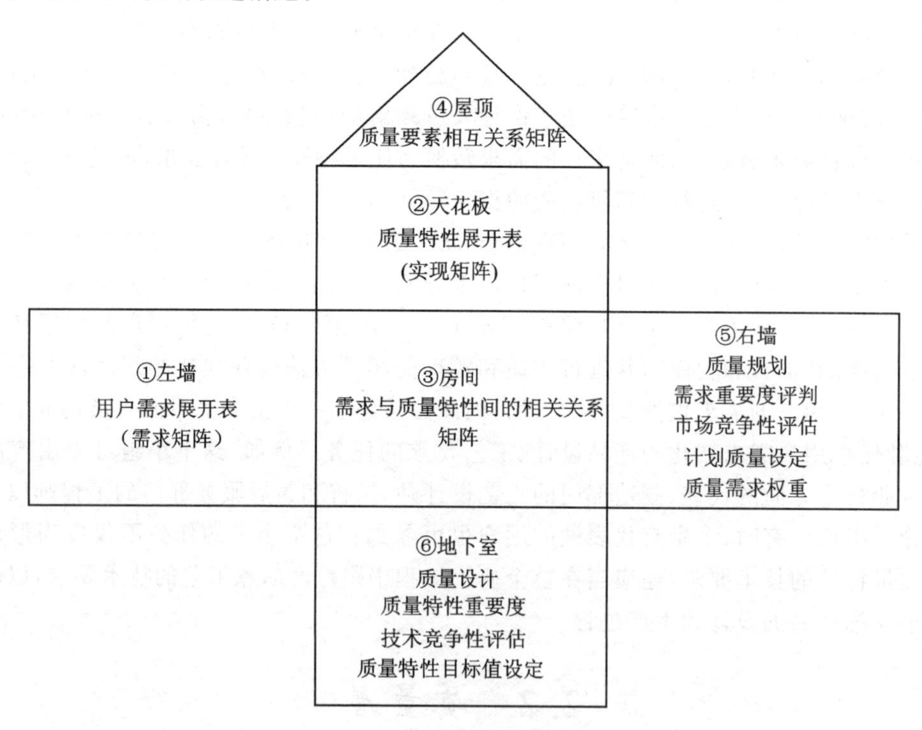

图2-1 质量屋的构成

QFD方法用于需求分析时,将一系列权重各不相同的主观用户需求转化为一系列系统级的设计需求。在随后研制过程的每个阶段中,将系统级的设计需求转化为一系列更为详细的需求时,将用到类似的方法。如图2-2所示,前一个质量屋的目标是下一个质量屋的需求,就这样需求逐级往下分解,可以转换出系统需求、子系统需求、部件需求、制造工艺需求、保障设施需求等。这样做的目的是保证需求的正确性和从上到下的可跟踪性。

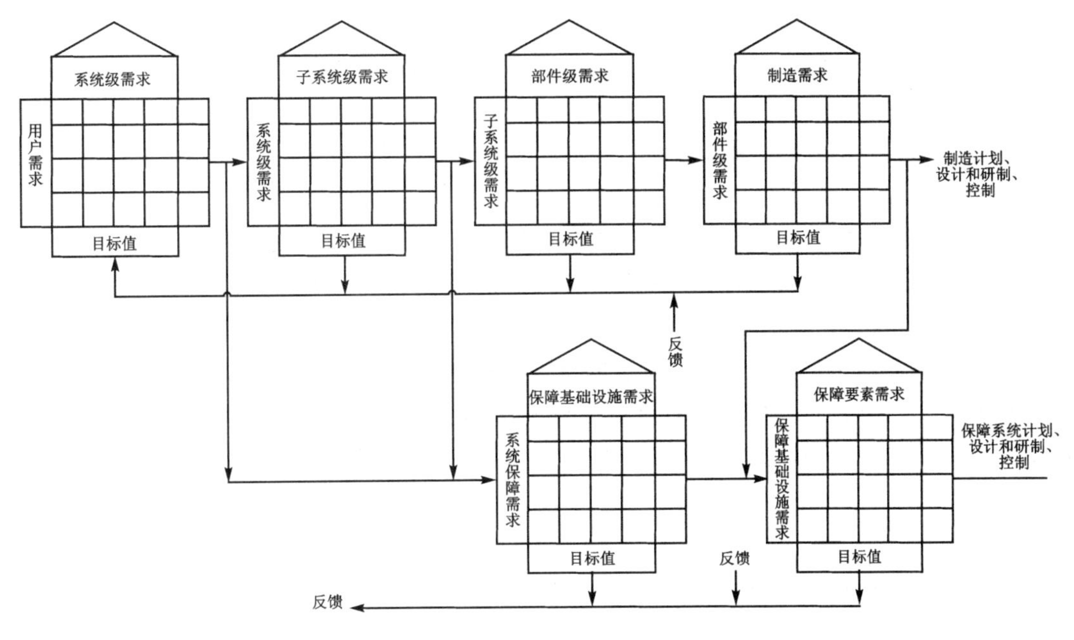

图 2－2　质量屋群——实现需求的可跟踪性

2.3　质量要求的分解与转换过程

实施 QFD 的步骤包括：

①确定用户需求；

②根据用户需求确定产品相应的质量特性，并构建规划矩阵；

③确定用户需求与质量特性的关系矩阵；

④确定质量特性之间的关系；

⑤与其他产品比较分析；

⑥列出现有产品质量特性的量值；

⑦确定竞争策略；

⑧为每个质量特性确定技术指标；

⑨计算每个质量特性的重要度；

⑩确定技术难度；

⑪选择应进一步开展的质量特性；

⑫将产品质量特性转化为零件特性、工艺要求和生产要求。

2.3.1　确定用户需求

确定用户需求包括：

①了解用户需求，即获取用户需求的原始信息，把握用户的真正需要。

②将用户需求细化、归纳、综合并转换成相应的产品质量要求。

用户是以他们自己的术语来表达其需求的,这些需求往往是非常概要的,非定量的,有时容易把重要的要求与对细节的不满和抱怨混在一起。因此不能原封不动地认可这些要求,必须对用户的需求加以分析,并予以细化、归纳、综合,这样才能把原始的用户需求转化为产品的质量要求。

这样细化并转化为质量要求的例子如表2-1所列。

③用户需求重要度排序。

用户需求重要度表示用户对实现不同产品特性的迫切要求的程度的指标。重要度的计算方法有3种:一是在原始情报转化为质量要求时,统计每个要求重复出现的次数,次数越多,则表示大多数用户重视该要求,该要求的重要度就高,反之则低;二是在用户需求定义完成后,对用户进行调查,要求用户对各项质量要求的重要度打分,然后根据返回的信息进行统计处理后得到用户需求重要度的排序;三是通过层次分析法,对各质量要求的作用或影响进行对比分析,并分配适当的权重,以合理反映各个质量要求的相对重要性,从而了解各项质量要求重要度。

表2-1 用户需求的推演

基本要求	第二级	第三级
产品应当是可信的和可靠的	可靠的,不引起麻烦的	可随时起动 使用中没有麻烦,即不会发生: ·停机 ·导致非使用功能 ·造成不方便
	寿命长	没有非预期的部件损耗 没有非预期的状态恶化
	很容易、很快地投入使用	能很快地投入使用 部件很容易适用 使用是有效的

④卡诺模型。

卡诺模型是由日本的Noriaki Kano博士于20世纪70年代提出的,它表示实现不同的用户需求与用户满意度之间的关系,它可以帮助我们更好地理解如何全面满足用户需求,辅助确定用户需求的权重。卡诺模型将用户需求分为3类:基本型(基本质量)、期望型(期望质量)、兴奋型(魅力质量),如图2-3所示。

基本质量:体现用户基本需求的产品质量。用户认为产品达到该质量是理所当然的,如果产品或服务未能达到该质量,将会引起用户强烈的不满。如拥有私人轿车的用户认为,轿车应该容易启动、无剧烈的振动感、车内噪声较小,这些都是轿车的基本质量。仅仅提供基本质量远远不足以满足如今用户的要求。

期望质量:用户明确考虑和期望的产品质量。例如用户在购物超市收银台前排队的时间就是一种期望质量。期望质量用直线表示,期望满足得越好,质量越高,反之用户就不满意。

用户满意程度与期望质量之间基本成线性关系。

魅力质量:那些用户未曾想到的,但又确实需要的产品质量。这种质量来自于创新,对产品魅力质量的微小改进将会引起用户满意程度的较大提高。如售价相当的轿车,其"外形很酷"对用户来说就是一种魅力质量。

竞争压力将持续增加用户的期望值,今天的魅力质量将成为明天的基本质量。因此,企业要引领市场,就需要持续创新,仅仅跟随竞争对手是不够的,因为外界其他的因素也会影响用户的期望值。

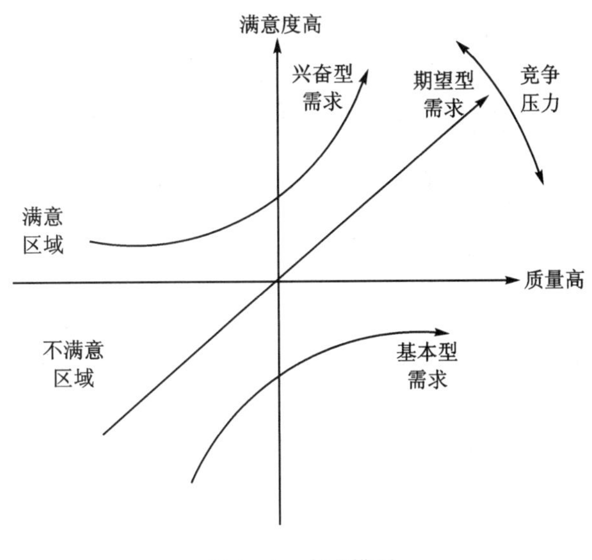

图2-3 卡诺模型

2.3.2 确定产品质量特性

用户需求并不全是产品的质量特性要求,例如用户希望产品"坏了容易修",就需要转化为产品特性要求"维修性好";再如用户希望产品"不容易坏",则应转化为产品特性要求"平均故障间隔时间(MTBF)大""使用寿命长"等。因此,需要根据用户需求确定产品相应的技术特性。

有时用户对产品的某项需求可通过一项或几项技术特性要求来达到。例如,电话的用户对电话有一项需求为"接通率高",这就是对可用性有较高要求,需要通过功能优化、可靠性、维修性、测试性、保障性等技术要求来达到。有时,用户对产品的多项要求可能仅与一项技术特性要求有关。

根据用户需求确定出产品特性要求后,将用户需求作为矩阵的垂直列,将相应的产品特性作为矩阵的水平行,就形成了产品规划矩阵,将需求重要度评分结果置于用户需求右侧,如图2-4所示。在矩阵水平行所列的产品特性应是直接反映用户需求的,是必须在产品整个设计、制造、安装和使用过程中予以保证的产品要求。因此,这些特性必须以可测度的术语来表达。

		重要度评分	设计特性 反应时间短	可靠性好	寿命长	耗电量低	成本低	维修性好
顾客需求	气体过浓时报警	5						
	不容易坏	5						
	坏了能及时发现	4						
	坏了容易修	4						
	至少能用三年	5						
	价格合理	4						
	省电	3						

图 2-4　产品规划矩阵示例

2.3.3　确定关系矩阵

在产品规划矩阵的基础上,通过用户要求和质量要素分析,可建立用户需求与质量要素之间的关系矩阵,并选用特定符号表示不同用户的需要与产品质量要素之间关系的强弱程度。这种关系可用质量屋的中心表示。

通常使用下列符号(也可选用更多种类的符号):

◎—强关系(9);

○—中等关系(3);

△—弱关系(1);

空白—无关系(0)。

在第 i 项用户需要所在行与第 j 项质量要素所在列的交汇格中,填上表示两者关系强弱的符号,这样就形成了质量屋的关系矩阵,如图 2-5 所示。

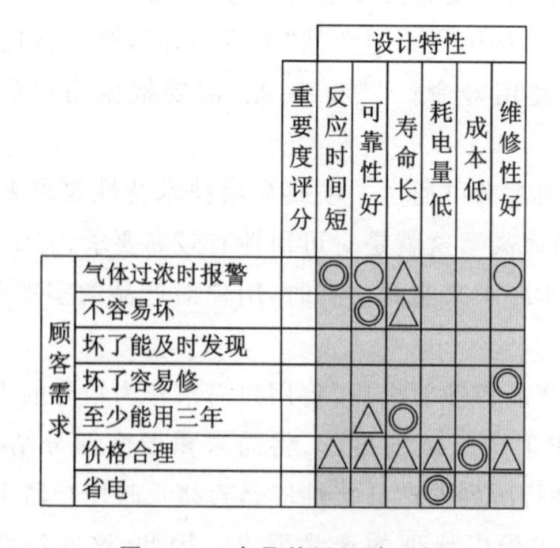

		重要度评分	设计特性 反应时间短	可靠性好	寿命长	耗电量低	成本低	维修性好
顾客需求	气体过浓时报警		◎	○	△			○
	不容易坏			◎	△			
	坏了能及时发现							
	坏了容易修							◎
	至少能用三年			△	◎			
	价格合理		△	△	△	△	○	△
	省电					◎		

图 2-5　产品关系矩阵示例

2.3.4　确定相关矩阵

产品设计特性之间必然存在一定的相关关系，即某个产品设计特性的变化会影响到其他产品设计特性。表示这种关系的产品设计特性间的相关矩阵可用质量屋的屋顶表示，如图2－6所示。

通常使用下列符号(也可选用更多种类的符号)：

◎—强正关系；

○—正关系；

※—强负关系；

×—负关系；

空白—不相关。

图2－6　产品相关矩阵示例

2.3.5　市场分析

在确定产品特性的指标值之前，应当将本企业产品的现状与其他企业类似产品的现状进行比较分析。如果可能，最好对用户进行调查，让用户来评价本企业产品和其他企业的产品在产品特性上的优劣，从而了解本单位产品在质量方面满足用户的程度。此外，也可在本单位内组织有经验的设计、管理和销售人员或外部专家来进行客观的评价。一般说来，用户的评价是最客观的。

为了进行比较分析，应在产品规划矩阵的右方(质量屋的右侧)建立"市场评价"栏，给出本企业产品与其他企业产品在满足每一项用户要求的竞争性评价，竞争性评价的给分范围为1～5分，图2－7所示是市场评价的示例。

			设计特性						市场评价			
		重要度评分	反应时间短	可靠性好	寿命长	耗电量低	成本低	维修性好	本公司产品	对手1产品	对手2产品	对手3产品
顾客需求	气体过浓时报警								3	2	5	4
	不容易坏								3	4	5	4
	坏了能及时发现								5	5	5	5
	坏了容易修								4	3	4	5
	至少能用三年								5	3	3	4
	价格合理								3	2	4	5
	省电								3	2	4	5

图2－7　市场评价示例

竞争能力的比较和评价数据代表了用户对各有关企业产品的看法和满意程度，以及在满足某一特定的用户需求中，本企业在竞争中所处的地位。它表示了产品在市场中的长处和短处。

2.3.6　技术评价

因为评价的对象都是已有的产品，所以很容易列出进行竞争能力评价的各项产品设计特性的量值。这些设计特性量值应当是以客观的、可测度的参数表示，并将它们列在产品规划矩阵的下方(质量屋的底部),如图2-8所示。

		设计特性						
		重要度评分	反应时间短	可靠性好	寿命长	耗电量低	成本低	维修性好
顾客需求	气体过浓时报警							
	不容易坏							
	坏了能及时发现							
	坏了容易修							
	至少能用三年							
	价格合理							
	省电							
技术评价	现有水平		80	2 000	6 000	15	40	25
	对手1产品		90	1 700	4 000	20	45	30
	对手2产品		80	3 000	4 000	10	35	25
	对手3产品		70	2 500	5 000	5	30	20

图2-8 技术评价示例

2.3.7 确定竞争策略

确定竞争策略,就是在考虑了现有产品(包括本企业产品和其他企业类似产品)的竞争能力评价后,研制单位在新产品的研制中所选择的竞争策略。

在选择竞争策略时,应考虑的因素有:

①用户需求的重要度大小;

②在这些领域中,本企业过去和现在的状况;

③与产品特性相关联的成本和进度;

④竞争对手(对武器装备而言,则是敌方)的潜在能力等。

最后,将对通过选定的竞争策略生产出的目标产品的评价记录在市场评价右方(质量屋的右侧),如图2-9所示。

			设计特性						市场评价				
		重要度评分	反应时间短	可靠性好	寿命长	耗电量低	成本低	维修性好	本公司产品	对手1产品	对手2产品	对手3产品	目标产品
顾客需求	气体过浓时报警												5
	不容易坏												5
	坏了能及时发现												5
	坏了容易修												4
	至少能用三年												5
	价格合理												4
	省电												4

图2-9 目标产品评价示例

2.3.8 确定技术目标值

在确定了竞争策略后，便可为每个技术要求确定具体的指标。这些指标的确定主要取决于竞争策略、用户需求重要度以及本企业现有产品的长处和短处等因素。

技术要求指标必须是可测度的量化值，这些指标要在产品研制的各个阶段予以测定和验证，并最后通过验收。将技术要求指标填入技术评价的下方(质量屋的底部)，如图 2-10 所示。

		重要度评分	设计特性：反应时间短	可靠性好	寿命长	耗电量低	成本低	维修性好
顾客需求	气体过浓时报警							
	不容易坏							
	坏了能及时发现							
	坏了容易修							
	至少能用三年							
	价格合理							
	省电							
技术评价	现有水平							
	对手1产品							
	对手2产品							
	对手3产品							
技术要求目标值			80 (s)	MTBF=3 000 (h)	6 000 (h)	10 (w)	35 (元)	MTTR=25 (min)

图 2-10　技术要求目标值示例

2.3.9 计算技术要求重要度

在确定了技术目标值后，便可以计算每个技术要求的重要程度，技术要求重要程度是用户需求重要度与对应关系矩阵权重系数的乘积，如下式所示：

$$Z_j = \sum_{i=1}^{m} W_i \gamma_{ij}, \quad j = 1,2,\ldots,n \tag{2.1}$$

式中：Z_j——第 j 个技术要求的重要度；

W_i——第 i 个用户需求的重要性评分；

γ_{ij}——关系矩阵中第 i 个用户需求与第 j 个设计特性之间的关系所对应的加权系数，对应强、中等和弱相关的加权系数分别为 9、3、1；

m——用户需求项的总数；

n——产品设计特性项的总数。

将计算所得的技术要求重要度填入技术指标的下方(质量屋的底部)，如图 2-11 所示。

		重要度评分	设计特性：反应时间短	可靠性好	寿命长	耗电量低	成本低	维修性好
顾客需求	气体过浓时报警							
	不容易坏							
	坏了能及时发现							
	坏了容易修							
	至少能用三年							
	价格合理							
	省电							
技术评价	现有水平							
	对手1产品							
	对手2产品							
	对手3产品							
技术要求目标值								
技术要求重要度			49	69	59	31	36	55

图 2-11　技术要求重要度示例

2.3.10　确定技术难度

技术难度是指达到各个技术要求的困难程度,技术难度一般可分 1—5 等,数值越大表示难度越高。各个技术要求的技术难度可由确定要求的综合产品研制小组商定,也可用评分法确定,将技术难度填入技术要求重要度的下方(质量屋的底部),如图 2-12 所示。

		重要度评分	设计特性：反应时间短	可靠性好	寿命长	耗电量低	成本低	维修性好
顾客需求	气体过浓时报警							
	不容易坏							
	坏了能及时发现							
	坏了容易修							
	至少能用三年							
	价格合理							
	省电							
技术评价	现有水平							
	对手1产品							
	对手2产品							
	对手3产品							
技术要求目标值								
技术要求重要度								
技术难度			4	4	2	3	4	2

图 2-12　技术难度示例

2.3.11 选定进一步展开的技术要求

在众多的技术要求中，应当选择若干重要的技术要求，使其从规划阶段直到生产的全过程中被持续展开和控制，以保证用户的需求在产品及其工艺的设计中始终都能被正确地反映，并一直延续到产品交付给用户使用。一般应当选择重要度高、难度大的技术要求进行控制和进一步展开，对于选定的技术要求，将“Y”填入技术难度的下方（质量屋的底部），如图 2－13 所示。

至此，产品规划矩阵已完成，完整的规划矩阵如图 2－14 所示。

		重要度评分	设计特性：反应时间短	可靠性好	寿命长	耗电量低	成本低	维修性好
顾客需求	气体过浓时报警							
顾客需求	不容易坏							
顾客需求	坏了能及时发现							
顾客需求	坏了容易修							
顾客需求	至少能用三年							
顾客需求	价格合理							
顾客需求	省电							
技术评价	现有水平							
技术评价	对手1产品							
技术评价	对手2产品							
技术评价	对手3产品							
技术要求目标值								
技术要求重要度								
技术难度								
是否展开			Y	Y		Y	Y	

图 2－13 综合决策示例

		重要度评分	设计特性：反应时间短	可靠性好	寿命长	耗电量低	成本低	维修性好	市场评价：本公司产品	对手1产品	对手2产品	对手3产品	目标产品
顾客需求	气体过浓时报警	5	◎	○	△			○	3	2	5	4	5
顾客需求	不容易坏	5		◎	△				3	4	5	4	5
顾客需求	坏了能及时发现	4							5	5	5	5	5
顾客需求	坏了容易修	4						◎	4	3	4	5	4
顾客需求	至少能用三年	5		△	◎				5	3	3	4	5
顾客需求	价格合理	4	△	△	△	△	◎	△	3	2	4	5	4
顾客需求	省电	3				◎			3	2	4	5	4
技术评价	现有水平		80	2 000	6 000	15	40	25					
技术评价	对手1产品		90	1 700	4 000	20	45	30					
技术评价	对手2产品		80	3 000	4 000	10	35	25					
技术评价	对手3产品		70	2 500	5 000	5	30	20					
技术要求目标值			80（s）	MTBF=3 000（h）	6 000（h）	10（w）	35（元）	MTTR=25（min）					
技术要求重要度			49	69	59	31	36	55					
技术难度			4	4	2	3	4	2					
是否展开			Y	Y		Y	Y						

图 2－14 完整的规划矩阵示例

2.3.12 产品技术要求瀑布式分解

在规划矩阵中确定的都是产品系统级的技术要求，应将其转化为分系统、部件，直到零件的技术要求，可以通过一系列的矩阵转换来实现这一过程，即产品技术要求的瀑布式分解。如图 2－15 所示，将原产品规划矩阵水平行中所列的设计特性技术要求转移到下一个零件规划展开矩阵中的垂直列，将从零件规划技术要求分解出来的要求列在零件展开矩阵的水平行。于是，通过一系列的转换就可以完成技术要求的分配工作。

零件规划矩阵的功能是把前一阶段传下来的技术要求（或设计特性）转化为对应的零件特

性与技术要求,特别是确定出关键的零件特性,然后将其转入工艺规划矩阵。

工艺规划矩阵的任务是把前一阶段传递下来的零件特性转化为对应的工艺要求,并为每个零件特性准备一份工艺计划图表。该阶段要确定关键的工艺要求,对于这些关键的工艺要求,首先要在该阶段采取措施,如果问题在本阶段不能解决,那么还要向下一个步骤转移,并作为生产规划矩阵的输入。

生产规划矩阵的功能是把工艺要求转化为相应的生产要求,并通过操作指令单传递到生产现场。

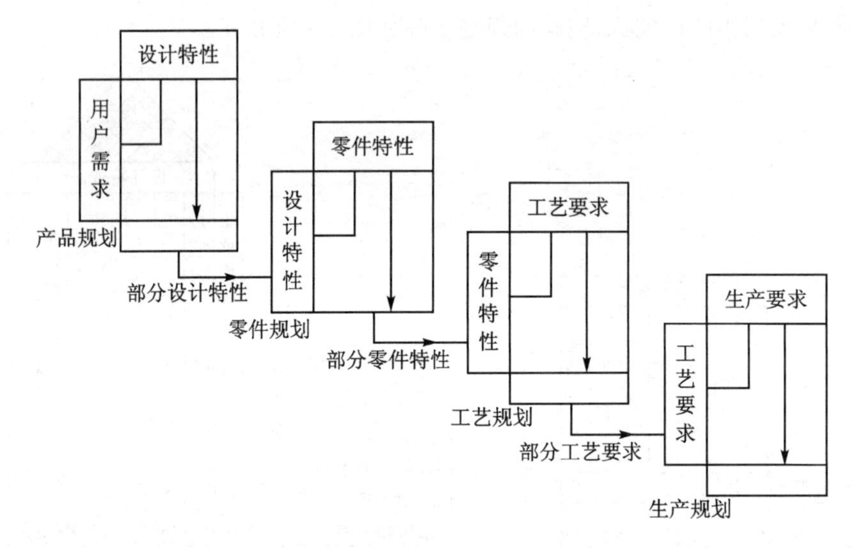

图 2-15　从设计特性到生产要求的逐步展开流程图

以上 QFD 的实施过程是在一般情况下的划分方法,实际应用中可根据具体产品状况增删。

2.4　应用示例

本节以某种通讯天线的研制过程为例介绍质量屋的构造过程和 QFD 的应用步骤。

2.4.1　产品规划

1. 确定用户需求

通过了解用户对天线的需求现状、其他生产厂家同类产品的性能和研制动态、天线维护和故障信息等,经过分析,整理出用户对天线的需求主要包括以下几个方面,如表 2-2 所列。

表 2-2　天线用户需求

功能要求	物理特性	外形尺寸小
		良好的气动外形
		结构坚固
	电性能	通讯距离远
		通讯频带宽
		抗电磁干扰能力强

续表 2-2

经济性	价格	价格适中
维修性	维修	维修简便
可靠性	可靠性	可靠
使用寿命	寿命	使用寿命长

经研究，确定出各个用户需求的重要度，用数字 1—9 表示，数字越大，重要度越大。将用户需求及重要度填入左墙，如图 2-16 所示。

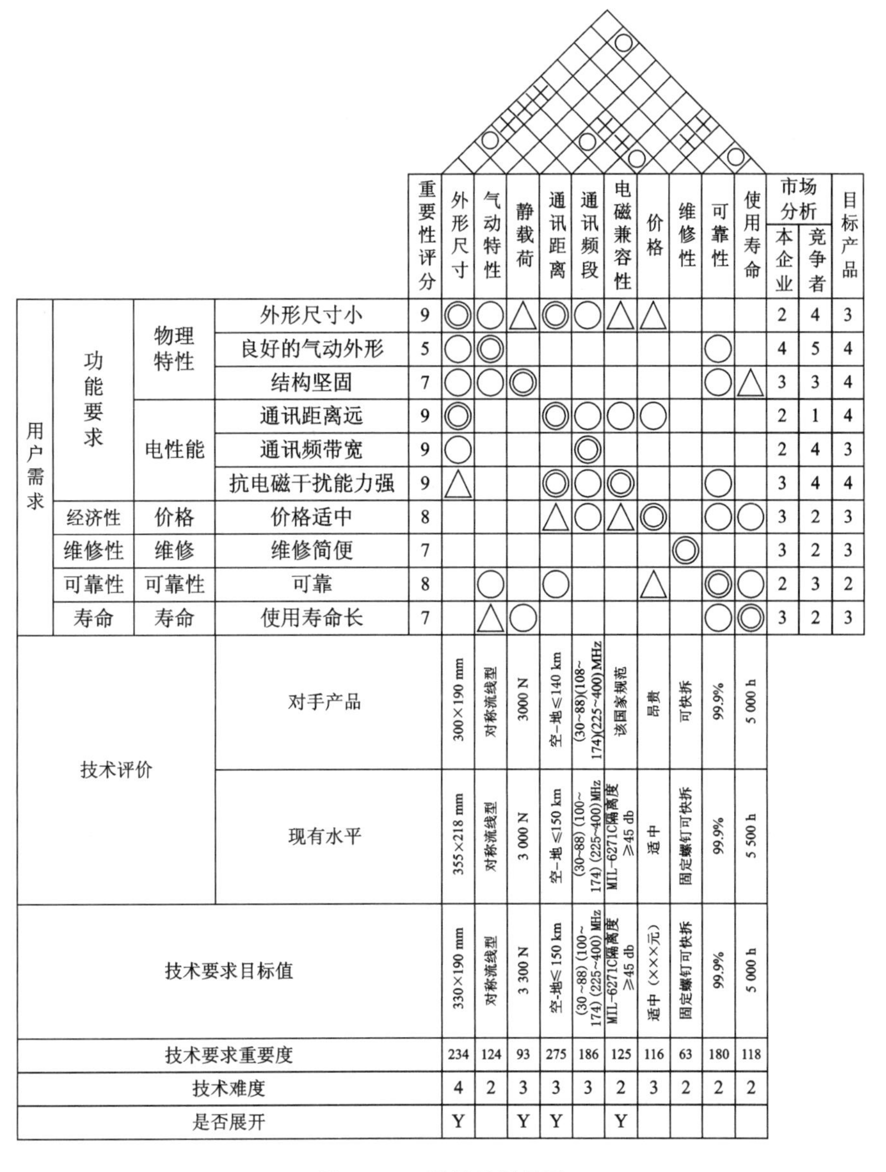

用户需求			重要性评分	外形尺寸	气动特性	静载荷	通讯距离	通讯频段	电磁兼容性	价格	维修性	可靠性	使用寿命	市场分析 本企业	市场分析 竞争者	目标产品
功能要求	物理特性	外形尺寸小	9	◎	○	△	◎	○	△	△				2	4	3
		良好的气动外形	5	○	◎							○		4	5	4
		结构坚固	7	○	○	◎						○	△	3	3	4
	电性能	通讯距离远	9	◎			◎	○	○	○				2	1	4
		通讯频带宽	9	○				◎						2	4	3
		抗电磁干扰能力强	9	△			◎	○	◎			○		3	4	4
经济性	价格	价格适中	8				△	○	△	◎		○	○	3	2	3
维修性	维修	维修简便	7								◎			3	2	3
可靠性	可靠性	可靠	8		○		○			△		◎	○	2	3	2
寿命	寿命	使用寿命长	7		△	○						○	◎	3	2	3
技术评价		对手产品		300×190 mm	对称流线型	3000 N	空-地≤140 km	(30~88)(108~174)(225~400) MHz	该国家规范	昂贵	可快拆	99.9%	5 000 h			
		现有水平		355×218 mm	对称流线型	3 000 N	空-地 ≤150 km	(30~88) (100~174) (225~400) MHz	MIL-6271C隔离度≥45 db	适中	固定螺钉可快拆	99.9%	5 500 h			
技术要求目标值				330×190 mm	对称流线型	3 300 N	空-地≤ 150 km	(30~88) (100~174) (225~400) MHz	MIL-6271C隔离度≥45 db	适中（×××元）	固定螺钉可快拆	99.9%	5 000 h			
技术要求重要度				234	124	93	275	186	125	116	63	180	118			
技术难度				4	2	3	3	3	2	3	2	2	2			
是否展开				Y		Y	Y		Y							

图 2-16　天线的质量屋

2. 确定天线技术特性

从技术的角度针对这些用户需求,组织专家进行研究,提出天线的质量要素(或质量特性)和设计质量,并加以展开。通过本例分析确定天线的质量要素有如下10项:外形尺寸、气动特性、静载荷、通讯距离、通讯频段、电磁兼容性、价格、维修性、可靠性、使用寿命。将各质量要素填入天花板上,如图2-16所示。

3. 确定关系矩阵

在确定用户需求与产品特性之间的相关程度时,需理论分析与实践经验相结合,并充分重视企业的质量保证现状和能力,由天线设计、制造、维护等方面的专家共同确定和配置出用户需求与技术需求之间的相关程度值。例如,对用户需求"通讯距离远",天线的尺寸对其通讯距离的影响很大,从原理上讲,尺寸越大通讯距离就越长,因此将"外形尺寸"与"通讯距离远"定为强相关关系。将该关系矩阵填入质量屋的房间内,如图2-16所示。

4. 确定相关矩阵

根据经验可知,减小天线尺寸对其承受的静载荷将产生有益的结果,因此它们之间的关系为正相关;减小天线尺寸对改善通信频带和距离将产生负作用,因此它们之间的关系为负关系。这里只研究相互关系的正负,不再进一步讨论强弱,因此,凡是正关系用符号○表示,负关系用符号×表示。将相关矩阵填入质量屋顶部的对应三角区域,如图2-16所示。

5. 市场分析

与其他厂家的天线在满足用户需求上进行评价与比较,以反映现有天线的优势和弱点及其需要改进的地方。用户提出了他们的10条用户需求,市场上的天线及本企业生产的天线是否满足这10条需求,满意度又是多少,都需要进行评价。数字1—5表示用户对各项需求的满意度,数字越大,满意度越高。经过调查并把本企业的天线与国内外相关企业所生产的同类产品进行对比性评估,用户普遍对本企业天线的"外形尺寸"感到不太满意,所以将满意度定为2;而对于"气动外形"顾客较为满意,故将"气动外形"的满意度定为4。将市场分析的结果填入图2-16右侧。

6. 技术评价

表2-3列出的是通过调查、试验和分析之后形成的本企业同国外某企业天线技术指标的比较。将指标评价结果填入图2-16的下端。

表2-3 本企业天线与国外同类产品技术指标比较

技术指标	国外某公司的天线	本企业的天线
外形尺寸	300×190 mm	355×218 mm
气动特性	对称流线型	对称流线型
静载荷	3 000 N	3 000 N
通讯距离	空-地≤140 km	空-地≤150 km
通讯频段	(30～88)(108～174)(225～400)MHz	(30～88)(100～174)(225～400)MHz
电磁兼容性	符合该国家规范	MIL-6271C 隔离度≥45 db
价格	昂贵	适中

续表 2－3

维修性	可快拆	固定螺钉可快拆
可靠性	99.9%	99.9%
使用寿命	5 000 h	5 500 h

7. 确定竞争策略

通过对比国内外产品确定本企业竞争策略，本企业将主要着力于以下几方面的改进：增大天线气动外形、增大产品可承受的静载荷、增加通讯距离，同时保持价格不变。让用户对目标产品的满意度进行评价，并将结果填入图 2－16 的右侧。

8. 确定技术指标

在天线规划矩阵中，技术需求的目标值将作为天线设计的技术指标，直接指导天线的整个详细设计。选取技术需求的目标值应综合考虑各方面的因素，并结合以往的研制经验由相关的专家来确定。最后，将确定下来的技术指标填入图 2－16。

9. 确定技术要求重要度

为了从天花板所列的各项质量要素中确定出关键要素，应对用户的需求进行评估，从而给出各项需求的重要度系数。其过程如下：

(1) 对关系矩阵的关系评分

例如：

◎给 9 分；

○给 3 分；

△给 1 分；

空白不给分(算 0 分，当然也可以定义其他分值)。

(2) 建立关系矩阵

将两两对应关系矩阵转化为配分矩阵$[\boldsymbol{r}_{ij}]$，其中 r_{ij} 是第 i 项用户需要与第 j 项质量要素的关系配分。本例的配分矩阵$[\boldsymbol{r}_{ij}]$如下：

$$[\boldsymbol{r}_{ij}]=\begin{bmatrix}9&3&1&9&3&1&1&0&0&0\\3&9&0&0&0&0&0&0&3&0\\3&3&9&0&0&0&0&0&3&1\\9&0&0&9&3&3&3&0&0&0\\3&0&0&0&9&0&0&0&0&0\\1&0&0&9&3&9&0&0&3&0\\0&0&0&1&3&1&9&0&3&3\\0&0&0&0&0&0&0&9&0&0\\0&3&0&3&0&0&1&0&9&3\\0&1&3&0&0&0&0&0&3&9\end{bmatrix}$$

(3) 计算质量要素重要度权数

于是第 j 项技术要求的相对重要度 Z_j 为诸 r_{ij} 的加权 w_i 之和，即

$$Z_j=\sum_{i=1}^{10}w_ir_{ij}$$

例如：

$$Z_1=w_1r_{11}+w_2r_{21}+w_3r_{31}+w_4r_{41}+w_5r_{51}+w_6r_{61}+w_7r_{71}+w_8r_{81}+w_9r_{91}+w_{10}r_{10,1}$$
$$=9\times9+5\times3+7\times3+9\times9+9\times3+9\times1+8\times0+7\times0+8\times0+7\times0$$
$$=234$$

$$Z_2=124,Z_3=93,Z_4=275,Z_5=186,Z_6=125,Z_7=116,Z_8=63,Z_9=180,Z_{10}=118$$

10. 确定技术难度

根据这些质量要素的各重要度权数就可以定出哪些是关键的、重要的质量要素。一般来说,重要度权数越大的质量要素就是所谓的关键要素,为了实现这些关键要素而采取的工程技术就是关键技术。需要说明的是,关键的、重要的质量要素不一定就是技术上不易实现的关键、重要技术,即所谓瓶颈技术。在本例中,经过权衡考虑,天线的气动外形技术难度最大,难度定为4级,其他质量要素的技术难度如图2-16底部所示。

11. 选择应进一步开展的技术要求

选择重要度高、难度大以及用户评价不满意的技术进行控制,并进一步展开,本例中需要进一步展开的产品特性包括:外形尺寸、静载荷、通讯距离和电磁兼容性,如图2-16底部所示。

12. 将产品技术要求转化为零件特性、工艺要求和生产要求

质量屋的建造是一项需要反复迭代与完善的技术工作。在实际运行中,在对用户要求进行展开的同时,也应充分考虑承制方的工程技术展开,使产品能够最大限度地满足最终用户的要求。QFD工作小组在产品的研制过程中,必须随时发现问题,并及时修改质量屋,使质量屋不断地得到迭代与完善,直到所有阶段的质量屋都能很好地满足产品设计、工艺规程、生产和制造规划等全过程的需要。

如果把设计质量达到的定量目标水平进行分级,或更进一步把满足用户需求的程度分级,则还可以用于设计方案的比较、权衡与决策中。

零件特性、工艺要求和生产要求质量功能展开的详细过程如下。

2.4.2 零件规划

首先制定零件规划质量屋,对于天线而言,主要的零部件包括:

①用于辐射或接受电磁波的电路板;

②天线罩体;

③天线底盘;

④导电橡胶;

⑤填充物。

天线的上述5个主要零部件都有各自的主要技术特征。例如,对于天线罩体,其技术性能的保证主要取决于天线罩体材料、结构强度、透波性和表面涂层。所有主要零部件的关键技术特征都与天线整体的技术性能有着密切的关系,只有这些主要零部件的关键技术特征得到了保证,天线整体的技术性能才能得以实现,用户才会满意。天线零部件规划的目的是找出关键的零部件，并确定关键零部件的关键零件特征，为天线零部件的设计工作提供指导，从而保证这些关键零件特征的设计质量。

天线零件规划质量屋的建立步骤及方法、技术等与产品规划质量屋的建立步骤、方法、技术相似，在此不再展开，只给出最后的配置结果，如图 2-17 所示。

			零件特性													
			电路板				天线罩体				天线底盘			导电橡胶	填充物	
		重要性评分	通讯电路	罗盘电路	元器件	材料	材料	强度	透波性	表面涂层	材料	强度	导电性	导电电阻	透波性	耐高低温
技术需求	通讯距离	9	◎		◎	△	◎		◎	○			◎	◎	◎	
	外形尺寸	9	◎	◎							◎					
	静载荷	8					○	○	◎			◎				○
	电磁兼容性	9	◎	◎	◎		○						○	○	◎	
零件特征目标值			印制板电路	印制板电路	按给定目录	双面覆铜板73~300 cm	玻璃钢罩	≥300 N	≥85%	白色透波漆	YL-12	满足相关国家标准	≤500 μΩ	50~200 Ω cm	耗损≤5%	-50~+60 ℃
零件特征重要度			243	162	162	1	132	24	153	27	81	72	108	108	162	24

图 2-17　天线零件规划质量屋

在该天线零件规划质量屋中，质量屋的屋顶没有画出，市场分析和目标产品等也没给出，这并不是说它们在该阶段的质量功能配置中不需要进行设置，而是针对具体应用所作的一种取舍。在其他具体的应用中，也可能质量屋的所有栏目及所有项目都要求设置。质量屋的形式具有多样性，针对不同的应用环境和应用对象，允许有所调整。

2.4.3　工艺规划

按照产品研制开发程序，零件设计完成之后，接下来是零件的工艺过程设计。为了对零件工艺过程的设计予以指导，保证工艺过程的设计质量，进而保证零件的质量和产品的质量，需要进行 QFD 工艺规划矩阵的配置。工艺规划矩阵的输入与用户需求栏目的内容来自零件规划矩阵质量屋最终选择的关键零件及其主要特征（技术要求）。这些特征在零件制造完成之后能否达到设计要求，在很大的程度上取决于工艺过程设计的合理与否，取决于工艺路线中的若干关键的工艺步骤。至于哪些是关键的工艺步骤以及这些关键工艺步骤应该达到一个什么样的技术水准，则是通过工艺规划矩阵来确定。

通过工艺规划矩阵寻找关键工艺步骤及其关键工艺特征，首先需要确定工艺方案，在参照原有工艺方案的基础上，确定出新的工艺方案。整个天线的加工工艺流程如图 2-18 所示，结合该工艺流程，制定出各关键零件的工艺线路，如表 2-4 所列。各关键零件的工艺路线由领域专家或工程技术人员制定。

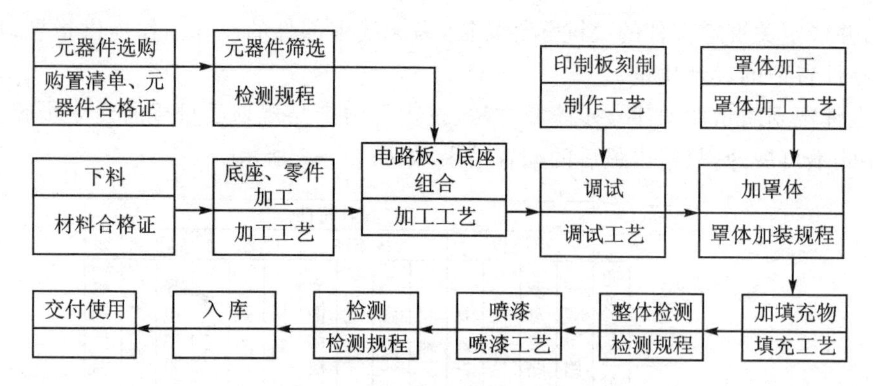

图 2-18 天线加工工艺流程

表 2-4 关键零件的工艺路线

工艺步骤	电路板	填充物
1	按图样检查印制板覆铜质量、线路排列、尺寸、孔位、渐变线角度等	检查工作环境
2	按图样领取配套零件、元器件、通讯插座	零件准备
3	检查元器件、零件有无缺陷	模具准备
4	钻底座与电路板连接件孔	填料准备
5	去毛刺	发泡
6	铆接连接件	固化与实效
7	焊接元器件、制作匹配网络	铆空心铆钉
8	将电路板固定在连接件上	整修表面
9	将通讯插座(高频插头)铆接在底座上	间隙处理
10	将罗盘接头用618环氧树脂胶胶接到位	检验
11	深入检查天线罩,检查是否能顺利到位	
12	转入实验室	

按照天线加工工艺流程及其各关键零件的工艺方案,确定天线电路板、罩体、底盘和填充物的工艺规划矩阵。由表2-4可以看出,各零件的工艺路线不相同,并且差别很大,很难把它们都集中在一个质量屋之下。即便工艺上雷同,可以放在同一质量屋之下,但是当关键零件数量很大时,势必造成该工艺规划质量屋非常庞大,也会给实际应用带来不便。因此,需要针对各个关键零件,分别制定其工艺规划质量屋。图2-19、图2-20分别是其中电路板、填充物的工艺规划矩阵质量屋。

2.4.4 生产规划

由工艺规划矩阵确定的关键工艺步骤转化为生产规划的问题主要是生产过程中的质量控制问题。通过对关键工艺步骤的生产规划,可以确定它们的工艺参数、质量控制点、控制方法、检验方法及检验样本的容量等。

天线的质量控制规划矩阵与前面的产品规划矩阵、零件规划矩阵、工艺规划矩阵在形式上和结构上差别很大,这主要是考虑了实际应用的方便性和有效性。企业在应用QFD进行生

	检查印刷板	检查	钻孔			连接件铆接		制作匹配网络				连接高频插头		胶接罗盘接头		固定电路板		检测
	按规程检查	按规程检查	模板精度	确定空位	倒角深度	底座与连接垂度	铆接力	铆焊点大小	网络间隙	元器件布局	焊接温度	铆接力	铆接顺序	胶液注入量	固化时间	垂直度	螺栓压紧力	检测加工精度
通讯电路	◎	◎		○		○		○	◎	◎	○	◎	◎			○	○	
罗盘电路	◎	◎		○		○		○	◎	◎	○			○	○	○	○	
	按表检查	按表检查	按技术要求	采用模板	1.3 mm	90±10	按技术要求	按技术规范	按技术规范	按技术规范	按技术规范	按技术规范	按工艺规程	按工艺规程	按技术规范	90°±10°	定力扳手	按检验规程

图 2－19　电路板的工艺规划矩阵

		检查工作环境			零件准备		模具准备	配置填料		发泡			铆空心铆钉	整修表面	处理间隙	检验
		温度	湿度	清洁度	检查零件	罩体扣合	间隙	总量	比例	压紧力	固化温度	固化时间	铆接精度	表面平整度	底座与罩体结合面间隙	按检验规程
耐高低温性	−50~+60 ℃	○					○		◎			◎				
透波性	≥85%			◎					◎					○	○	
		25±5 ℃	<70 %	无浮尘	数量规格	垂直度	1~3 mm	按要求	A–B	适中	15~25 ℃	15 min	垂直度 90°±10°	光滑平整	3 倍放大镜观察	8TDXIA文件

图 2－20　填充物的工艺规划矩阵

产规划时，应结合本企业的实际，充分利用在长期生产中积累的一套行之有效的生产规划方法。

针对每一个关键工序，都要规划出其质量控制方法。以天线电路板制作及其底座的装配生产规划为例，表 2－5 展示了其生产规划的形式和内容。

表 2－5　天线电路板制作及其底座的装配生产规划

序　号	工艺步骤	工艺参数	控制点	控制方法	样本容量	检验方法
1	制作印制板	尺寸 表面 线形宽度 空位 渐变线角度	原材料购置 下料 刻制	原材料合格证 操作人员业务水平	按国标	按检验规程
2	检查元器件	型号 电性能测试	检查合格证 检测	检查合格证 检测	按国标	按检验规程

续表 2-5

序 号	工艺步骤	工艺参数	控制点	控制方法	样本容量	检验方法
3	钻孔	孔位 孔径	孔定位	钻孔精度	全部	按检验规程
4	铆接连接件	将连接件与电路板铆接	垂直度	采用专用夹具	全部	按检验规程
5	制作匹配网络	制作电路板 焊接线路、元器件 电性能测试	线路、元器件焊接质量	专业人员 按操作规程	全部	按检验规程
6	连结高频插头	检查插头 铆接	铆接质量	铆接规格 铆接力	全部	按检验规程
7	胶接罗盘接头	配置胶液 固化 磨制	牢固性 平整度	配置比例 固化时间	全部	按检验规程
8	固定电路板	将电路板与底盘连接	垂直度 牢固性	螺钉紧度 专用夹具	全部	按检验规程
9	检测	机械性能 电性能	机械、电性能满足要求	仪器精度 测试方法	全部	按检验规程

习题 2

2-1 什么是 QFD?

2-2 简要阐述 QFD 的步骤。

2-3 QFD 可用于分析哪些问题?试举例说明。

2-4 试论述获取用户需求在 QFD 中的重要意义。

2-5 某产品质量屋局部图(见图 2-21),若用户需求和质量特性间相关的加权系数分别为 9、3、1、0.2,试计算质量特性“反应时间短”的重要度。

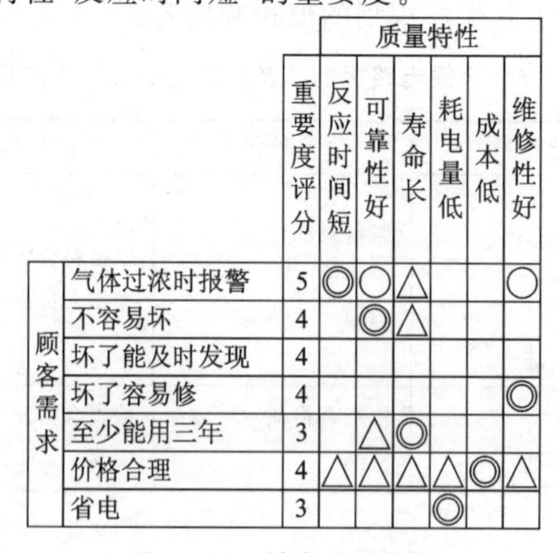

		重要度评分	质量特性：反应时间短	可靠性好	寿命长	耗电量低	成本低	维修性好
顾客需求	气体过浓时报警	5	◎	○	△			○
	不容易坏	4		◎	△			
	坏了能及时发现	4						
	坏了容易修	4						◎
	至少能用三年	3		△	◎			
	价格合理	4	△	△	△	△	◎	△
	省电	3				◎		

图 2-21 某产品质量屋

2-6 用户对自动售咖啡机要求的质量包括:热的、色正、味香的、口感好的、价格适当的、量足的。经分析,质量要素为咖啡温度、香料成分、香味浓度、咖啡成分、咖啡因含量、售价、体积。试根据读者理解做出质量屋。

2-7 结合工程实际,选择一产品,设计一个 QFD 示例。

本章参考文献

[1] 何益海,唐晓青. 基于关键质量特性的产品保质设计[J]. 航空学报,2007(06):1468—1481.

[2] 邵家骏. 质量功能展开[M]. 北京:机械工业出版社,2004.

[3] 林志航. 产品设计与制造质量工程[M]. 北京:机械工业出版社,2005.

[4] 张性原. 设计质量工程[M]. 北京:航空工业出版社,1999.

[5] 秦现生. 质量管理学[M]. 2版. 北京:科学出版社,2008.

[6] 唐晓青,王美清,段桂江. 产品设计质量保证理论与方法[M]. 北京:科学出版社,2011.

[7] 康锐,何益海. 质量工程技术基础[M]. 北京:北京航空航天大学出版社,2012.

[8] Krishnamoorthi, K. S. A First Course in Quality Engineering: Integrating Statistical and Management Methods of Quality[M]. Boca Raton: CRC Press, 2011.

第3章　系统设计技术

3.1　设计质量保证原理

系统设计是三次设计方法中的第一步。三次设计方法是日本质量工程专家田口玄一(Genichi Taguchi)博士提出的,也称田口方法。三次设计是指在产品研发过程中要经过系统设计(System Design)、参数设计(Parameter Design)和容差设计(Tolerance Design)三个阶段,通过这三个阶段实现对产品设计方案的优化,从而保证制造稳健性与最终产品的使用健壮性,从而也保证了产品的可靠性。

系统设计的目的是进行产品的功能设计和结构设计,它是稳定产品质量的基础。系统设计是基于专业领域知识的创新过程,在掌握了相关领域的专业知识基础上,还要掌握产品设计的一般方法和创新设计的基本原则。

参数设计的目的是确定产品质量特性和技术指标的最佳组合,它是稳定产品质量的核心。参数设计利用正交试验方法,处理产品质量特性值之间的非线性关系,通过选择可控因素的水平,确定产品中元件或构件参数的干扰作用,从而达到稳定产品质量的目的。

容差设计的目的是在参数设计确定了系统各元件参数的最佳组合之后,进一步确定这些参数波动的容许范围,它是参数设计的重要补充,也是进一步稳定产品质量的有效途径。容差也就是容许偏差,即公差。容差设计要将误差因子本身控制在狭小的范围之内则必须提高元件的质量等级,所以产品的成本也会提高。在参数设计时,一般都是选用具有较大容差的元器件和材料,如果在参数设计后能够达到减小产品质量特性波动的目的,则一般就不再进行容差设计。因此,容差设计一般是在参数设计后还需要进一步提高产品质量时才进行。容差设计也是用于调整产品质量与成本关系的一种重要方法,是产品三次设计的最后一个阶段。

作为一种先进的质量工程技术,三次设计方法与传统设计方法相比有如下特点:

(1) 设计思想不同

传统设计方式是被动应付式的,因此在产品研制后期存在大量的工程更改,甚至局部或全部需要重新设计,造成人力、物力的极大浪费和研发进度的拖延。而三次设计方式则是积极主动式的,通过采取各种手段,把可能出现的问题消灭在“萌芽”阶段,使得大部分工程更改都出现在产品研制早期,而且是在图样上进行,从而大大降低了成本,缩短了研制周期,更重要的是可以增强产品的“体质”和“生命力”,从根本上提高了产品的质量。

(2) 设计目标不同

传统设计方式以产品满足验收标准的上、下限为目标,即使是合格产品,质量也存在着较大的波动。当产品不能满足要求时,往往用缩小容差(公差)指标的办法来控制产品质量,这样会造成大量的超差报废现象,经济性较差。三次设计则是以要求的指标为目标值,用参数设计方法来控制产品的质量波动,使产品质量特性稳定在目标值附近。

(3) 评价标准不同

传统的设计方式对产品质量的评价主要采用单一指标达标的方式,只要各个质量特性指标均满足要求，则产品质量合格，这样一来，如果产品质量有缺陷，则难以找到进一步改进的方向。而三次设计对产品质量的评价采用信噪比和质量损失函数等综合性的指标，由于质量波动和质量损失的减小是无止境的，故产品质量的改进需要持续不断地进行。

(4) 产生效益不同

利用传统设计方式设计的产品成本高、质量不稳定，常常不能满足或不能全部满足用户需求，从而损害企业的声誉，丢失市场份额。而采用三次设计方式设计的产品成本低、质量稳定，受到了用户的青睐，可以带来良好的经济效益和社会效益。

3.2　系统设计的主要方法

长期以来，系统设计方法很不完备，田口玄一在三次设计方法中虽然提到了系统设计的步骤，但未提供任何可操作的技术方法。随着技术的发展，人们对系统设计的认识也逐渐加深，认为系统设计可分为两个不同的过程：分析的过程和创造的过程。分析过程将顾客对产品的需求加以分解，落实到产品的方案选择和结构安排中；创造过程通过工程知识、设计原则与实际情况相结合，从而创造新产品，或对原有产品进行优化革新。QFD 方法的产生，可以视为系统设计中的分析方法，但还没有解决如何设计出满足这些要求的产品功能和结构这一问题。

在本节中，结合现代产品设计方法与质量工程技术的最新发展，介绍如下几种比较实用的系统设计方法。

3.2.1　试错法与启发法

早期开发新产品的方法是具有随机性质的，被称为试错法。试错法是面对问题，然后从随机产生的一个想法开始进行理论和实践的验证，若不成功则转向下一个想法，直至成功解决问题，如图 3－1 所示。试错法需要从“问题”出发，最终到达位置未知的“答案”，即首先沿着某个方向形成一个搜寻概念(SC)，然后从该方向展开对问题的探索，直至证明整个方向是错误的。

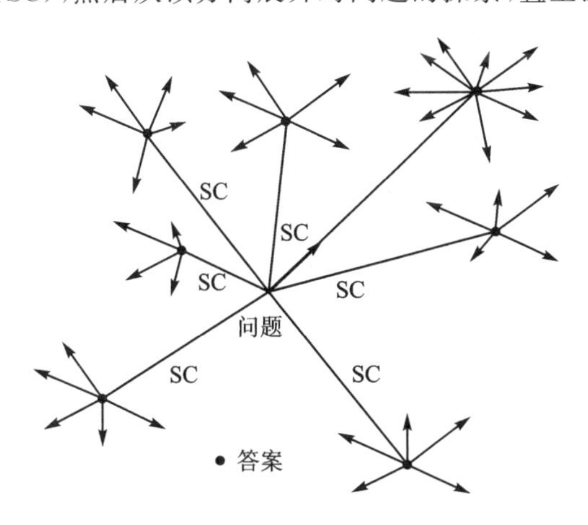

图 3－1　试错法的搜索方法图

使用试错法创新效率很低，需要非常多的尝试才能得到满意的成果。随着系统的复杂化，混乱无序的探索需要付出高昂的代价，于是出现了解决创造性问题的科学——启发法。

启发法的广义目标：找到一些普遍规律，能用在人类活动的所有领域，解决任何创新的难题。苏联科学家恩格曼建立了如图3-2的创新过程模型。

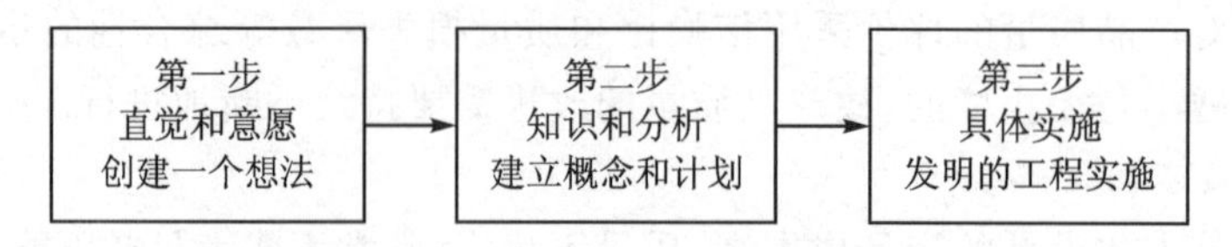

图3-2 启发法过程模型

启发法有一些逻辑的成分,但没有被明确定义并且很少被详述,因此对工程系统设计的创新过程缺乏实质性的帮助。

3.2.2 公理化设计方法

公理化设计(Axiomatic Design)方法是N. P. Suh教授于20世纪70年代中期提出的一种设计优化方法。公理是从实践中总结出来的无须证明的、被大家公认的真理,是一种具有普遍性的、显而易见的理论。公理没有反例,是不可推翻的。公理在科学技术的各个领域都有非常重要的影响,如欧几里德(古希腊数学家)公理至今仍是几何学的理论基础;牛顿三大定律是经典力学的公理;热力学定律也是公理。

域(Domain)是公理化设计中最基本和最重要的概念,贯穿于整个设计过程。公理化设计将整个设计过程划分为4个不同的设计活动,即4个域,分别是用户域(Customer Domain)、功能域(Functional Domain)、结构域(Physical Domain)和过程域(Process Domain)。域中的元素分别对应用户需求(Customer Needs)、功能要求(Function Requirements)、设计参数(Design Parameters)和过程变量(Process Variables)。产品设计过程就是相邻两个设计域之间相互映射的过程,如图3-3所示。相邻两个域是紧密联系在一起的,两者的设计元素有一定的映射关系。相邻两个设计域间的关系是:左边的设计域表示"我们要完成的或想要完成的工作(What)",而右边的设计域表示"我们选择什么方法来实现左边域的要求(How)"。

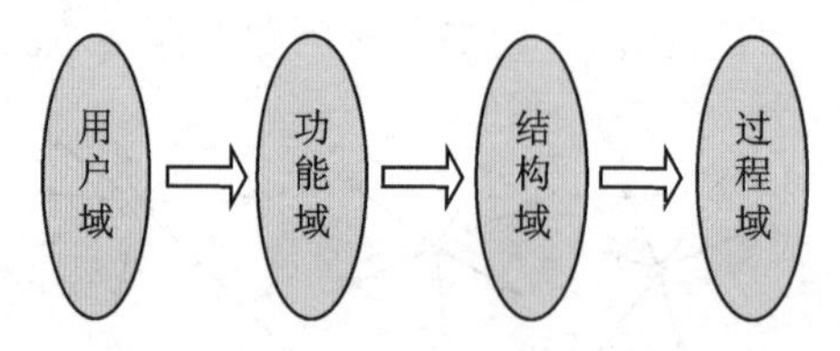

图3-3 公理化设计方法框架

在公理化设计中,设计具有广泛的概念,它除了一般的产品设计外,还包括软件设计、系统设计、组织设计、材料设计、管理设计等。尽管各种设计的目的、要求不同,但所有的设计都具有相同的思考过程,其设计过程都可由这4个域来描述,因此,公理化设计框架是一个具有普遍意义的设计框架,它适合于所有的设计。表3-1列出了几种常见设计任务在这4个设计域中的特性。

公理化设计最为显著的特点就是运用独立性公理和信息公理来指导整个设计过程。独立性公理是指在设计时要保持单个功能的独立性,这样可以保证在对某一功能对应的设计进行调整时,不会影响其他的功能。信息公理是指在功能要求向设计参数映射的过程中,信息含量要最小化。此外,该法的整个设计过程是自顶向下展开的,通过相邻两个域之间的多级交叉映射,对4个域中的设计内容进行逐层分解、细化,得到各个域的层次结构,从而将抽象的用户需求转化为具体的设计细节。以往的设计大多是基于设计人员个人所具备的经验和专业知识，因此设计的成败和优劣在很大程度上依赖于设计人员的个人因素。而公理化设计方法使得设计问题可以按照程式化的步骤进行，可以有效地提高设计的成功率和质量，适用于创新过程中的任何设计问题。

表 3-1　几种常见设计任务在设计域中的特性

设计任务＼域	用户域	功能域	结构域	过程(工艺)域
产品开发	用户需求的产品质量特性	产品功能要求	满足功能要求的结构参数(物理参数)	实现设计参数的工艺变量
材料开发	期望的材料性能	材料特性	微观结构	制作工艺
软件开发	需求说明	软件的功能	程序输入参数、运算法则、模型、程序代码	编程规则、编译器、开发环境、测试环境
组织结构设计	用户满意	组织的功能	机构设置、职责分工、工作流程、	人力资源
商业设计	投资回报	商业目标	商业结构	人、财、物

3.2.3　功能分析与分配法

系统欲实现的功能目标通过综合论证明确后，具体的设计规程就是功能分析与分配。换言之，功能分析与分配就是将综合论证结果抽象为功能目标的过程。

1. 功能分析

功能分析的主要任务是逐层地分解系统的功能，把系统的功能和技术需求逐步分解到低层次系统，乃至最底层的人员、机构、元器件、子程序和接口等基本单元，形成详细设计标准，为后面的综合分析和评价提供依据。系统的功能分解结构称为功能系统，系统功能分解后的各个分功能称为功能元，如图 3-4 所示。

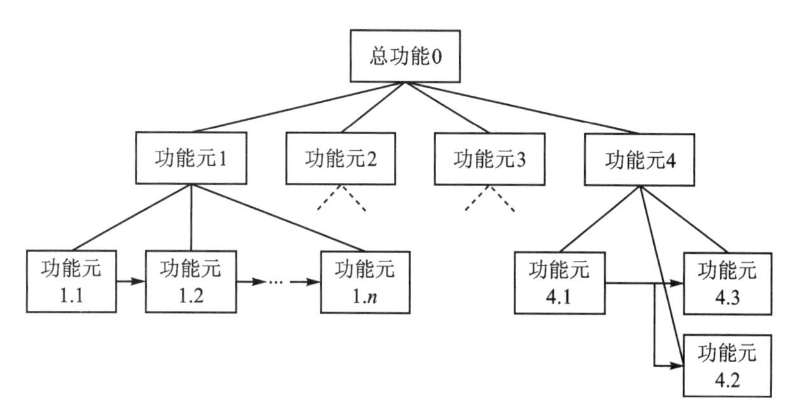

图 3-4　功能系统(功能结构图)

2. 功能分配

通过功能分析给定系统的顶层描述后，下一步要做的就是将系统中使用共同资源的密切相关功能组合成包，将这些功能划归到子系统及低层系统。系统到低层系统的功能分解如图3-5所示。

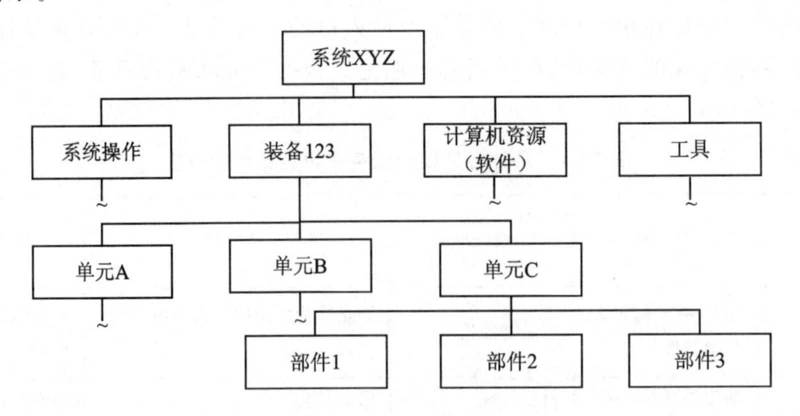

图3-5 系统到低层系统的功能分解

对系统功能进行分配时,可以考虑下列因素:

①按功能所需的结构位置、环境、实现方式(硬件、软件)来进行划分,即所需结构位置间隔远的功能不要集中在一个单元中,对环境要求差异大的功能不要集中在一个单元中,实现方式不同的功能不要集中在一个单元中;

②所划分出的低层系统要相对独立,尽量少与其他低层系统有联系,目的是如果更改一个低层系统,不需要在过程中更改其他系统;

③所划分出的低层系统包要相对独立,目的是如果替换或移除一个低层系统,不需要在过程中替换或移除其他系统;

④所划分出的低层系统若实现两种以上功能,则应保证能对每种功能进行单独测试。

功能分配的结果是系统初步设计的框架,技术指标的分配就是在功能分配的基础上进行的。

3.2.4 萃智方法

萃智是TRIZ(系俄文缩写)的音译和意译,意为解决创造性问题的理论(发明问题解决理论)。萃智方法是苏联专家阿奇舒勒(G. S. Altshuller)及其领导的一批研究人员自1946年开始,花费大量人力物力,在分析研究了世界各国250万件发明专利的基础上提出的发明问题解决方法。

萃智方法的提出源于以下认识:在不同的技术领域,大量发明创造面临的基本问题和矛盾(系统冲突和物理矛盾)其实是相同的,因为在某一技术领域的发明原则和相应的解决方案会一次次地在多年后被其他技术领域重新使用,所以技术系统的进化和发展并不是随机的,而是遵循着一定的客观规律。因此,将这些有关的知识进行提炼和重新组织,就可以指导后来者的产品创新和开发。萃智方法体系正是基于这一思路产生的,它打破了人们思考问题的心理惰性和知识面的制约,避免了创新过程中的盲目性和局限性,指出了解决问题的方向和途径,并开发了计算机辅助软件工具。应用萃智方法有助于充分激发我们的创造力和想象力,规范创新的过程,避免盲目的探索,缩短系统开发的时间,找出近于理想的解决方案。

本章在下一节将重点介绍萃智方法。

3.3 萃智方法的原理和过程

发明问题的解决理论核心是技术进化原理。根据这一原理，技术系统一直处于进化之中，解决矛盾是其进化的推动力。进化速度随技术系统一般矛盾的解决而降低，使其产生突变的唯一方法是解决阻碍其进化的深层次矛盾。阿奇舒勒依据世界上著名的发明，研究了消除矛盾的方法，他建立了一系列基于各学科基础知识的发明创造模型。这些模型包括发明原理(Inventive Principles)、发明问题解决算法(Algorithm for Inventive Problem Solving，ARIZ)及标准解(TRIZ Standard Techniques)等。在利用萃智解决问题的过程中，设计者首先将待设计的产品表达成萃智问题，然后利用萃智中的工具，如发明原理、标准解等，求出该萃智问题的普适解或模拟解(Analogous Solution)，最后设计者再把该解转化为该领域的解或特解。

3.3.1 发明创新等级

各国家不同的发明专利中蕴含的科学知识、技术水平都有很大的区别和差异，在没有分清这些发明专利的具体内容时，很难区分出不同发明专利的知识含量、技术水平、应用范围、重要性、对人类的贡献大小等问题。在萃智方法中，把发明专利依据其对科学的贡献程度、技术的应用范围及为社会带来的经济效益等情况，划分为以下5个等级。

(1) 第1级：微小发明

微小发明是指在产品的单独组件中进行少量变更，但这些变更不会影响产品系统的整体结构。该类发明并不需要任何相邻领域的专门技术或知识，特定专业领域的任何专家，依靠个人专业知识基本都能做到该类创新，在产品设计中就是常规的设计问题，或对已有系统的简单改进。这一类问题的解决主要凭借设计人员应用自身掌握的某一领域的知识和经验，不需要创新，例如以厚度隔离减少热损失，以大卡车改善运输成本效率等。据统计大约有32%的发明专利属于第1级发明。

(2) 第2级：小型发明

小型发明是指通过解决一个技术冲突来对已有系统进行少量改进。此时产品系统中的某个组件发生部分变化，改变的参数约有数十个，即以定性方式改善产品。创新过程中利用本行业知识，通过与同类系统的类比即可找到创新方案。解决这类问题的常用方法是折中法，如在焊接装置上增加一个灭火器、可调整的方向盘，再如中空的斧头柄可以储藏钉子等。约45%的发明专利属于第2级发明。

(3) 第3级：中型发明

中型发明是指对已有系统进行根本性改进。这一类问题的解决方法主要是采用本行业以外的已有方法和知识，在设计过程中解决冲突。产品系统中的几个组件可能出现全面变化，其中大概要有上百个变量需要加以改善。此类的发明如原子笔、登山自行车、汽车上用自动传动系统代替机械传动系统，电钻上安装离合器，计算机上用的鼠标等。约有18%的发明专利属于第3级发明。

(4) 第4级：大型发明

大型发明是指创造新的事物，采用全新的原理完成对已有系统基本功能的创新，其中有数千个甚至数万个变量需要加以改善。这一类问题的解决方法主要是从科学的角度而不是从工程的角度出发,充分控制和利用科学知识、科学原理实现新的发明创造。它一般需要引用新的科学知识而非利用科技信息,该类发明需要综合其他学科领域的知识和启发才能找到解决方案。如第一台内燃机的出现,集成电路的发明,充气轮胎,记忆合金制成锁,虚拟现实等。大约有4%的发明专利属于第4级发明。

(5) 第5级:特大发明

特大发明是指由罕见的科学原理产生一种新系统的发明、发现。这一类问题的解决方法主要是依据自然规律的新发现或科学的新发现。一般是先有新的发现,建立新的知识,然后才有广泛的运用。如计算机、形状记忆合金、蒸汽机、激光、晶体管的首次发明。该类发明创造或发明专利不足所有发明创造或发明专利总数的1%。

平时我们遇到的绝大多数发明都属于第1、2和3级。虽然高等级发明对于推动技术文明进步具有重大意义,但这一级的发明数量相当稀少。而较低等级的发明则起到不断完善技术的作用。

实际上,发明创新的级别越高,获得该发明专利时所需要的知识就越多,这些知识所处的领域就越宽,搜索有用知识的时间就越长。同时,随着社会的发展、科技水平的提高,发明创新的等级随时间的变化而不断降低,几十年前的最高级别的发明创新逐渐成为人们熟悉和了解的知识。发明创新的等级划分及知识领域如表3-2所列。

表3-2 发明创新的等级划分及知识领域

发明创造级别	创新的程序	比　例	知识来源	参考解的数量
1	明确的解	32%	个人的知识	10
2	少量的改进	45%	专业领域内的知识	100
3	根本性的改进	18%	跨专业领域知识	1 000
4	全新的概念	4%	跨学科知识	10 000
5	发现	<1%	最新产生的知识	100 000

由表3-2可以发现:95%的发明专利是利用了专业领域内的知识,只有少于5%的发明专利是利用了专业领域外的及整个社会的知识。因此,如遇到技术冲突或问题时,可以先在专业领域内寻找答案,若不可能,再向专业领域外拓展,寻找解决方法。若想实现创新,尤其是重大的发明创造,就要充分挖掘和利用专业领域外的知识,正所谓"创新设计所依据的科学原理往往属于其他领域"。发明创新级别越高,创新的过程则越难,产品的市场竞争力则越强。高级别的发明不仅需要设计人员自身的高素质,更需要专业领域以外或全人类的已有研究成果。

通过以上对发明的分类可以看出,发明和创新看起来很困难,似乎是很遥远的事情,但其实大部分发明都是那些较低层次的创新,只要充分发挥每个人的创新潜能,掌握科学的创新原理和方法,那么每个人都可以拥有自己的发明创造。而企业要不断地吸收不同领域的知识创新成果和专业人才,并在自己的产品中应用,才能永远保持企业的市场竞争力。

3.3.2 技术进化法则

随着科学技术的发展和顾客对产品要求的不断提高,各类技术系统总是处在更新换代的过程中,无一例外地,都会经历产生、发展、成熟、衰退这几个阶段,直到被全新的更好的系统取代,重新开始产生、发展、成熟和衰退的循环。萃智研究人员对这一系列过程做了深入研究,发现不同领域的系统有着相似的发展规律，并对此做了归纳和总结。工程技术人员在解决具体问题时，可以根据这些趋势寻找合理的解决方案，也可以根据这些规律指导新产品的开发。

主要的技术进化法则有：

(1) 提高理想度法则

技术系统的理想度是系统功能指数和消耗指数的比值，功能指数用于描述系统实现功能的范围和程度，消耗指数则反映系统的生产和维护所需的人力、物力和财力，以及系统中隐含的不利或有害因素带来的消极影响，这是一个广义的“效费比”定义公式。从工程角度而言，创造性问题的解决和设计的创新应能增加技术系统的理想度，否则肯定不是好的解决方案。如果希望通过开发高新技术来解决问题，则有必要计算系统改进前后理想度的变化情况，如果高新技术对功能的改进抵消不了改进可能带来的成本上升、可靠性下降、维护难度增加等不利因素的影响，则应考虑放弃这样的技术方案。

有人曾对1947—1997年家庭用品的价格变化进行统计(1997年币值)，发现1997年的洗衣机、烘干机、电视机及电冰箱功能比1947年有了飞跃的提高，价格却比它们的前辈低得多，这清楚地表明它们已在提高理想度的道路上走了多么远。在现实生活中，系统发展遵循提高理想度规律的例子比比皆是，以计算机产品的开发为例，近年来，计算机流行配置的价位一直相对稳定，性能则飞速提升，这也形象地反映了这一规律。对机械设备而言，虽然售价可能在不断上涨，但由于其生产和加工的质量与效率提高更多，故理想度也是在提高的过程中。

(2) 子系统演化不一致法则

通常，技术系统可被视为分层的多级结构，不但可分解出次一级的子系统，系统本身也是另一个更大系统的一部分。这一分层结构导致系统各部分难以同步演化，同时，系统的任何一个改变都会引起相邻系统及子系统的连锁反应，这些反应通常是有害的、消极的。这种不一致性引发的系统冲突，决定了技术系统的发展方向和创造性问题的解决方式。

(3) 系统向更高层次发展法则

如前所述，系统具有内在的层次性，在产品初创时期，功能往往较为单一，随着发展的深入，通过以该系统为基础并附加更多的系统，从而构成层次更高的系统，从而具有更强大的功能。表现在演化方式上，即从单一系统向二元及复合系统的方向演化，如单一系统——刀子，二元系统——剪刀，复合系统——多功能剪刀。

向二元及复合系统演化的规律反映了一个很重要、很强大的趋势，演化方式有两种：将相同或相似的子系统进行叠加；将不同种类(甚至属性相反)的子系统进行叠加。通过子系统之间的巧妙组合，加强各子系统的功能，从而产生新的功能。刀子向剪刀的演化属于相同的子系统的叠加，其结果是产生的新系统强化了刀子的剪切功能。剪刀向多功能剪刀的演化则是不同种类的子系统的叠加，赋予了剪刀开启瓶塞、刮削等新功能。

(4) 增加柔性法则

为了使产品更加适应环境的变化，在发展过程中，有必要将产品原有的刚性结构转换为柔性结构，增大产品的使用范围，提高产品的适应能力，减少产品的使用限制。这一规律反映了一个通行的趋势：产品向结构刚性更小、更适应环境变化的方向演化。

为增加系统的柔性，常用方法有：把固定件替换为运动件，把刚性连接换为分段的用铰链相连的连接，把刚性部件换成液压或气压之类的柔性系统，引入非线性部件等。

(5) 缩短能量流动途径法则

应使能量方便快捷地到达系统的工作机构。这一规律主要包括两个方面：

①减少能量的转换次数,如电能与机械能的转换,机械能传输中力与扭矩的转换等。

②采用易于控制的能量形式。以下几种能量形式可控性由易到难依次为:重力、机械能、热能、磁能、电能、电磁能。

(6) 从宏观层次向微观层次演化法则

一个全新的技术系统在刚开发时,可按“大处着眼”的方式进行,只要总体结构设定合理,基本就可满足顾客要求。随着产品日趋成熟,系统的演化则需要按“小处着手”的方式进行。表现在产品上,就是产品的结构更为精细化,产品的子系统进一步分解,原来的一个零部件分解为几个特性和功能各有不同的零部件,以便将系统内部的矛盾加以隔离,并使系统有更好的可控性。

此外,还有提高自动化程度法则等。

鉴于技术系统总是遵循特定的法则向前演化,客观上可以通过这些法则科学地预测产品的发展前景,并以此指导更新换代产品的开发和工程技术问题的攻关。

阿奇舒勒提出的技术系统进化法则论可以与自然科学中的达尔文生物进化论和斯宾塞的社会达尔文主义齐肩,被称为“三大进化论”。它告诉我们:产品和生物系统一样,是按照一定的规律在发展和进化的。技术系统进化论深刻地揭示了人类创造的产品/技术系统进化的规律和基本模式,指明了创新的目标和途径。

3.3.3 冲突解决方法

1. 系统冲突与物理矛盾

(1) 系统冲突

系统冲突是萃智方法的一个核心概念,表示隐藏在问题后面的固有矛盾。如果要改进系统的某一部分属性,其他的某些属性就会恶化,就像天平一样,一端翘起,另一端必然下沉,这种问题就称作系统冲突。在飞机的结构设计中,结构的重量[①]和强度是一对矛盾,通常,减轻结构的重量就必然削弱结构的强度,相反,要增加结构的强度则必须增加结构的重量。二者都是飞机结构的关键属性,构成了一对系统冲突。典型的系统冲突除了重量-强度冲突,还有形状-速度冲突、可靠性-复杂性冲突等。萃智认为,发明可视为系统冲突的解决过程。

对于属性间的彼此冲突,传统的解决办法是折中,即寻找一个可接受的平衡。如果要求一个物体既要雪白又要漆黑,传统方法就把它设定为灰色。这样的解决方案并不完美,有时还无法被接受,这就需要用创造性的思维把冲突彻底消除。

阿奇舒勒通过对大量的发明做研究分析,发现虽然它们所属技术领域及所处理的问题千差万别,但隐含其中的系统冲突数量却是有限的,典型的系统冲突只有1 250种,解决这些冲突所需要的典型技术则更少,一共40种,每项技术可能含有子技术,总计达100种。这一系列技术构成了创造性问题的解决原则。

(2) 物理矛盾

如果互相对立的属性集中于系统的同一元素上,就称其存在物理矛盾。物理矛盾的定义

① 此“重量”即质量,单位g,本书为避免与“质量工程技术”中的“质量”产生歧义,故采用“重量”。

是同一物体必须处于互相排斥的物理状态，也可以表述为实现功能 F_1，元素应有属性 P_1；为实现功能 F_2，元素应有对立的属性 P_2。在萃智方法中，物理矛盾可以用 3 种方法解决：把对立属性在时间上加以分隔、把对立属性在空间上加以分隔以及把对立属性所在的系统与部件分开。

在超声速飞机的发展过程中，曾经必须解决气动力学上的一个难题：为了优化飞机的亚声速性能，要求采用小后掠角、大展弦比的机翼；为了满足超声速的要求，则要求采用大后掠角、小展弦比的机翼。两种要求使机翼必须处于互相排斥的物理状态，这一矛盾可以用第一种方法（时间分隔法）解决，即采用变后掠翼设计，通过在飞行的不同阶段（不同时间）相应地调整后掠角，满足飞机在亚声速与超声速状态下的不同气动要求。

采用第一种方法的还有起落架的设计。在起降过程中，要求飞机有起落架支持飞机在地面的滑行过程；在飞行中则要求不要有起落架，以免增加飞行阻力。为此设计了可收放的起落架，在起降时伸出机体外，飞行时则收回起落架舱中。

2. 通用技术参数的种类

在对专利的研究过程中阿奇舒勒发现，仅有有限的工程参数在彼此相对改善和恶化，而这些专利都是在不同的领域上解决这些工程参数的冲突与矛盾。这些矛盾不断地出现，又不断地被解决。由此他总结提炼出了如表 3－3 所列的 48 类常用技术参数，以及解决冲突和矛盾的 40 个创新原理，然后将这些冲突与冲突解决原理组成一个由改善参数与恶化参数构成的矩阵，即著名的技术矛盾矩阵。矩阵的横轴表示希望得到改善的参数，矩阵的纵轴表示某技术特性改善引起恶化的参数，横纵轴各参数交叉处的数字表示用来解决系统矛盾时所使用的创新原理编号。阿奇舒勒矛盾矩阵为问题解决者提供了一个根据系统中产生矛盾的两个工程参数来从矩阵表中直接查找化解该矛盾的发明原理的思路。

表 3－3　48 类常用的技术参数

序　号	名　称	序　号	名　称	序　号	名　称	序　号	名　称
1	运动物体的重量	13	静止物体的作用时间	25	物质损失	37	安全性
2	静止物体的重量	14	速度	26	时间损失	38	易受伤性
3	运动物体的长度	15	力	27	能量损失	39	美观
4	静止物体的长度	16	运动物体的能量消耗	28	信息损失	40	作用于物体的有害因素
5	运动物体的面积	17	静止物体的能量消耗	29	噪音	41	可制造性
6	静止物体的面积	18	功率	30	有害的发散	42	制造精度
7	运动物体的体积	19	应力或压强	31	有害的副作用	43	自动化程度
8	静止物体的体积	20	强度	32	适应性	44	生产率
9	形状	21	结构的稳定性	33	兼容性或连通性	45	系统的复杂性
10	物质的数量	22	温度	34	操作的方便性	46	控制和测量的复杂性
11	信息的数量	23	照度	35	可靠性	47	测量的难度
12	运动物体的作用时间	24	运行效率	36	易维修性	48	测量精度

3. 冲突解决矩阵

矛盾矩阵表可以直观地反映对应于每一对典型系统冲突的问题解决原则,表3-4列出了其局部内容。

这张表为具体问题的解决提供了重要的向导。表的第一行是在问题中需要改善的系统属性,第一列则是改善了这些属性后会恶化的系统属性。对具体问题进行分析,明确要改善的是表中第 j 项属性,且由此将导致表中第 i 项属性恶化,则第 i 项属性所在的行与第 j 项属性所在的列相交的格子里的数字就是对应于这一对系统冲突的问题解决原则的编号。

表3-4 典型的冲突解决矩阵

改善的属性 恶化的属性		1	2	3	4	5	…	22	…	30	39
		运动物体重量	静止物体重量	运动物体长度	静止物体长度	运动物体面积	…	能量损失	…	影响物体的有害因素	生产能力
1	运动物体重量			15,8 29,34		29,17 38,34		6,12 34,19		22,21 18,27	35,3 24,37
2	静止物体重量				10,1 29,35			18,19 28,15		2,19 22,37	1,28 15,35
3	运动物体长度	8,15 29,34				15,17 4		7,2 35,39		1,15 17,24	14,4 28,29
4	静止物体长度		35,28 40,29					6,28			30,14 7,26
5	运动物体面积	2,17 29,4		14,15 18,4				15,17 30,26			10,26 34,2
⋮	⋮										
33	操作简便性	25,2 15,13	6,13 1,25	1,17 13,12		1,17 13,16		2 19,13			15,1 28
⋮	⋮										
39	生产能力	35,26 24,37	28,27 15,3	18,4 28,38	30,7 14,26	10,26 34,31		28,10 29,35		22,35 13,24	

注:表中的代号是创新原理的编号。详见表3-5。

4. 发明创新原理

系统冲突解决原则共40条,分别与各种系统冲突模式对应,能够直接指导创造者进行新设计方案的开发,详见表3-5。

表3-5　40条基本发明创新原理

序号	名称	序号	名称	序号	名称	序号	名称
1	分割	11	事先防范	21	减少有害作用时间	31	多孔材料
2	抽取	12	等势	22	变害为利	32	改变颜色、拟态
3	局部质量	13	反向作用	23	反馈	33	同质性
4	增加不对称性	14	曲率增加	24	借助中介物	34	抛弃或再生
5	组合、合并	15	动态特性	25	自服务	35	物理或化学参数变化
6	多用性	16	未达到或过度的作用	26	复制	36	相变
7	嵌套	17	一维变多维	27	廉价替代品	37	热膨胀
8	重量补偿	18	机械振动	28	机械系统替代	38	加速氧化
9	预先反作用	19	周期性动作	29	气压或液压结构	39	惰性环境
10	预先作用	20	有效作用的连续性	30	柔性壳体或薄膜	40	复合材料

对应表中的40条发明创新原理解释如下：

(1) 分割原理

①将物体分成独立的部分。

②使物体成为可拆卸的。

③增加物体的分割程度。

例：货船分成同型的几个部分，必要时可将船加长些或变短些。

(2) 抽取(拆出)原理

从物体中拆出“干扰”部分(“干扰”特性)或者相反，分出唯一需要的部分或需要的特性。

与上述把物体分成几个相同部分的原理相反，这里是要把物体分成几个不同的部分。

例：一般小游艇的照明和其他用电是由游艇上发动机带动发电机来供给的，为了停泊时能继续供电，需要安装一个由内燃机传动的辅助发电机，由于发动机必然造成噪音和振动，故建议将发动机和发电机分置于距游艇不远的两个容器里，并用电缆连接。

(3) 局部质量(性质)原理

①从物体或外部介质(外部作用)的一致结构过渡到不一致结构。

②物体的不同部分应当具有不同的功能。

③物体的每一部分均应具备最适于它工作的条件。

例：为了防治矿山坑道里的粉尘，向工具(钻机和料车的工作机构)呈锥体状喷洒小水珠。水珠越小，除尘效果越好，但小水珠容易形成雾，使工作困难。解决办法是环绕小水珠锥体外层再造成一层大水珠。

(4) 不对称原理

①物体的对称形式转为不对称形式。

②如果物体不是对称的，则加强它的不对称程度。

例：防撞汽车轮胎具有一个高强度的侧缘，以抵抗人行道路缘石的碰撞。

(5) 合并(联合)原理

①把相同的物体或完成类似操作的物体联合起来。

②把时间上相同或类似的操作联合起来。

例:双联显微镜组,由一个人操作,另一个人观察和记录。

(6) 普遍性(多功能)原理

一个物体执行多种不同功能,因而不需要其他物体。

例:提包的提手可同时作为拉力器(苏联发明证书187964)。

(7) 嵌套原理

①一个物体位于另一物体之内,而后者又位于第三个物体之内等。

②一个物体通过另一个物体的空腔。

例:由两个互相夹紧的半波片构成的弹性振动超声精选机。为了减短精选机的长度和增加它的稳定性,两个半波片被制成相互套在一起的空锥体(苏联发明证书186781)。在苏联发明证书0462315中,也采用该解决方案来缩小变压器压电元件输出部分的外形尺寸。在苏联发明证书304027中,金属拉制设备的“玩偶”是由拉模组成的。

(8) 配重(反重量)原理

①将物体与具有上升力的另一物体结合以抵消其重量。

②将物体与介质(最好是气动力和液动力)相互作用以抵消其重量。

例:安在转子垂直轴上的用来调节转子风力机转数的制动式离心调节器。为了在风力增大时把转子转速控制在小的转数范围内,调节器离心片被做成叶片状以保证气动制动(苏联发明证书167784)。

有趣的是,发明公式明显地反映了发明所克服的矛盾。在给定风力和离心片重量的条件下,为了减少转数(当风力增大时),必须增加离心片重量,但由于离心片在旋转,故很难靠近它增加重量。于是这样消除矛盾,将离心片制成具有气动制动功能的形状,即把离心片制成具有负迎角的翼状。

总的设想显而易见:如果需要改变转动物体的重量,而其重量又不能按照一定的要求改变,那么应使该物体变成翼状的,通过改变翼片运动方向的倾斜角度,便可获得需要方向的附加力。

(9) 预先反作用原理

如果按课题条件必须完成某种作用,则应提前完成反作用。

例:杯形车刀车削方法是在车削过程中车刀绕自己的几何轴转动,为了防止产生振动,应预先向杯形车刀施加负荷力,此力应与切削过程中产生的力大小相近、方向相反(苏联发明证书536866)。

(10) 预先作用原理

①预先完成要求的作用(整个或部分的)。

②预先将物体安放妥当,使它们能在现场或最方便的地点立即完成所需要的作用。

(11) 预先应急措施原理

以事先准备好的应急手段补偿物体的可靠性。

例:用等离子束加工无机材料如光纤。为提高机械强度,预先往无机材料上涂敷碱金属或碱土金属的溶液或熔融体(苏联发明证书522150)。还有人事先涂敷可使小裂缝愈合的物质。按苏联发明证书456594的办法,树枝在锯掉之前套上一个紧箍环,树木感到该处“有病”,于是向那里输送营养物质和治疗物质,这样,在树枝被锯之前这些物质便积聚起来,锯后锯口会迅速愈合。

(12) 等势原理

改变工作条件,使物体上升或下降。

例:一种使沉重的压模自由升降的装置。这种装置是在压床上安装了带有输送轨道的附件(苏联发明证书264679)。

(13) 逆向思维(相反)原理

①不实现课题条件规定的作用而实现相反的作用。

②使物体或外部介质的活动部分成为不动的,而使不动的成为可动的。

③将物体颠倒。

例:在研究关于消除灰尘的过滤器时,在苏联发明证书156133中,过滤器由两块磁铁制成,在磁铁之间是铁磁粉末。7年之后,在苏联发明证书319325中,对液体或气体进行机械清洗的电磁过滤器是由两块磁性相反的磁铁组成的,它包括由磁场源和颗粒状磁性材料制成的过滤元件。为降低单位耗电量和提高生产率,过滤元件被放在磁场源的周围以形成外部闭式磁路。

(14) 曲面化(球形)原理

①从直线部分过渡到曲线部分,从平面过渡到球面,从正六面体或平行六面体过渡到球形结构。

②利用棍子、球体、螺旋。

③从直线运动过渡到旋转运动,利用离心力。

例:把管子焊入管栅的装置具有滚动球形电极。

(15) 动态原理

①物体(或外部介质)的特性变化应当在每一工作阶段都是最佳的。

②将物体分成彼此相对移动的几个部分。

③使不动的物体成为动的。

例:用带状电焊条进行自动电弧焊的方法。为了能大范围地调节焊池的形状和尺寸,把电焊条沿着母线弯曲,使其在焊接过程中成曲线形状(苏联发明证书258490)。

(16) 不足或超额行动(局部作用或过量作用)原理

如果难以取得所要求的百分之百的功效,则应当取得略小或略大的功效。此原理可把课题大大简化。

(17) 一维变多维(向另一维度过渡)原理

①如果物体做线性运动(或分布)有困难,则使物体在二维度(即平面)上移动。相应地,在一个平面上的运动(或分布)可以过渡到三维空间。

②利用多层结构替代单层结构。

③将物体倾斜或侧置。

④利用指定面的反面。

⑤利用投向相邻面或反面的光流。

原理(17)①可以同原理(7)和原理(15)②联合,形成一个代表技术系统总发展趋势的链:从点到线,然后到面,到体,最后到许多个物体的共存。

例:越冬圆木在圆形停泊场水中的存放。为了增大停泊场的单位容积和减小受冻木材的体积,将圆木扎成捆,使其横截面的宽和高超过圆木的长度,然后立着放(苏联发明证书

2236318)。

(18) 机械振动原理

①使物体振动。

②如果已在振动,则提高它的振动频率(达到超声波频率)。

③利用共振频率。

④用压电振动器替代机械振动器。

⑤利用超声波振动同电磁场配合。

例:无锯末断开木材的方法。为减少工具进入木材的力,使用脉冲频率与被断开木材的固有振动频率相近的工具(苏联发明证书 307986)。

(19) 周期作用原理

①从连续作用过渡到周期作用(脉冲)。

②如果作用已经是周期的,则改变周期性。

③利用脉冲的间歇完成其他作用。

例:用热循环自动控制薄零件的触点焊接方法是基于测量温差电动势的原理。为提高控制的准确度,在用高频率脉冲焊接时,在焊接电流脉冲的间隔测量温差电动势(苏联发明证书 9336120)。

(20) 连续有益作用原理

①连续工作(物体的所有部分均应一直满负荷工作)。

②消除空转和间歇运转。

例:加工两个相交的圆柱形的孔(如加工轴承分离环的槽)的方法。为提高加工效率,使用在工具的正反行程中均可切削的钻头(扩孔器)(苏联发明证书 M262582)。

(21) 紧急行动(跃过)原理

高速跃过某过程或个别阶段(如有害的或危险的)。

例:生产胶合板时用烘烤法加工木材。为保持木材的本性,在生产胶合板的过程中直接用300～600 ℃的燃气火焰短时烘烤木材(苏联发明证书 338371)。

(22) 变害为利原理

①利用有害因素(特别是介质的有害作用)获得有益的效果。

②通过有害因素与另外几个有害因素的组合来消除有害因素。

③将有害因素加强到不再是有害的程度。

例①:恢复冻结材料为颗粒状的方法。为加速恢复材料为颗粒状和降低劳动强度,使冻结的材料经受超低温作用(苏联发明证书 409938)。

例②:1993 年,一家著名航空公司为了改进火箭气动外形,引入了"蜂腰"结构,但发现由此带来了负面影响:这种改变将引起强烈的振动,使安装在"蜂腰"结构内壁的传感测量设备无法工作。受已有设计的限制,对问题的解决不允许在系统中进行大量更改。公司无法解决这一问题,请格利高雷·叶泽尔斯基(Gregory Yezersky,当时是系统化研究组织的一员)加以分析和解决。叶泽尔斯基巧妙地运用了这一原理,提出用带子把该处的设备捆在一起,就可避免振动带来的危害,使问题得以解决。

例③:在美国专利中有一项"给薄玻璃板打圆角"的专利,内容是给一块薄玻璃板打圆角容易把玻璃震碎,但是如果把几块薄玻璃板临时黏合在一起共同打圆角,就能避免问题的发生。

(23) 反馈(反向联系)原理

①进行反向联系。

②如果已有反向联系,则改变它。

例:自动调节硫化物沸腾层焙烧温度规范的方法是随温度变化改变所加材料的流量。为提高控制指定温度值的动态精度,随废气中硫含量的变化而改变材料的供给量(苏联发明证书302382)。

(24)"中介"原理

①利用可以迁移或有传送作用的中间物体

②把另一个(易分开的)物体暂时附加给某一物体。

例:校准在稠密介质中测量动态张力仪器的方法是在静态条件下装入介质样品及置入样品中的仪器。为提高校准精度,应利用一个柔软的中介元件把样品及其中的仪器装入(苏联发明证书354135)。

(25) 自我服务原理

①物体应当为自我服务,完成辅助和修理工作。

②利用废料(能源和物质)。

例,利用专门装置供给电焊枪中的电焊条。建议利用电焊电流工作的螺旋管供给电焊条。

(26) 复制原理

①用简单而便宜的复制品代替难以得到的、复杂的、昂贵的、不方便的或易损坏的物体。

②用光学拷贝(图像)代替物体或物体系统。此时要改变比例(放大或缩小复制品)。

③如果利用可见光的复制品,则转为红外线或紫外线的复制。

例:大地测量学直观教具是一种进行地形图像全景测量摄影的教具。为进行地形图像全景测量摄影,教具根据视距摄影数据制成,在地形的有代表性的各点上配备缩微视距尺(苏联发明证书86560)。

(27) 一次性用品(用廉价的不持久性代替昂贵的持久性)原理

用一组廉价物体代替一个昂贵物体,放弃某些品质(如持久性)。

例:一次性的捕鼠器是一个带诱饵的塑料管。老鼠通过圆锥形孔进入捕鼠器,孔壁是可伸直的,老鼠只能进不能出。

(28) 机械系统替代(代替力学原理)原理

①用光学、声学、"味学"等设计原理代替力学设计原理。

②用电场、磁场以及电磁场同物体相互作用。

③由恒定场转向不定场,由时间固定的场转向时间变化的场,由无结构的场转向有一定结构的场。

④利用铁磁颗粒组成的场。

例:在热塑材料上涂金属层的方法是将热塑材料同加热到超过熔点的金属粉末接触。为提高涂层与基底的结合强度及密实性,在电磁场中进行此过程(苏联发明证书445712)。

(29) 气体与液压结构(利用气动和液压结构)原理

用气体结构和液体结构代替物体的固体部分,如充气和充液的结构,气枕,静液的和液体反冲的结构。

例:为使船的推进器轴同螺杆套连接,在轴内做一槽,槽内放一弹性空容器(窄"气袋"),如果此容器内充进压缩空气,则容器胀大并将螺杆套挤到推进器轴上(苏联发明证书313741)。一般在这种情况下,采用金属连接最为可靠,但利用弹性空容器连接的方式更加简便,因为不需要精磨相接平面。此外,这种连接可以消除冲击负荷。此项发明与后来发表在苏联发明证书445611上的发明比较颇为有趣,在那项发明中,运输易碎制品(如排水管)的集装箱里面有一个充气囊,使制品在运输中相互靠紧不被撞坏。技术领域虽然不同,但课题和解决方法是绝对相同的。在苏联发明证书249583中,起重机抓斗利用充气元件工作;在苏联发明证书409875中,在锯木装置中利用气囊夹持易碎制品。这类发明极多,设计教材中规定了这样一个简单原理:如果需要短时间使一种物体与另一种物体紧紧靠住,则应用"气袋"法。当然,这并不意味着原理(29)将不再是发明创造的原理了。

"气袋"使一个制品紧靠另一个制品,这是典型的物场系统,在该物场系统中,"袋"起着机械场的作用。按照物场系统发展的一般规则,该场必然会过渡到铁磁场系统,这种过渡确实发生了:在苏联发明证书534351中,提议在"气袋"中加入铁磁粉末,利用磁场使物体挤靠紧。

(30) 柔性外壳或薄膜(利用软壳和薄膜)原理

①利用软壳和薄膜代替一般的结构。

②用软壳和薄膜使物体同外部介质隔离。

例:充气混凝土制品的成型方法是在模型里浇注原料,然后原料在模中静置成型。为提高膨胀程度,在浇注模型里的原料上罩不透气薄膜(苏联发明证书339406)。

(31) 利用多孔材料原理

①把物体做成多孔的或利用附加多孔元件(镶嵌、覆盖等)。

②如果物体是多孔的,事先用某种物质填充空孔。

例:电机的蒸发冷却系统。为了消除给电机输送冷却剂的麻烦,电机的活动部分和个别机构元件由多孔材料制成,例如渗入了液体冷却剂的多孔粉末钢,在机器工作时冷却剂蒸发,因而保证了短时、有力和均匀的冷却(苏联发明证书187135)。

(32) 改变颜色原理

①改变物体或外部介质的颜色。

②改变物体或外部介质的透明度。

③为了观察难以看到的物体或过程,利用染色添加剂。

④如果已采用了这种添加剂,则采用荧光粉。

例:美国专利3425412,不必取掉透明绷带便可观察伤情。

(33) 同质(一致)原理

同指定物体相互作用的物体应当由同一种(或性质相近的)材料制成。

例:获得固定铸模的方法是用铸造法按芯模标准件的外形形成铸模的工作腔。为了补偿在此铸模中成型的制品的收缩,用与制品相向的材料制造芯模和铸模(苏联发明证书456679)。

(34) 抛弃与再生(部分剔除和再生)原理

①已完成自己的使命或已无用的物体部分应当被剔除(溶解、蒸发等)或在工作过程中直接变化。

②消除的部分应当在工作过程中直接再生。

例:检查焊接过程的高压区的方法是向高温区加入光导探头。为改善在电弧焊和电火花焊接过程中检查高温区的可操作性，利用可熔化的探头，将它以不低于自己熔化速度的速度送入检查的高温区（苏联发明证书 N433397）。

(35) 改变物体聚合态原理

这里不仅包括简单的过渡，例如从固态过渡到液态，还有向“假态”（假液态）和中间状态的过渡，例如弹性固体。

例：联邦德国专利 1291210，将降落跑道的减速地段建成“浴盆”形式，然后在里面充满黏性液体，再在上面铺上一层厚厚的弹性物质。

(36) 相变原理

利用相变时发生的现象，例如体积改变，放热或吸热。

例：密封横截面形状各异的管道和管口的塞头。为了统一规格和简化结构，塞头被制成杯状，里面装有低熔点合金。合金凝固时膨胀，从而保证了结合处的密封性（苏联发明证书 319806）。

(37) 利用热膨胀原理

①利用材料的热膨胀（或热收缩）。

②利用一些热膨胀系数不同的材料。

例：温室盖由用铰链连接的空心管组成，管中装有易膨胀液体。温度变化时，管子重心改变，导致管子自动升起和降落。这是原理(30)的答案。当然，还可以利用双金属薄板固定在温室盖上（苏联发明证书 463423）。

(38) 加速氧化（利用强氧化剂）原理

①用富氧空气代替普通空气。

②用氧气替换富氧空气。

③用电离辐射作用于空气或氧气。

④用臭氧化了的氧气。

⑤用臭氧替换臭氧化的（或电离的）氧气。

例：利用在氧化剂媒介中的化学输气反应法制取铁箔。为了增强氧化和增大镜箔的均一性，该过程在臭氧媒质中进行（苏联发明证书 261859）。

(39) 惰性环境（采用惰性介质）原理

①用惰性介质代替普通介质。

②在真空中进行某过程。

例：预防棉花在仓库中燃烧的方法。为提高棉花贮存的可靠性，在向贮存地点运输的过程中用惰性气体处理棉花（苏联发明证书 270170）。

(40) 复合（混合）材料原理

由同种材料转为混合材料。

例：在热处理时，为保证规定的冷却速度，采用介质作金属冷却剂。冷却剂由气体在液体中的悬浮体构成（苏联发明证书 187060）。

3.3.4 萃智方法应用流程

解决产品设计的问题，首先要对当前的问题进行清晰、全面地陈述，然后构想最终理想解，定义当前技术系统中的冲突元素是什么，再根据当前系统中最重要、最突出的冲突，建立一个能反映整个系统关键问题的矛盾模型,最后对该矛盾进行判断,如果是技术矛盾,则运用矛盾矩阵,找到相应的解决该矛盾的创新原理,在创新原理的指导下,找到实际问题的解决方案;如果是物理矛盾,则有2种方式可以选择,一种是运用"分离"这一创新原理找到问题的解决方案;另一种是运用标准解法,在标准解法的指导下找到问题的解决方案。在执行萃智的解题流程中,利用萃智提供的工具分析问题、解决问题,并将萃智的解决方案转化为实际问题的解决方案后,进入对方案的筛选和评价阶段。如果对获得的方案满意,则执行方案,如果不满意则要返回到最初的分析问题阶段,再次执行整个分析步骤,直到获得满意的方案。具体的运用流程如图3-6所示。

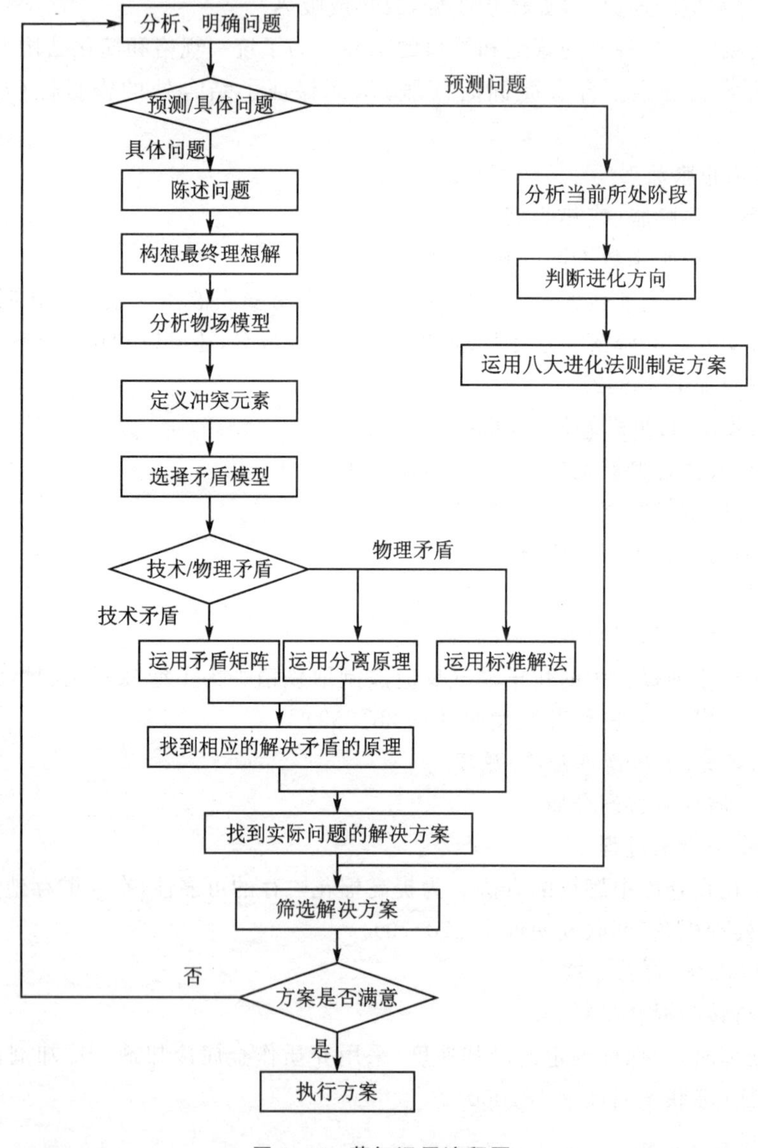

图3-6 萃智运用流程图

3.3.5 应用示例

1. 扳手内壁形状优化

(1) 应用背景

实际应用中,标准的六角形螺母常常会因为拧紧时用力过大或者使用时间过长、螺母的六角形外表面被腐蚀,使表面遭到破坏。螺母被破坏后,使用普通的传统型扳手往往不能再松动螺母,有时甚至会使情况更加恶化,也就是说在扳手作用下,螺母外缘的六角形会被破坏得更加严重,因此扳手更加无法作用于螺母。在这种情况下,需要一种新型的扳手来解决这一问题。

传统型扳手之所以会损坏螺母的主要原因是扳手作用在螺母上的力主要集中于六角形螺母的某两个角上,如图3-7所示。

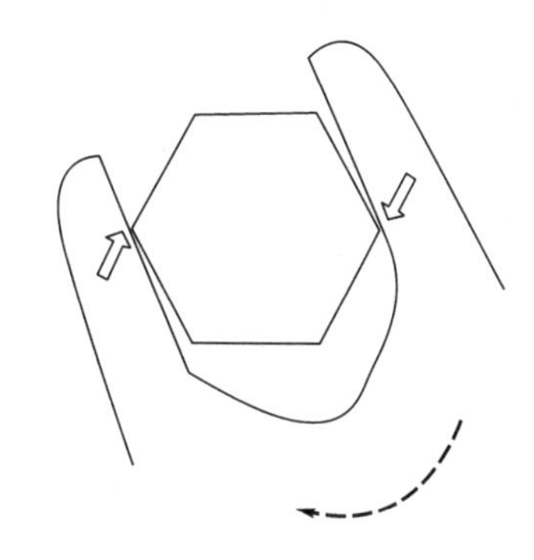

图3-7 传统型扳手作用方式

经济效益和社会效益:用扳手拧紧或松动螺母是机械领域中的一个基本操作。以新型扳手取代传统型扳手,必将使机械安装工作更加简单、方便,从而提高机械安装工作的工作效率。

(2) 问题描述

在拧紧或松动螺母的过程中,扳手同时会损坏螺母的六角形表面。使用扳手时用力越大,螺母损坏就会越严重,并且使得扳手作用于螺母上的力大大减少,从而降低了工作效率。

在这一系统中存在的技术矛盾:若想通过改变扳手形状降低扳手对螺母的损坏程度,就可能会使扳手的制造工艺复杂化。

如果可以找到一种制造不是很复杂,而且又可以避免严重损坏螺母的扳手,无疑是解决这一问题的最佳途径。

(3) 解决思路

应用萃智解决这一问题时,首先必须明确判定出存在于系统中对立的技术特性。在现有设计中,扳手在作用于螺母时会损坏螺母是存在于现有设计中的一个重要缺陷,而这一缺陷恰恰可以提示我们去找出应该解决的技术矛盾以改进现有的传统设计。

若想彻底解决这一对技术矛盾,首先需要将“降低螺母的损坏程度”这一目标转换为萃智语言——矛盾矩阵中的某一个或几个参数。通过查找矛盾矩阵表可以发现,“物体产生的有害因素”就是我们希望提高的技术特性。

其次需要分析在降低螺母的损坏程度时,又有哪些技术特性会恶化。相对于确定需要改善的技术特性而言,确定恶化的技术特性则比较难。最简单的方法是分别将39个技术特性对号入座,寻找适合的技术特性。

根据对传统型扳手的分析,几个可以尝试的改良方向如下:

①使扳手的各个表面与螺母的外表面完全吻合,从而使得用扳手拧螺母时扳手的表面与螺母表面完全接触,避免螺母的角与扳手平面接触。

②在扳手上增加一个“小附件”,使得扳手的表面可以自由移动,从而可以和不同的螺母表面相接触。

③使用比螺母材料硬度小的材料制造扳手,这样可以在操作过程中损坏扳手而不是螺母。

严格说来,这些都不是扳手设计过程中的恶化的技术特性,需要把它们转化成萃智语言后才可以使用矛盾对立矩阵。在解决这一问题时,第一个改良方向“改变扳手的形状”是最实际的,最符合“缩小的问题”思想,即致力于使系统保持不变甚至简化,从而消除系统的缺点。然而,改变扳手的形状则不免要增加扳手制造的复杂程度。因此,“制造精度”即为恶化的技术特性。

根据上述分析可得到:有待提高的技术特性为物体产生的有害因素;恶化的技术特性为制造精度。

查找矛盾矩阵表,可以得到4个创新原理及相应的解决实例以帮助设计者完成设计。这4个创新原理分别为:

①4#创新原理:增加不对称性。

建议:将对称物体变为不对称的;增加不对称问题的不对称程度。

案例:为避免插反信号接口,将其设计成正反不对称形状;气缸密封圈的截面由圆形改为椭圆形;增强汽车轮胎一侧的强度;木梳的梳齿间距有疏有密。

解决方向:扳手本身是一个不对称的形状,改变其形状,加强其形状的不对称程度。

②17#创新原理:空间维数变化。

建议:将物体过渡到二维平面运动以克服一维直线运动或定位的困难,或过渡到三维空间运动以消除物体在二维平面运动或定位的问题;物体从单层排列变为多层排列;将物体倾斜或侧向放置;利用照射到临近表面或物体背面的光线。

案例:利用螺旋式楼梯减少占地面积;隔音保暖的双层玻璃;立体停车场。

解决方向:改变传统扳手上、下钳夹的两个平面的形状,使其成为曲面;改变、增加受力的接触面。

③34#创新原理:抛弃或再生。

建议:采用溶解、蒸发等手段,抛弃已完成功能的零部件,或在系统运行过程中直接修改它们;在工作过程中,迅速补充系统或物体中消耗的部分。

案例:药物胶囊起到包裹药粉的作用,进入体内后自动溶解;完成升空后,火箭助推器与卫星运载舱分离;美工刀片变钝以后可以掰去;机关枪射击后自动抛出弹壳。

解决方向:去除在扳手工作过程中对螺母有损害的部位,使其无法破坏螺母的六角形外表面。

④26#创新原理:复制。

建议:用经过简化的廉价复制品代替不易获得的、复杂的、昂贵的、不方便的或易碎的物体;用光学复制品(图像)代替实物或实物系统,可以按一定比例放大或缩小。

案例:用虚拟现实技术模拟战场状况,支持射击练习;用影子测量电视塔高度。

根据创新原理4#、17#以及34#,这一问题的最终解决方案原理图如下图3-8所示。

在上述设计中,H 为扳手手柄的中心线,W 为扳手上、下两个钳夹的平分线,X 为两条线的交点,直线 P 通过点 X 且与直线 W 垂直,上、下钳夹两端各有一个突起。由图3-8可以看到,上钳夹上凸起的圆心 C 点到直线 P 的距离为 S,而下钳夹上凸起的圆心 C 点到直线 P 的距离为 $1.5\ S$,因此扳手的上、下两个钳夹并不对称。

这一设计可解决使用传统扳手时遇到的问题。当使用扳手时,螺母六角形表面的其中两条边刚好与扳手上、下钳夹上的突起相接触,使得扳手可以将力作用在螺母上。而六角形表面与扳手接触的角则刚好位于扳手上的凹槽中，因而不会有力作用于螺母的六角形外表面上，螺母也就不会被损坏，如图3-9所示。

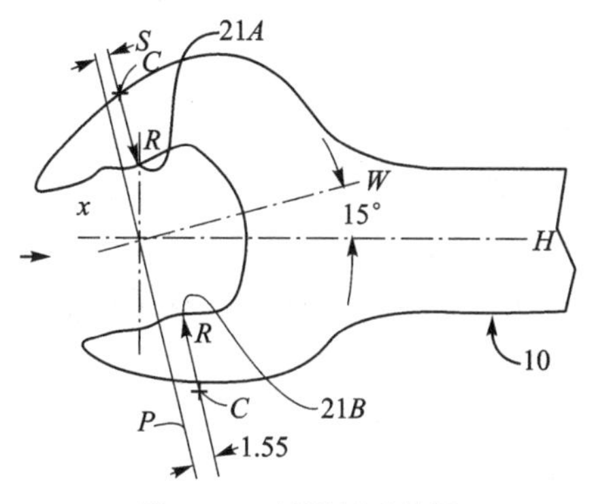

图3-8　新型扳手草图

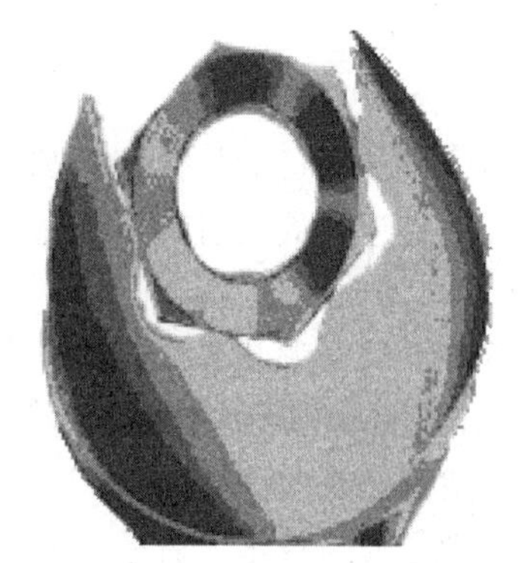
图3-9　新型扳手示意图

2. 汽车导流装置设计

汽车为了降低油耗并便于提速，汽车底盘的重力越小越好，但为了保证高速行驶时的操纵安全，汽车底盘的重力越大越好。这种要求底盘同时具有大重力和小重力的情况，对于汽车底盘的设计来说就是物理矛盾，解决该矛盾是汽车设计的关键。

分析：这个设计与汽车底盘的重力有关。汽车属于移动物体，解决此问题应该分析的特征参数是“移动物体的重力”，从引导表格中查得的创新原则分别为(35)、(28)、(31)、(8)、(2)、(3)、(10)。表3-6是对个性创新原则的分析，从中选出合适的方案。

解决方案：按照创新原则(8)的设计方案，在汽车上安装汽车导流装置(见图3-10)，当汽车高速行驶时，由于通过车体顶部与底部的气流流速不同，故会产生压力差，导致车体受到升力的作用，操控性能降低。车上加装导流装置后，当汽车高速行驶时，将产生一个向下的负升力，保证车辆的抓地性能，从而达到设计要求。

图3-10　导流装置示例

表3-6　可能设计方案

原　则	有用的提示	方　案
(35)改变状态	改变系统的物理状态	改变汽车获取重力的物理状态
(28)替换机械系统	取代场，包含：①以可变的取代恒定的；②以随时变化的取代固定的	原有汽车利用底盘的重力保证车的稳定性，要利用可变的重力场取代固定的重力。
(31)多孔材料	使物体变成多孔性的或加入具有多孔性的元素(如嵌入、覆盖等)	把某些部件变成多孔结构以减轻汽车的重力，或利用孔增加重力。
(8)平衡力	利用外部环境的空气动力学或流体力来抵消物体本身的重力。	利用空气动力学原理增加汽车的重力。
(2)抽出	将会“妨碍”的零件或属性从物体中抽出。	适当减轻汽车底盘的重力以减少油耗。
(3)局部特性	物体各部位的零件要放置于最适合让它运行的地方。	在适当的位置放置改变汽车重力的部件。
(10)预先作用	事先放置好物体，如此便可直接从最方便的位置开始操作。	提前把改变汽车重力的部件安装好。

习题3

3-1 系统设计的目的是什么？都有哪些技术方法？

3-2 什么是设计的映射观点和流转换观点？根据这一流派的观点，方案设计是如何一步步完成的？

3-3 萃智方法由哪几部分组成？什么是理想的技术系统？什么是缩小的问题？什么是系统冲突？什么是物理矛盾？发明级别划分的意义是什么？

3-4 请找出解决“力与可靠性”之间技术矛盾的创新原理。

3-5 物理矛盾与技术矛盾的区别是什么？

3-6 请举出解决系统冲突的3条原则和3个常用方法。

3-7 公理性设计原则所提出的两条公理是什么？

3-8 当前玻璃杯的制造工艺为将熔融状态的玻璃注入相应的模具中成形，外观带棱角的玻璃杯如果用整体模成形，模具的制造会很困难；如果模具精度不好，则会影响杯子的外形。尝试在矛盾矩阵的引导下解决这一问题。

3-9 现代社会大量人群涌入城市，为了满足人们的居住需求，城市启动大量高楼建设项目。楼房一高会引来一系列问题：抗震性能下降，影响周边建筑采光，楼房集中造成交通堵塞，车位紧张等。请从实际问题中提炼出1～2个技术矛盾，并尝试给出解决方案。

3-10 普通的胶是一种黏稠的液体，将需要粘连的物体粘连到一起，但当我们把胶涂在物体表面时，也常常会粘手指，这种情况是不希望发生的。请对上述情况进行分析，定义其中的物理矛盾，并使用分离原理加以解决。

3-11 请结合你的生活，应用萃智方法解决一个实际问题。

本章参考文献

[1] 何益海，唐晓青. 基于关键质量特性的产品保质设计[J]. 航空学报，2007(06)：1468-1481.

[2] 张根保. 现代质量工程[M]. 2版. 北京：机械工业出版社，2009.

[3] 陈立周. 稳健设计[M]. 北京：机械工业出版社，2000.

[4] 张性原. 设计质量工程[M]. 北京：航空工业出版社，1999.

[5] EI-Haik B S. Axiomatic Quality: Integrating Axiomatic Design with Six-Sigma, Reliability, and Quality Engineering[M]. New Jersey: John Wiley & Sons, Inc., 2005.

[6] 根里奇·阿奇舒勒. 创新算法：TRIZ、系统创新和技术创造力[M]. 谭培波，茹海燕，Wenling Babbin，译. 武汉：华中科技大学出版社，2008.

[7] 赵敏. TRIZ入门及实践[M]. 北京：科学出版社，2009.

第4章　参数设计技术

4.1　参数设计基本原理

运用QFD方法和系统设计方法明确了产品的功能需求和技术要求之后，就需要进行系统的参数设计。参数设计的目的是保证产品输出特性在其寿命周期内的稳定性，即指产品在各种内部或外部干扰因素的作用下，其质量特性能稳定地保持在一个尽可能小的波动范围内。这里的参数指的是可以影响到产品的质量特性的技术参数。

影响系统质量特性波动的因素有很多，但并不是所有因素都能被认识到和控制住的，所以在参数设计时将这些因素分为可控因素和不可控因素，不可控因素有时也被称为系统的干扰噪声。要分析各种因素对系统质量特性波动的影响大小，就需要用到正交试验方法。简而言之，参数设计是运用正交试验法等优化方法确定影响系统质量特性波动的可控因素的最佳组合，同时也尽可能减少不可控因素（干扰噪声）的影响，最终使产品的质量波动最小，从而保证了质量特性的最稳定，这样的系统就是健壮的、可靠的。

正交试验方法是开展参数设计的基础与工具，因此，本章首先介绍正交试验方法原理，然后介绍参数设计方法的原理，考虑到计算过程比较复杂，手工操作很难实现，最后本章借助Minitab软件来完成试验设计的分析与计算，基于Minitab软件的完整参数设计过程见附录V。

4.2　正交试验方法

4.2.1　基本概念

试验设计方法早在1920年就由英国著名统计学家费歇尔（R．A. Fisher）发展起来了，他先在农业试验上采用多因素配置方式，对不同因素的每一种位级组合进行试验，并用方差分析方法分析因素对指标的影响。但是，当采用这种方法进行试验时，随着因素与位级增加，试验次数将急剧增加，从而导致试验周期长，成本上升，甚至根本无法进行试验。20世纪40年代，芬尼（D. J. Finney）提出多因素试验的部分实施方法，奠定了减少试验次数的正交试验法的理论基础。20世纪50年代初期，日本电讯研究所的田口玄一（Taguchi）博士，又在此基础上开发了正交试验方法，应用一套规范化的正交表来安排试验，并采用一种程序化的计算方法来分析试验结果。由于这种方法的试验次数少、分析简便、重复性好、适用面广，故在日本企业界获得迅速的普及，成为质量设计的重要工具。此后田口玄一博士又在正交试验方法的基础上开发了参数设计方法，充分利用产品或系统中存在的非线性效应，取得了高质量、低成本的综合效果，因而在国际上得到广泛应用。正交试验设计方法广泛应用于产品和工艺参数稳定性设计及工艺过程的优化中。

(1) 因素:可控因素与非可控因素

过程模型的示意图如图4-1所示,其中$Y_1,Y_2,\cdots,Y_s$,是s个重要输出变量,这些变量常被称为响应变量或指标。

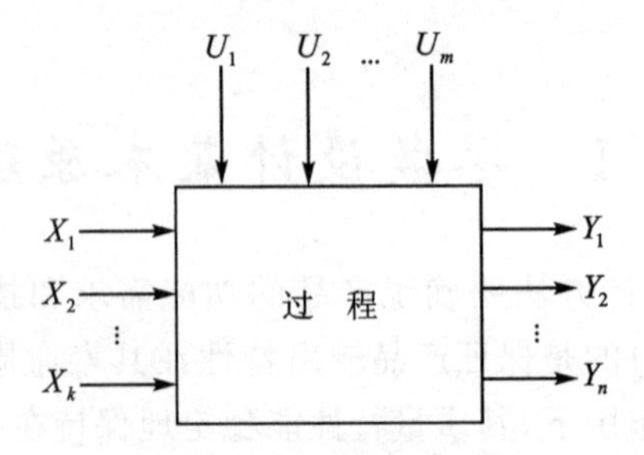

图4-1 过程模型示意图

将影响响应变量的那些变量称为试验问题中的因素。假定$X_1,X_2,\cdots,X_k$是人们在试验中可以加以控制的因素,它们是输入变量,是影响过程最终结果的。这些变量可以是连续型的(通常是这样),也可以是离散型的。影响过程及结果的变量除了这些可控因素外还可能包含一些可以记录但不可控制的非可控因素:$U_1,U_2,\cdots,U_m$,它们通常包括环境状况、操作员、材料批次等,这些变量可能取连续值,也可能取离散值。对于这些变量,通常很难将它们控制在某个精确值上,实际问题中它们确实也可能取不同的值,这些非可控因素被称为噪声因素,它们常被当作试验误差来处理。

(2) 水平及处理

为了研究因素对响应的影响,需要用到因素的两个或更多个不同的取值,这些取值被称为因素的水平或设置。各因素皆选定了各自的水平后,其组合被称为处理。一个处理的含义是,各因素按照设定的水平形成一个组合,按此组合能够进行试验并获得响应变量的观测值(当然也可以进行多次试验)。因此,处理也可以代表一种安排,它比试验含义更广泛些,因为一个处理可以进行多次试验。这里的试验也是广义的,包括按照一定的函数或逻辑关系进行计算或仿真运行的情况。

(3) 试验单元与试验环境

试验单元指对象、材料或制品等载体,即试验开展的最小单位。例如,按因素组合规定的工艺条件所生产的一件(或一批)产品。

试验环境是指以已知或未知的方式影响试验结果的周围条件,通常包括温度、湿度、电压等非可控因子。

(4) 模型与误差

考虑到影响响应变量y的可控因子是$x_1,x_2,\cdots,x_k$。因此,在试验设计中建立的数学模型为

$$y=f(x_1,x_2,\cdots,x_k)+\varepsilon$$

式中,y是响应变量;$x_1,x_2,\cdots,x_k$都是可控因素;f是某个确定的函数关系(模型)。式中的误差ε除了包含由非可控因子(或噪声)所造成的试验误差外,还可能包含失拟误差。失拟误差是指采用的模型函数f与真实函数间的差异。试验误差与失拟误差这两种误差性质是不同的,分析时也要分别处理。有时为了分析方便,可以对失拟误差或试验误差进行适当简化。

(5) 主效应和交互效应

在多因素试验研究中，主效应就是在其他因素都不变化的情况下，单独考察一个因素对响应变量发生的变化效应。交互效应就是两个或两个以上因素相互依赖、相互制约，共同对响应变量发生的变化效应。如果一个因素对响应变量的影响效应会因另一个因素的水平不同而有所不同，则说这两个因素之间具有交互效应。

4.2.2　正交表

正交表是正交试验方法的基本工具，它是根据均衡分散的思想，运用组合数学理论在拉丁方和正交拉丁方的基础上构造的一种表格。两张最常用的正交表如表 4－1 和表 4－2 所列。

表 4－1　正交表 $L_8(2^7)$

列号 / 试验号	1	2	3	4	5	6	7
1	1	1	1	1	1	1	1
2	1	1	1	2	2	2	2
3	1	2	2	1	1	2	2
4	1	2	2	2	2	1	1
5	2	1	2	1	2	1	2
6	2	1	2	2	1	2	1
7	2	2	1	1	2	2	1
8	2	2	1	2	1	1	2

表 4－2　正交表 $L_9(3^4)$

列号 / 试验号	1	2	3	4
1	1	1	1	1
2	1	2	2	2
3	1	3	3	3
4	2	1	2	3
5	2	2	3	1
6	2	3	1	2
7	3	1	3	2
8	3	2	1	3
9	3	3	2	1

正交表 $L_8(2^7)$ 有 8 个横行 7 个直列，由数码“1”和“2”组成。它有两个特点：

①每个直列恰有 4 个“1”和 4 个“2”，即每个数码出现的机会是均等的；

②任意两个直列，其横方向形成的 8 个数字对中，(1,1)，(1,2)，(2,1)，(2,2)恰好各出现

两次,即任意两列间数码"1"和"2"的搭配是均衡的。

正交表$L_9(3^4)$有9个横行4个直列,由数码"1""2"以及"3"组成,它也具有两个特点:

①每个直列中,"1""2""3"出现的次数相同,都是3次;

②任意两个直列,其横方向形成的9个数字对中,(1,1),(1,2),(1,3),(2,1),(2,2),(2,3),(3,1),(3,2),(3,3)出现的次数相同,都是1次,即任意两列间数码"1""2""3"的搭配是均衡的。

其他一些常用的正交表见书后附录III,它们也都具有机会均等与搭配均衡的特点,这些特点即为正交表"正交性"的含义。正交表记号所表示的意思如图4-2所示。

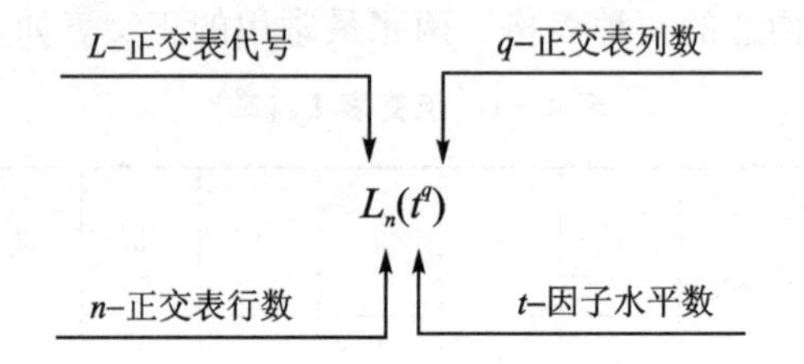

图4-2　正交表符号含义

用正交表$L_n(t^q)$安排试验时,t表示因素的水平为t,q列表示最多可安排q个因素,行数n表示要做n次试验。

常用的正交表中,主要有下列4种类型:

①$L_{t^u}(t^q)$型正交表:属于这一类正交表的有$L_4(2^3)$,$L_8(2^7)$,$L_{16}(2^{15})$,$L_{32}(2^{31})$,$L_{64}(2^{63})$,$L_9(3^4)$,$L_{27}(3^{13})$,$L_{81}(3^{40})$,$L_{16}(4^5)$,$L_{64}(4^{21})$,$L_{25}(5^6)$,$L_{125}(5^{31})$,…,它是饱和正交表,就是说它的列数已达到最大值,这类正交表的特点是$q=\frac{t^u-1}{t-1}$;

②$L_{4k}(2^{4k-1})$型正交表:属于这类正交表的有$L_{12}(2^{11})$,$L_{20}(2^{19})$,$L_{24}(2^{23})$,$L_{28}(2^{27})$,…,它也是饱和正交表;

③$L_{\lambda p^2}(p^{2p+1})$型正交表:属于这类正交表的有$L_{18}(3^7)$,$L_{32}(4^9)$,$L_{50}(5^{11})$,…,它是非饱和正交表;

④混合型正交表:属于这类正交表的有$L_8(4\times2^4)$,$L_{12}(3\times2^4)$,$L_{12}(6\times2^2)$,$L_{16}(4\times2^{12})$,$L_{32}(2\times4^9)$…

4.2.3　正交试验的一般步骤

下面通过一个实例来说明正交试验方法的一般步骤。

例4-1:某机电研究所研制一种新型材料,要求应力越小越好,希望不超过2 kPa,并且要通过退火工艺来达到应力要求,现通过正交试验希望找到降低应力的最佳工艺条件。

解:

1. 试验方案设计

(1) 明确试验目的,确定指标

试验目的:降低材料的应力,应力越小越好。

试验指标:应力(kPa)。

(2) 制定因素水平表

经过考察、分析，本试验中有升温速度(A)、恒温温度(B)、恒温时间(C)以及降温速度(D)共 4 个因素，每个因素取 3 个水平(位级)，因素水平表如表 4－3 所列。

表 4－3　试验因素水平表

因素 / 水平	升温速度 A	恒温温度 B	恒温时间 C	降温速度 D
1	30 ℃/h	600 ℃	6 h	1.5 ℃/h(自然冷却)
2	50 ℃/h	450 ℃	2 h	1.7 ℃/h(自然冷却)
3	100 ℃/h	500 ℃	4 h	15 ℃/h(强迫冷却)

(3) 选正交表、排表头

因素水平确定之后就可选用合适的正交表，然后排表头。本例有 4 个因素，每个因素有 3 个水平，可选用 $L_9(3^4)$正交表，因素安排如表 4－4 所列。

表 4－4　$L_9(3^4)$表头安排

$L_9(3^4)$列号	1	2	3	4
因　素	A	B	C	D

选用正交表的原则是正交表的列数要等于或大于因素的个数，同时试验次数应取最少的。在排表头时各因素可任意排在各列中，但是一经排定，在试验过程中就不能再变动。

(4) 排列试验条件

表头排好之后，将表中每一列的数字 1、2、3 看成该列中每个因素应取的水平，每一行就是每次试验的条件。例如 $L_9(3^4)$表的第一列是升温速度 A，在 1 的位置上写上 $A_1=30$ ℃/h，在 2 的位置上写上 $A_2=50$ ℃/h，在 3 的位置上写上 $A_3=100$ ℃/h，其他因素也是同样写法(对号入座)，如表 4－5 所列。

表 4－5 就是具体的实施方案，表中试验 9 次，每次试验都是不同因素不同水平的随机搭配，例如，第一个试验就是 $A_1B_1C_3D_2$，即升温速度为 30 ℃/h，恒温温度为 600 ℃，恒温时间为 4 h，降温速度为 1.7 ℃/h(自然冷却)。

2. 试验过程实施

试验排定之后就必须严格按照排定的试验方案进行试验，不能再变动，但试验的次序可以任意，不一定按照正交表试验号的顺序依次试验，每做一次试验都要记下所得的结果(达到的指标)，填入表 4－5 的最右一列(上例“应力”一列中)。

3. 试验结果分析

通过不同试验方案的试验得到数个试验指标，如上例得到 9 种(应力)，如表 4－6 所列，现在来分析试验结果并对试验方案进行评价。对试验结果的分析有两种方法，一是直观分析法，二是极差分析法。

直观分析法就是直观比较试验方案的试验结果。从表 4－6 可以看出，第 5 号试验应力最低(0.5 kPa)，试验组合是 $A_2B_2C_3D_3$。这是从试验直接得到的结果来分析，但是否有更好的试验组合，需要通过极差分析来探索。

表 4-5 试验方案

试验号 \ 因素	升温速度 /(℃·h^{-1}) A	恒温温度 /℃ B	恒温时间 /h C	降温速度 /(℃·h^{-1}) D	应力 /kPa 结果
	1	2	3	4	
1	1 (30)	1 (600)	3 (4)	2 (1.7)	
2	2 (50)	1 (600)	1 (6)	1 (1.5)	
3	3 (100)	1 (600)	2 (2)	3 (15)	
4	1 (30)	2 (450)	2 (2)	1 (1.5)	
5	2 (50)	2 (450)	3 (4)	3 (15)	
6	3 (100)	2 (450)	1 (6)	2 (1.7)	
7	1 (30)	3 (500)	1 (6)	3 (15)	
8	2 (50)	3 (500)	2 (2)	2 (1.7)	
9	3 (100)	3 (500)	3 (4)	1 (1.5)	

极差分析法通过计算同一因素不同水平试验指标的极差来了解试验结果的波动情况,然后比较不同因素的极差值找到效果更好的试验方案。通过极差比较还可找出影响试验的主要因素,进而寻找更优的试验方案。下面通过表 4-6 解释极差分析法分析问题的步骤。

表 4-6 试验方案

试验号 \ 因素	升温速度 /(℃·h^{-1}) A	恒温温度 /℃ B	恒温时间 /h C	降温速度 /(℃·h^{-1}) D	应力 /kPa 结果
	1	2	3	4	
1	1(30)	1(600)	3(4)	2 (1.7)	6
2	2(50)	1(600)	1(6)	1 (1.5)	7
3	3(100)	1(600)	2(2)	3 (15)	15
4	1(30)	2(450)	2(2)	1 (1.5)	8
5	2(50)	2(450)	3(4)	3 (15)	0.5
6	3(100)	2(450)	1(6)	2 (1.7)	7
7	1(30)	3(500)	1(6)	3 (15)	1
8	2(50)	3(500)	2(2)	2 (1.7)	6
9	3(100)	3(500)	3(4)	1 (1.5)	13
Ⅰ	15	28	15	28	总和 T = Ⅰ + Ⅱ + Ⅲ = 63.5
Ⅱ	13.5	15.5	29	19	
Ⅲ	35	20	19.5	16.5	
极差 R	21.5	12.5	14	11.5	

注:Ⅰ=同一因素水平 1 的 3 次试验结果之和;Ⅱ=同一因素水平 2 的 3 次试验结果之和;Ⅲ=同一因素水平 3 的 3 次试验结果之和。

(1) 计算数据

①计算各因素不同水平的指标和。用Ⅰ、Ⅱ、Ⅲ分别表示对应各因素 1、2、3 水平的指标和。例如，A 因素 1、2、3 水平的指标和分别用 $Ⅰ_A$、$Ⅱ_A$、$Ⅲ_A$ 表示：

$$Ⅰ_A=6+8+1=15$$

$$Ⅱ_A=7+0.5+6=13.5$$

$$Ⅲ_A=15+7+13=35$$

其他因素用同样的方法计算其结果，如表 4-6 所列。

②计算各因素不同水平指标的极差 R。极差是指 $Ⅰ_A$、$Ⅱ_A$、$Ⅲ_A$3 个数中最大值和最小值之差，如上例 A 因素的极差为

$$R_A=35-13.5=21.5$$

其他因素由此类推，其结果如表 4-6 所列。

③计算指标值总和 T。

$$T=Ⅰ+Ⅱ+Ⅲ=15+13.5+35=63.5 \quad (A\text{ 因素})$$

各因素Ⅰ、Ⅱ、Ⅲ的指标和是相等的，都等于 9 次试验结果指标值之和，即

$$6+7+15+8+0.5+7+1+6+13=63.5$$

(2) 对计算结果进行分析

①找较优的试验搭配方案。较优的试验搭配方案是将每个因素中试验指标效果较好的水平进行搭配。对上例来说，因为指标是应力，所以指标值越低试验效果越好，依此搭配较优的试验方案为 $A_2B_2C_1D_3$。

②排出主次因素。极差所反映的是指标值的波动，对每个因素来说，指标值的波动是由于因素所取不同的水平而引起的。所以极差越大，说明该因素的不同水平对试验指标的影响越大，那么它就应该是试验的主要控制对象，也就是主要因素。对主要因素要取较优的水平搭配试验。相反，极差较小的因素，说明该因素所处的状态，即所取的不同水平对试验指标影响不大，那么该因素就不作为主要控制对象，它就是一般因素。对一般因素的水平就可以根据试验方便、资金节约的原则选取。当然这里所说的主要因素或一般因素是对于在特定的试验条件下而言的，如上例，极差从大到小的主次排列如图 4-3 所示。

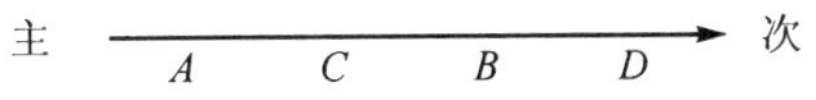

主 ——————→ 次
　A　C　B　D

图 4-3　因素主次排列

通过计算还可以采用一个搭配较优的试验方案为 $A_2C_1B_2D_3$。

③画出趋势图，预测下批试验的较优工艺条件。

为了进一步降低指标应力，以每个因素的实际水平为横坐标，以试验结果总和为纵坐标，画出各因素的趋势图，如图 4-4 所示，从图中可看出这些因素的发展趋势，分析如下：

恒温温度 B：450 ℃，500 ℃，600 ℃三个高度逐步上升，说明如果温度下降，应力还将继续降低，这意味着原来的 3 个位级都选高了，即使 450 ℃的恒温温度也是高的，再试验时可将此温度降至 400 ℃或更低一些。

恒温时间 C：2 h，4 h，6 h 逐步下降，这也证实了“时间长应力低”的看法是正确的。恒温 6 h 最好，但考虑到节约电力和提高工效等综合效益，恒温时间取 4 h 也是可以的。

由上面的分析可得一个新的试验方案：恒温温度降到 400 ℃，记为 B_4，恒温时间为 4 h，升

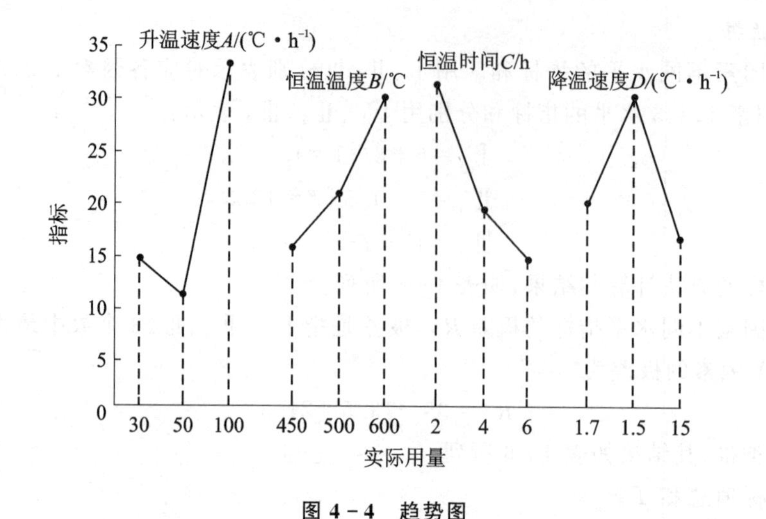

图 4-4 趋势图

温速度为50 ℃/h,降温速度为15 ℃/h。试验新方案 $A_2B_4C_3D_3$ 就是最终确定的退火工艺的工艺条件。

4.2.4 有多指标要求的正交试验

在实际问题中,有许多试验需要用多个指标来衡量试验效果,因此被称为多指标试验。在多指标试验中,各个指标之间可能存在一定的矛盾,一项指标好了,另一项指标却差了。怎样兼顾各项指标,找出使得每项指标都尽可能好的生产条件呢?常用的方法有两种:综合平衡法与综合评分法。

1. 综合平衡法

综合平衡法的基本做法是:首先对各项指标进行分析,与单指标的分析方法完全一样,找出各项指标的较优生产条件,然后综合平衡各项指标的较优生产条件,找出各项指标都尽可能好的生产条件。

例 4-2: 某汽车配件厂进行后视镜加工工艺试验以提高其光洁度合格率和缩短工时,选取的因素水平如表 4-7 所列。

表 4-7 后视镜加工工艺试验因素水平表

水平 \ 因素	抛光液含量(A/%)	抛光模新旧(B)	玻璃(C)	抛光模硬度(D)
1	99	新	退修料	正常
2	45	旧	新料	偏硬

解: 根据本试验目的,需要考察的指标有两项:光洁度合格率 Y,越高越好;工作时间 Z,越短越好。选用 $L_8(2^7)$ 正交表来安排该试验,试验方案、结果以及分别对两项指标所做的计算与分析如表 4-8 所列。

表 4-8　后视镜加工工艺试验结果分析计算表

因素 试验号		D	B	A	C	指标	
		1	2	4	7	合格率 Y/%	工作时间 Z/h
1		1(正常)	1(新)	1(99%)	1(退修料)	93	4
2		1	1	2(45%)	2(新料)	91	10
3		1	2(旧)	1	2	29	6
4		1	2	2	1	56	6
5		2(偏硬)	1	1	2	71	4
6		2	1	2	1	73	11
7		2	2	1	1	83	3
8		2	2	2	2	84	14
合格率	Ⅰ	269	328	276	305	因素主次:BDCA 较优生产条件: $B_1D_2C_1A_2$	
	Ⅱ	311	252	304	275		
	R	42	76	28	30		
工作时间	Ⅰ	26	29	17	24	因素主次:ACDB 较优生产条件: $A_1C_2D_1B_2$	
	Ⅱ	32	29	41	34		
	R	6	0	24	10		

综合平衡的一般原则是:对于同一因素,当各指标的重要性不一样时,应选取对重要性高的指标影响较好的水平;当各指标的重要性相近时,则应选取对大多数指标影响较明显的水平。本例中,因素 A 对工作时间是主要因素,对合格率是次要因素,故取 A_1;因素 B 对合格率是主要因素,对工作时间是次要因素,且工作时间的两个水平的作用相近,故取 B_1;因素 C 在两项指标中都是 C_1 好,故取 C_1;因素 D 对合格率是较主要的因素,对工作时间是较次要的因素,故取 D_2。经综合平衡,最后得到的较优生产条件为 $A_1B_1C_1D_2$。

2. 综合评分法

综合评分法是用评分的办法将多个指标综合成一个单一的指标——得分,用每次试验的得分来代表这次试验的结果,用各号试验的分数作为数据分析的依据。综合评分法的关键是评分。评分既要能反映各指标的要求,也要能反映出各个指标的重要程度。常用的评分方法有两种:①排队评分法,即把各项试验结果按优劣排队,顺序排好后,根据相邻名次的实际差别,给出统一的分数。评分可以采用百分制,也可以采用 10 分制或 5 分制。排队评分法不仅简单易行而且应用面广,不仅适用于将多指标化为单指标的情况,还适用于将定性指标化为定量指标的情况。②公式评分法,即首先对每项指标按优劣评分,然后把各项指标的得分按一定的公式组合起来,综合成一个综合得分。

仍以例 4-2 为例来说明如何运用综合评分法分析多个指标试验的结果。

首先对每项指标单独评分。对合格率,规定合格率为 93%者评为 9.3 分,合格率为 91%者评为 9.1 分,其余类推。对工作时间,规定时间最少者(3 h)评为 10 分,多 1 h 扣 1 分,时间最多者评为 0 分,因为合格率是一项重要指标,工作时间是一项次要指标,所以以加权方式得

到的综合评分为

$$综合评分=2\times合格率得分+工作时间得分$$

例如,第1号试验综合评分$=2\times9.3+9=27.6$,全部综合评分和分析如表4-9所列。

表4-9 试验结果综合评分分析计算表

试验号＼因素	D	B	A	C	指标		综合得分
	1	2	4	7	合格率 Y_i/%	工作时间 Z_i/h	
1	1	1	1	1	93	4	27.6
2	1	1	2	2	91	10	21.2
3	1	2	1	2	29	6	12.8
4	1	2	2	1	56	6	18.2
5	2	1	1	2	71	4	23.2
6	2	1	2	1	73	11	16.6
7	2	2	1	1	83	3	26.6
8	2	2	2	2	84	14	16.8
Ⅰ	79.8	88.6	90.2	89	因素主次:$ABCD$ 较优生产条件:$A_1B_1C_1D_2$		
Ⅱ	83.2	74.4	72.8	74.0			
R	3.4	14.2	17.4	15.0			

由表4-9可以看出,按综合评分法所得的较优生产条件$A_1B_1C_1D_2$与综合平衡法的结论一致。

综合评分的方法不仅适用于分析定量指标的试验结果,而且也适用于分析定性指标的试验结果,下面通过一个实例说明。

例4-3: 某发动机厂提高精铸模体的性能试验。指标:模体用于浇注时是否炸裂,所选因素和水平如表4-10所列。试验需要考虑交互作用$A\times C$,$B\times C$。

表4-10 精铸模体性能试验因素水平表

水平＼因素	硬化剂比重 (A)	硬化剂温度 (B/℃)	硬化时间 (C/min)	晾干时间 (D/min)	脱蜡条件 (E)
1	1.18	13	2	15	氯化剂
2	1 22	25	4	40	盐酸

解: 选用$L_8(2^7)$安排试验,试验方案如表4-11所列。把8个试样按优劣排队。$2^\#$最好,排第1名,$1^\#$排第2名,$3^\#$排第3名,$8^\#$排第4名,$4^\#$,$5^\#$,$6^\#$,$7^\#$排最后1名,然后按工艺要求、名次顺序以及相邻两个名次差别大小统一打分。

评分结果为

第1名　$2^\#$　10分

第2名　$1^\#$　8分

第3名　$3^\#$　6分

第4名　$8^\#$　4分

$4^{\#}$,$5^{\#}$,$6^{\#}$,$7^{\#}$　　0 分

评分结果和试验结果的分析如表 4 - 11 所列。

表 4 - 11　精铸模体性能试验结果分析表

试验号＼因素	A	C	$A\times C$	B	D	$B\times C$	E	综合评分
	1	2	3	4	5	6	7	
1	1	1	1	1	1	1	1	8
2	1	1	1	2	2	2	2	10
3	1	2	2	1	1	2	2	6
4	1	2	2	2	2	1	1	0
5	2	1	2	1	1	1	2	0
6	2	1	2	2	2	2	1	0
7	2	2	1	1	1	2	1	0
8	2	2	1	2	2	1	2	4
Ⅰ	24	18	22	14	18	12	8	$T=28$ 因素主次:A,$A\times C$,E,C,D,$B\times C$,B 最优生产条件:$A_1B_2C_1D_1E_2$
Ⅱ	4	10	6	14	10	16	20	
R	20	8	16	0	8	4	12	

4.2.5　有交互效应的正交试验

前面介绍的试验方案的设计和试验结果的分析方法都是指没有交互效应的情况。当因素间有交互作用,而且希望通过试验分析交互作用对指标的影响时,试验方案的设计与前面所讲的稍有不同。首先介绍一下正交表中两列间的交互作用列这个概念。

在常用正交表中,有的表后面附有一张两列间的交互作用列表,这是专门用来分析交互作用而使用的表。现以 $L_8(2^7)$的“两列间的交互作用列表”(见表 4 - 12)为例,说明这类表的用法。

表 4 - 12　$L_8(2^7)$交互作用列表

列号＼行号	1	2	3	4	5	6	7
1	(1)	3	2	5	4	7	6
2		(2)	1	6	7	4	5
3			(3)	7	6	5	4
4				(4)	1	2	3
5					(5)	3	2
6						(6)	1
7							(7)

表 4 - 12 中的所有数字都是 $L_8(2^7)$的列号。最上边和最右边的数字是本表的行号和列

号,括号里的数字也是本表的行号(也是列号)。若要查$L_8(2^7)$的第1、2列的交互列,则从表中(1)横着向右看,从(2)竖着向上看,它们的交叉点是3,则第3列就是第1列与第2列的交互作用列。同理可查出第2列与第4列的交互作用列是第6列,其他任意两列的交互作用列可用类似的办法查得。在设计试验方案时,若因素A排在第1列,因素B排在第2列,则因素A与B的交互作用在第3列。这时由第3列的计算可分析出交互作用$A\times B$对指标影响的大小,若第3列再排了另一因素,则该因素对指标的影响就与交互作用对指标的影响混在一起,不能将它们区分开来,并且称之为产生了"混杂"。因此,在试验时,需要把交互作用单独作为一个因素来考察,交互作用所在的列不能再排其他因素。

$L_{16}(2^{15})$,$L_{32}(2^{31})$等正交表的两列间的交互作用列表的用法与$L_8(2^7)$的完全类似。$L_4(2^3)$任两列的交互列是剩下的一列。需要特别指出的是,对于二水平正交表,两列间的交互作用列只有一列;对于三水平正交表,两列间的交互作用列要占两列;一般地,对于n水平正交表($n\geqslant 2$),两列间的交互作用列占$n-1$列。例如,在$L_{27}(3^{13})$的两列间的交互作用列表(见表4-13)中,每行每列的交叉处都有两个数字。例如,第2列第5行上的数字是8和11。这就是说,如果因素A在第2列,因素B在第5列,则因素A、B的交互作用$A\times B$在第8列和第11列上。$A\times B$对指标影响的大小可由第8列和第11列这两列计算分析出来。

表4-13 $L_{27}(3^{13})$交互作用列表

行号 列号	1	2	3	4	5	6	7	8	9	10	11	12	13
1	(1)	3 4	2 4	2 3	6 7	5 7	6 5	9 10	8 10	8 9	12 13	11 13	11 12
2		(2)	1 4	1 3	8 11	9 12	10 13	5 11	6 12	7 13	5 8	6 9	7 10
3			(3)	1 2	9 13	10 11	8 12	7 12	5 13	6 11	6 10	7 8	5 9
4				(4)	10 12	8 13	9 11	6 13	7 11	8 12	7 9	5 10	6 8
5					(5)	1 7	1 6	2 11	3 13	4 12	2 8	4 10	3 9
6						(6)	1 5	4 13	2 12	3 11	3 10	2 9	4 8
7							(7)	3 12	4 11	2 13	4 9	3 8	2 10
8								(8)	1 10	1 9	2 5	3 7	4 6
9									(9)	1 3	4 7	2 6	3 5
10										(10)	3 6	4 5	2 7
11											(11)	1 13	1 12
12												(12)	1 11

当试验要考察因素间的交互作用时，表头设计的原则是不能产生混杂。

例 4-4： 某铸造厂消除 $Al_{17}Ni_2$ 叶片脆性的试验。试验指标是延伸率，选取的因素水平如表 4-14 所列。根据实际经验，浇铸速度固定在 3～5 s，模壳预热 108 ℃。保温 1 h。另外还需考察交互作用 $A\times B$，$A\times C$，$B\times E$，$D\times E$，其他交互作用可以忽略。希望用较少的试验摸清这 5 个因素和 4 个交互作用中，哪些对指标延伸率影响较大，哪些影响较小，并找出使延伸率较高的生产条件。

表 4-14　叶片延伸率试验因素水平表

水平＼因素	含碳量（A/%）	含铝量（B/%）	含铜量（C/%）	出炉温度（D/℃）	冷却方式（E）
1	0.12	2.5	0	1 620	不造型
2	0.07	4.0	3.5	1 560	造　型

解： 试验要考察 5 个因素，4 个交互作用。设计试验方案时，表头设计与以前不同。选表时应注意，这里不仅每个因素要占一列，而且四个交互作用也要各占一列，因此共要占 9 列，本试验是二水平的试验，所以要选用至少有 9 列的二水平正交表。$L_{16}(2^{15})$ 满足这个要求，所以就试用 $L_{16}(2^{15})$ 来安排这个试验。

先把 A 排在第 1 列，B 排在第 2 列，查 $L_{16}(2^{15})$ 的交互作用表，$A\times B$ 应排在第 3 列，则 C 不能放在第 3 列，否则就产生“混杂”了，现将 C 排在第 4 列，查表知 $A\times C$ 在第 5 列。然后将 E 排在第 15 列，则 $B\times E$ 应排在第 13 列，再将 D 排在第 8 列，查表知 $D\times E$ 正好应在第 7 列，这样就完成了表头设计。本试验的表头设计、试验方案、试验结果、计算与分析如表 4-15 所列。

表 4-15　试验结果分析计算表

试验号＼因素	A	B	$A\times B$	C	$A\times C$		$D\times E$	D					$B\times E$		E	y_i
	1	2	3	4	5	6	7	8	9	10	11	12	13	14	15	
1	1	1	1	1	1	1	1	1	1	1	1	1	1	1	1	9.2
2	1	1	1	1	1	1	1	2	2	2	2	2	2	2	2	4.8
3	1	1	1	2	2	2	2	1	1	1	1	2	2	2	2	2.0
4	1	1	1	2	2	2	2	2	2	2	2	1	1	1	1	3.8
5	1	2	2	1	1	2	2	1	1	2	2	1	1	2	2	3.8
6	1	2	2	1	1	2	2	2	2	1	1	2	2	1	1	3.6
7	1	2	2	2	2	1	1	1	1	2	2	2	2	1	1	8.6
8	1	2	2	2	2	1	1	2	2	1	1	1	1	2	2	9.6
9	2	1	2	1	2	1	2	1	2	1	2	1	2	1	2	9.4
10	2	1	2	1	2	1	2	2	1	2	1	2	1	2	1	12.0
11	2	1	2	2	1	2	1	1	2	1	2	2	1	2	1	8.6
12	2	1	2	2	1	2	1	2	1	2	1	1	2	1	2	9.8
13	2	2	1	1	2	2	1	1	2	2	1	1	2	2	1	9.2

续表 4-15

因素 \ 试验号	A	B	A×B	C	A×C		D×E	D					B×E		E	y_i
	1	2	3	4	5	6	7	8	9	10	11	12	13	14	15	
14	2	2	1	1	2	2	1	2	1	1	2	2	1	1	2	9.6
15	2	2	1	2	1	1	2	1	2	2	1	2	1	1	2	3.0
16	2	2	1	2	1	1	2	2	1	1	2	1	2	2	1	2.4
Ⅰ	45.4	59.6	44.0	61.6	45.2	59.0	69.4	53.8	57.4	54.4	58.4	57.2	59.6	57.0	57.4	
Ⅱ	64.0	49.8	65.4	47.8	64.2	50.4	40.0	55.6	52.0	55.0	51.0	52.2	49.8	52.4	52.0	$T=109.4$
R	18.6	9.8	21.4	13.8	19.0	8.6	29.4	1.8	5.4	0.6	7.4	5.0	9.8	4.6	5.4	

需要注意,交互作用不是具体因素,而是因素之间的联合搭配作用,当然也就无所谓水平。因此,交互作用所在的列在试验方案中是不起作用的,而只是在分析试验结果时起作用。例如第1号试验条件是:含碳量为0.12%,含铝量为2.5%,含铜量为0,出炉温度为1 620 ℃,冷却方式为不造型等。其他各号试验条件可类似写出。

有交互作用的试验,其结果的分析与无交互作用试验结果的分析在方法上没有本质的区别。事实上,如果把每个交互作用作为一个“因素”看待,其计算分析方法与没有交互作用试验的计算分析方法基本一致,所不同的主要是最后一步,即较优生产条件的选择。前已述及,某因素极差 R 的大小代表了该因素对指标影响的大小。同样,某交互作用列极差 R 的大小也代表了该交互作用对指标影响的大小。因此可以通过比较各列极差的大小来确定各因素与交互作用的主次顺序。由表4-15下面一行的极差 R 可得本例各因素与交互作用的主次顺序为 $D\times E, A\times B, A\times C, A, C, B, B\times E, E, D$。据以上分析,因素 D 和 E 本身对指标影响不大,但它们的交互作用影响却最大,其次是 $A\times B$,$A\times C$,再次是含碳量 A,含铜量 C,含铝量 B,$B\times E$,出炉温度 D 与冷却方式 E 影响较小。

有交互作用的试验,选取水平时要区分两类因素:①不涉及交互作用的因素或交互作用影响较小的因素,它们水平的选取和以前一样,选取合计指标值较好的水平。②有交互作用的因素,它们水平的选取不能单独考虑,而要列出二元表,根据各种搭配情况,选取对指标影响较好的水平组合。例4-4中,对出炉温度 D 和冷却方式 E 的交互作用列出二元表(见表4-16)。

表4-16　因素 D,E 交互作用分析二元素

D \ E	E_1	E_2
D_1	$\frac{9.2+8.6+8.6+9.2}{4}=8.9$	$\frac{2.0+3.8+9.4+3.0}{4}=4.55$
D_2	$\frac{3.8+3.6+12.0+2.4}{4}=5.45$	$\frac{4.8+9.6+9.8+9.6}{4}=8.45$

从表4-16可以看出,取 D_1E_1 搭配较好,即 $D_1=1\ 620$ ℃,$E_1=$ 不造型。对交互作用 $A\times B$,同样可列出二元表(见表4-17)。从表4-17可以看出,取 A_2B_1 较好,即 $A_2=0.07$,$B_1=2.5$。类似地,可列出 $A\times C$ 的二元表,并看出应选 A_1C_2 或 A_2C_1 搭配。但 A 已取 A_2,从

而决定选 A_2C_1 搭配。

表 4-17　因素 A,B 交互作用分析二元素

B / A	B_1	B_2
A_1	$\frac{9.2+4.8+2.0+3.8}{4}=4.95$	$\frac{3.8+3.6+8.6+9.6}{4}=6.4$
A_2	$\frac{9.8+9.4+12+8.6}{4}=9.95$	$\frac{9.2+9.6+3.0+2.4}{4}=6.05$

综上所述,得到较优生产条件为 $A_2B_1C_1D_1E_1$,即含碳量为 0.07%,含铝量为 2.5%,含铜量为 0,出炉温度为 1 620 ℃,冷却方式为不造型。

值得指出的是,有许多问题,往往衡量试验效果的指标不止一个而是多个,例如本例中除了考虑延伸率这个指标外,还需考虑抗拉强度、断面收缩率、硬度等指标。

4.2.6　正交试验结果的方差分析

前面几节介绍的多因素正交试验的分析方法叫作直观分析法,这种方法简单直观,只用对试验结果做少量计算,通过综合分析比较,便能知道因素的主次,得出较好的生产条件。但直观分析法不能估计试验误差的大小,也就是说,不能区分因素各水平所对应的试验结果间的差异究竟是由于因素水平不同引起的,还是由于试验的误差造成的,因而不能知道分析的精度。为了弥补直观分析法的这些不足,可采用方差分析方法,多因素正交试验方差分析的基本思想与方法和单因素方差分析差不多,只是要多计算几个因素的偏差平方和与自由度,并且误差的估计稍微复杂一点,需要分别对各个因素进行分析、检验和推断。在多因素正交试验中,各因素、因素间交互作用以及误差对试验指标的影响仍通过其相应的偏差平方和来表示,各偏差平方和中独立数据的个数仍用相应的自由度表示,并且也有平方和与自由度的分解公式,它们的计算方法与单因素试验的基本一致。

首先引入正交表的列变动平方和的概念,即

$$S_i^2 = \text{第 } i \text{ 列}\left(\frac{\text{同水平数据之和的平方和}}{\text{水平重复数}}\right) - \frac{(\text{数据之和})^2}{\text{数据总个数}}$$

计算的 S_i^2 称为正交表第 i 列的偏差平方和,其自由度 f_i 为

$$f_i = \text{第 } i \text{ 列的水平数} - 1$$

在没有重复试验、重复取样的情况下,总偏差平方和与列偏差平方和、总自由度与列自由度之间一般有如下关系:

$$\text{正交表的平方和分解 } S_T^2 = \sum S_i^2$$

$$\text{正交表的自由度分解 } f_T = \sum f_i$$

在正交试验中,若将因素 A 排在某张正交表的第 i 列上,则此因素 A 的偏差平方和就是第 i 列的列偏差平方和,即

$$S_A^2 = S_i^2$$

因此,要计算某因素的偏差平方和,只需要把该因素所在的列的偏差平方和计算出来即

可。交互作用的偏差平方和,同样是它所在的列的偏差平方和。交互作用占有几列,其偏差平方和就是所占的各列的偏差平方和之和。

用同水平数据之和的符号Ⅰ,Ⅱ,Ⅲ…及数据总和符号 T,可把正交表的列变动平方和的公式写成如下形式:

$$S_i^2=\frac{\text{Ⅰ}_i^2+\text{Ⅱ}_i^2+\text{Ⅲ}_i^2+\cdots}{\text{水平重复数}}-\frac{T^2}{\text{数据总个数}}$$

例如,对于二水平正交表,其具体形式为

$$S_i^2=\frac{\text{Ⅰ}_i^2+\text{Ⅱ}_i^2}{\text{水平重复数}}-\frac{T^2}{\text{数据总个数}}$$

对于三水平正交表,其具体形式为

$$S_i^2=\frac{\text{Ⅰ}_i^2+\text{Ⅱ}_i^2+\text{Ⅲ}_i^2}{\text{水平重复数}}-\frac{T^2}{\text{数据总个数}}$$

但是,对于二水平正交表,可简写为如下方便的形式:

$$S_i^2=\frac{(\text{Ⅰ}_i-\text{Ⅱ}_i)^2}{\text{数据总个数}}$$

方差分析表如表4-18所列。

表4-18 正交试验方差分析表

来　源	偏差平方和	自由度	平均偏差平方和	F值	临界值
A	S_A^2	$f_A=r-1$	$\bar{S}_A^2=\frac{S_A^2}{f_A}$	$F_A=\frac{\bar{S}_A^2}{\bar{S}_e^2}$	$F_\alpha(f_A,f_e)$
B	S_B^2	$f_B=r-1$	$\bar{S}_B^2=\frac{S_B^2}{f_B}$	$F_B=\frac{\bar{S}_B^2}{\bar{S}_e^2}$	$F_\alpha(f_B,f_e)$
⋮	⋮	⋮	⋮	⋮	⋮
$A\times B$	S_{AB}^2	$f_{AB}=(r-1)^2$	$\bar{S}_{AB}^2=\frac{S_{AB}^2}{f_{AB}}$	$F_{AB}=\frac{\bar{S}_{AB}^2}{\bar{S}_e^2}$	$F_\alpha(f_{AB},f_e)$
⋮	⋮	⋮	⋮	⋮	⋮
误差	S_e^2	f_e	$\bar{S}_e^2=\frac{S_e^2}{f_e}$		
总和	S_T^2	$f_T=n-1$			

注:F 显著性可以查"附录Ⅳ F 分布表",如果 F 值大于临界值,则显著,反之不显著。

下面通过一个实例说明正交试验的方差分析方法。

例4-5: 某晶片加工工艺的合格率试验。据生产经验,影响合格率的有加工温度 A,冷却时间 B,晶片纯度 C,真空度 D 四个因素,且因素 A 与 B 之间可能存在交互作用 $A\times B$,因素水平表如表4-19所列。

解: 这是一个四因素二水平的试验,选用 $L_8(2^7)$ 正交表。考察的指标是合格率(越高越好),试验方案、试验结果如表4-20所列。

表4-19　某晶片加工工艺合格率试验因素水平表

水平＼因素	加工温度（A/℃）	冷却时间（B/h）	纯度（C）	真空度（D/Pa）
1	60	2.5	1.1∶1.0	500
2	80	3.5	1.2∶1.0	600

表4-20　某晶片加工工艺合格率试验结果分析计算表

试验号＼因素	A	B	$A\times B$	C	D	A	B	合格率/%
	1	2	3	4	5	6	7	y_i-90
1	1(60)	1(2.5)	1	1(1.1∶1)	1	1	1(500)	−4
2	1	1	1	2(1.2∶1)	2	2	2(600)	5
3	1	2(3.5)	2	1	1	2	2	1
4	1	2	2	2	2	1	1	4
5	2(80)	1	2	1	2	1	2	1
6	2	1	2	2	1	2	1	6
7	2	2	1	1	2	2	1	−7
8	2	2	1	2	1	1	2	−2
Ⅰ	6	8	−8	−9	1	−1	−1	$T=4$ $S_T^2=146$
Ⅱ	−2	−4	12	13	3	5	5	
S_i^2	8	18	50	60.5	0.5	4.5	4.5	

① 计算各因素的偏差平方和及其自由度。

$$S_A^2=S_1^2=\frac{(\text{Ⅰ}_1-\text{Ⅱ}_1)^2}{8}=\frac{(6+2)^2}{8}=8,\quad f_A=2-1=1$$

$$S_B^2=S_2^2=\frac{(\text{Ⅰ}_2-\text{Ⅱ}_2)^2}{8}=\frac{(8+4)^2}{8}=18,\quad f_B=2-1=1$$

$$S_{A\times B}^2=S_3^2=\frac{(\text{Ⅰ}_3-\text{Ⅱ}_3)^2}{8}=\frac{(-8-12)^2}{8}=50,\quad f_{A\times B}=1$$

$$S_C^2=S_4^2=\frac{(\text{Ⅰ}_4-\text{Ⅱ}_4)^2}{8}=\frac{(-9-13)^2}{8}=60.5,\quad f_C=1$$

$$S_D^2=S_7^2=\frac{(\text{Ⅰ}_7-\text{Ⅱ}_7)^2}{8}=\frac{(-1-5)^2}{8}=4.5,\quad f_D=1$$

总的偏差平方和为

$$S_T^2=\sum_{i=1}^{8}y_i^2-\frac{T^2}{8}=[(-4)^2+5^2+\cdots+(-7)^2+(-2)^2]-\frac{4^2}{8}=146$$

$$f_T=8-1=7$$

由平方和分解公式得误差的平方和为

$$\begin{aligned}S_e^2&=S_T^2-S_A^2-S_B^2-S_{A\times B}^2-S_C^2-S_D^2\\&=146-8-18-50-60.5-4.5=5\end{aligned}$$

$$f_e = 7 - 5 = 2$$

另一方面

$$S_e^2 = S_5^2 + S_6^2 = \frac{(\text{I}_5 - \text{II}_5)^2}{8} + \frac{(\text{I}_6 - \text{II}_6)^2}{8} = \frac{(1-3)^2}{8} + \frac{(-1-5)^2}{8} = 5$$

$$f_e = f_5 + f_6 = 1 + 1 = 2$$

由上式计算可知

误差平方和=空列的平方和之和

误差平方和的自由度=空列的自由度之和

② 显著性检验。

因素的显著性检验与二因素的方差分析相同,可在方差分析表中进行(见表4-21)。

表4-21 方差分析表

方差来源	平方和	自由度	均方值	F 值	临界值		显著性
					0.05	0.01	
A	8	1	8	3.2	18.5	98.5	
B	18	1	18	7.2	18.5	98.5	
$A\times B$	50	1	50	20.0	18.5	98.5	*
C	60.5	1	60.5	24.2	18.5	98.5	*
D	4.5	1	4.5	1.8	18.5	98.5	
e	5	2	2.5				
T	146	7					

注:"*"为显著性标志,下同。

③ 选择较优生产条件。

方差分析表明,交互作用 $A\times B$ 和因素 C 对指标合格率有显著影响。为此,需要寻找 C 与 $A\times B$ 最好的水平组合。由表4-20知,C 取 C_2 好。为寻找 $A\times B$ 的最好搭配,列出二元表,如表4-22所列。

表4-22 因素 A 与 B 交互作用二元表

B \ A	A_1	A_2
B_1	$\frac{-4+5}{2}=0.5$	$\frac{1+6}{2}=3.5$
B_2	$\frac{1+4}{2}=2.5$	$\frac{-7-2}{2}=-4.5$

由表4-22知,A_2B_1 搭配平均合格率最高,所以 A 取 A_2,B 取 B_1 较好。因此,最后选择的较优加工条件为 $A_2B_1C_2D_0$,即加工温度为80 ℃,冷却时间为2.5 h,配比为1.2∶1,D_0 表示真空度对合格率影响不显著,可任意选取。

下面说明考虑三水平因素交互作用的正交试验方差分析方法。

例4-6: 提高某产品产量、寻求较好工艺条件的正交试验。考察的因素与水平如表4-23

所列，并希望考虑因素间的交互作用。

表 4-23　因素水平表

水平＼因素	反应温度（A/℃）	反应压力（B/MPa）	溶液浓度（$C/\text{mol}\cdot\text{L}^{-1}$）
1	60	2	0.5
2	65	2.5	1.0
3	70	3	2.0

解： 选用正交表 $L_{27}(3^{13})$。表头设计、试验方案、试验结果如表 4-24 所列。

表 4-24　试验结果分析计算表

试验号＼因素	A	B	$(A\times B)_1$	$(A\times B)_2$	C	$(A\times C)_1$	$(A\times C)_2$	$(B\times C)_1$	$(B\times C)_2$	产量/10 kg
	1	2	3	4	5	6	7	8	11	
1	1(60 ℃)	1(2 MPa)	1	1	1(0.5)	1	1	1	1	1.30
2	1	1	1	1	2(1.0)	2	2	2	2	4.63
3	1	1	1	1	3(2.0)	3	3	3	3	7.23
4	1	2(2.5 MPa)	2	2	1	1	1	2	3	0.50
5	1	2	2	2	2	2	2	3	1	3.67
6	1	2	2	2	3	3	3	1	2	6.23
7	1	3(3 MPa)	3	3	1	1	1	3	2	1.37
8	1	3	3	3	2	2	2	1	3	4.73
9	1	3	3	3	3	3	3	2	1	7.07
10	2(65 ℃)	1	2	3	1	2	3	1	1	0.47
11	2	1	2	3	2	3	1	2	2	3.47
12	2	1	2	3	3	1	2	3	3	6.13
13	2	2	3	1	1	2	3	2	3	0.33
14	2	2	3	1	2	3	1	3	1	3.40
15	2	2	3	1	3	1	2	1	2	5.80
16	2	3	1	2	1	2	3	3	2	0.63
17	2	3	1	2	2	3	1	1	3	3.97
18	2	3	1	2	3	1	2	2	1	6.50
19	3(70 ℃)	1	3	2	1	3	2	1	1	0.03
20	3	1	3	2	2	1	3	2	2	3.40
21	3	1	3	2	3	2	1	3	3	6.80
22	3	2	1	3	1	3	2	2	3	0.57
23	3	2	1	3	2	1	3	3	1	3.97

续表 4-24

因素 试验号	A	B	$(A\times B)_1$	$(A\times B)_2$	C	$(A\times C)_1$	$(A\times C)_2$	$(B\times C)_1$	$(B\times C)_2$	产量 /10 kg
	1	2	3	4	5	6	7	8	11	
24	3	2	1	3	3	2	1	1	2	6.83
25	3	3	2	1	1	3	2	3	2	1.07
26	3	3	2	1	2	1	3	1	3	3.97
27	3	3	2	1	3	2	1	2	1	6.57
Ⅰ	36.73	33.46	35.63	34.30	6.27	32.94	34.21	33.33	32.98	$T=100.64$
Ⅱ	30.70	31.30	32.08	31.73	35.21	34.66	33.13	33.04	33.43	
Ⅲ	33.21	35.88	32.93	34.61	59.16	33.04	33.30	34.27	34.23	

注:9、10、12、13列为空白列。

此时,各列的偏差平方和由下述公式计算:

$$S_i^2=\frac{\mathrm{I}_i^2+\mathrm{II}_i^2+\mathrm{III}_i^2}{9}-\frac{T^2}{27},\quad i=1,2,\cdots,13$$

由此可得

$$S_A^2=S_1^2=\frac{36.73^2+30.70^2+33.21^2}{9}-\frac{100.64^2}{27}=2.0389$$

$$S_B^2=S_2^2=\frac{33.46^2+31.30^2+35.88^2}{9}-\frac{100.64^2}{27}=1.1666$$

$$S_C^2=S_5^2=\frac{6.27^2+35.21^2+59.16^2}{9}-\frac{100.64^2}{27}=155.8695$$

交互作用的偏差平方和由它所在的列的偏差平方和之和得到,即

$$S_{A\times B}^2=S_3^2+S_4^2=\left(\frac{35.63^2+32.08^2+32.93^2}{9}-\frac{100.64^2}{27}\right)+\left(\frac{34.30^2+31.73^2+34.61^2}{9}-\frac{100.64^2}{27}\right)=1.3189$$

$$S_{A\times C}^2=S_6^2+S_7^2=\left(\frac{32.94^2+34.66^2+33.64^2}{9}-\frac{100.64^2}{27}\right)+\left(\frac{32.21^2+33.13^2+33.30^2}{9}-\frac{100.64^2}{27}\right)=0.2820$$

$$S_{B\times C}^2=S_8^2+S_{11}^2=\left(\frac{33.33^2+33.04^2+34.27^2}{9}-\frac{100.64^2}{27}\right)+\left(\frac{32.98^2+33.43^2+34.23^2}{9}-\frac{100.64^2}{27}\right)=0.1810$$

误差的偏差平方和由所有空列的偏差平方和之和得到,或由总的偏差平方和减去所有因素与交互作用的偏差平方和得到,即

$$S_T^2=(1.30^2+4.63^2+\cdots+6.57^2)-\frac{100.64^2}{27}=161.2015$$

$$S_e^2=S_T^2-S_A^2-S_B^2-S_C^2-S_{A\times B}^2-S_{A\times C}^2-S_{B\times C}^2=0.3446$$

关于自由度，因素的自由度等于水平数减 1，交互作用的自由度等于两个因素的自由度的乘积，误差的自由度等于总的自由度减去各因素与交互作用的自由度，即

$$f_A=3-1=2,\quad f_B=3-1=2,\quad f_C=3-1=2$$

$$f_{A\times B}=2\times 2=4,\quad f_{A\times C}=2\times 2=4,\quad f_{B\times C}=2\times 2=4$$

$$f_e=26-2-2-2-4-4-4=8$$

显著性检验在方差分析表 4-25 中进行。

表 4-25　方差分析表

方差来源	偏差平方和	自由度	均　方	F　值	F 临界值		显著性
					0.05	0.01	
A	2.038 9	2	1.019 5	20.2	3.63	6.23	*
B	1.166 6	2	0.583 3	11.6	3.63	6.23	*
C	155.869 5	2	77.934 8	1543.0	3.63	6.23	*
$A\times B$	1.318 9	4	0.330 0	6.5	3.01	4.77	*
$(A\times C)^{\Delta}$	0.282 0	4					
$(B\times C)^{\Delta}$	0.181 0	4					
e	0.344 6	8					
总和	161.201 5	26					
e^{Δ}	0.807 6	16	0.050 5				

其中 $S_{A\times C}^2$ 与 $S_{B\times C}^2$ 较小，和 S_e^2 合并为 $S_{e^{\Delta}}^2$。

由表 4-25 可知，因素 A，B，C 均高度显著，因素 A 的较好水平为 A_1，因素 B 的较好水平为 B_3，因素 C 的较好水平为 C_3。又因为交互作用 $A\times B$ 也高度显著，可列二元表算出 A 和 B 各种水平组合下的平均结果，如表 4-26 所列。

表 4-26　因素 A 与 B 的交互作用二元表

B \ A	A_1	A_2	A_3
B_1	4.38	3.36	3.41
B_2	3.47	3.18	3.79
B_3	4.39	3.70	3.87

表中 A_1B_3 搭配的平均结果 4.39 最大，因此 A_1B_3 搭配较好，它与单独考察 A 和 B 选取的水平一致，故较优的工艺条件为 $A_1B_3C_3$。

4.3　参数设计的概念与原理

4.3.1　基本概念

1. 望目、望小、望大特性

产品的质量特性指标可以分为三类，即望目特性、望小特性、望大特性。

(1) 望　目

所谓望目特性，是指产品的质量特性 y 具有固定的目标值 m，此时的 y 值即为望目特性。假设 y 的期望值为 μ，方差为 σ^2，一个理想的望目特性 y 的设计应该是 $\mu=m$，且 σ^2 很小。例如加工的长度等一般均是望目特性。

(2) 望　小

当产品的质量特性 y 为望小特性时，一方面希望其数值越小越好，由于 y 一般意义上不取负值，故等价于希望质量特性 y 的期望值 μ 越小越好；另一方面，希望 y 的波动越小越好，即方差 σ^2 越小越好。例如，机加轴、孔的同轴度或机加零件的平行度、垂直度等形状位置偏差、测量误差、磨损量、杂质或有害成分含量等均属于望小特性。

(3) 望　大

当产品的质量特性 y 为望大特性时，一方面希望其数值越大越好，由于 y 一般意义上不取负值，故等价于希望质量特性 y 的期望值 μ 越大越好；另一方面，希望 y 的波动越小越好，即方差 σ^2 越小越好。例如，产品的强度、寿命都是望大特性。可以看到望大特性 y 的倒数 $\frac{1}{y}$ 就是望小特性。

2. 信噪比

在概率论里面，通常会使用变异系数 γ 作为随机变量的欠佳指标，变异系数 γ 越小，说明随机变量可能值的密集程度越高。变异系数的优点是既考虑了标准差 σ 的影响，又考虑到了期望值 μ 的影响。

$$\gamma=\frac{\sigma}{|\mu|}$$

但是变异系数并不适用于望大与望小质量特性，因此在评估质量特性的波动时定义了信噪比。信噪比起源于通讯领域，本来是作为评价通讯设备、信号等优劣的指标，采用信号的功率和噪声的功率之比即信噪比作为指标，原理公式如下式所示：

$$\eta=\frac{S}{N}$$

上式中 S 代表有用信号(Signal)，N 代表无用信号即噪声(Noise)，参数设计的目的是使信噪比越大越好。

信噪比作为评价设计优劣的一种量度，也作为产品质量特性的稳定性指标，已经成为参数设计中的重要工具。

(1) 望目特性

对于望目特性，定义其信噪比为变异系数平方的倒数，即

$$\eta=\frac{\mu^2}{\sigma^2} \tag{4-1}$$

设由 n 件样品测得望目特性 y 的数据为 $y_1, y_2, \cdots, y_n$ 根据数理统计知识，u 和 σ^2 的无偏估计分别为

$$\hat{\mu}=\bar{y}=\frac{1}{n}\sum_{i=1}^{n}y_i \tag{4-2}$$

$$\hat{\sigma}^2=V_e=\frac{1}{n-1}\sum_{i=1}^{n}(y_i-\bar{y})^2 \tag{4-3}$$

μ^2 的无偏估计为

$$\hat{\mu}^2 = \bar{y}^2 - \frac{V_e}{n} = \frac{1}{n}(n\bar{y}^2 - V_e) \tag{4-4}$$

令 $S_m = n\bar{y}^2 = \frac{1}{n}\left(\sum_{i=1}^{n} y_i\right)^2$，并代入式(4-4)则有

$$\hat{\mu}^2 = \frac{1}{n}(S_m - V_e) \tag{4-5}$$

定义信噪比为 $\hat{\mu}^2$ 与 $\hat{\sigma}^2$ 的比值，即

$$\hat{\eta} = \frac{\hat{\mu}^2}{\hat{\sigma}^2} = \frac{(S_m - V_e)/n}{V_e} \tag{4-6}$$

借用通信理论，在实际计算时，将信噪比取常用对数后再乘以 10，化为以分贝(dB)为单位的信噪比，记作：

$$\eta = 10\ \lg \frac{(S_m - V_e)/n}{V_e}(\mathrm{dB}) \tag{4-7}$$

这就是望目特性信噪比的计算公式。

如果说 μ^2 代表了有效信号，σ^2 为噪声，那么信噪比就是“有效信号与噪声的比值”。比如收音机，往往随着所收信号的增强，相应的噪声也会增强，因此对其质量的评价，应该采用信噪比。

广义地讲，信噪比就是研究对象的有效部分与无效部分的比值。

(2) 望小特性

对于望小特性，既希望 y 的期望值 μ 越小越好，又希望 y 的方差 σ^2 越小越好。因此，定义望小特性的信噪比为

$$\eta = \frac{1}{\mu^2 + \sigma^2} \tag{4-8}$$

η 越大，产品的输出特性就越小，其表现就越稳定。

设 $y_1, y_2, \cdots, y_n$ 为望小特性 y 的 n 个观测值，由

$$\hat{\mu}^2 = \bar{y}^2 - \frac{\hat{\sigma}^2}{n} = \bar{y}^2 - \frac{V_e}{n}$$

可知

$$\begin{gathered}\hat{\mu}^2 + \hat{\sigma}^2 = \bar{y}^2 - \frac{V_e}{n} + V_e = \bar{y}^2 + \frac{1}{n}\sum_{i=1}^{n}(y_i - \bar{y})^2 = \\ \frac{1}{n}\left[\sum_{i=1}^{n} y_i^2 - n\bar{y}^2 + n\bar{y}^2\right] = \frac{1}{n}\sum_{i=1}^{n} y_i^2\end{gathered} \tag{4-9}$$

式(4-9)为 $\mu^2 + \sigma^2$ 的无偏估计，于是可取

$$\hat{\eta} = n / \sum_{i=1}^{n} y_i^2 \tag{4-10}$$

将 $\hat{\eta}$ 取常用对数再乘以 10 化为分贝值(dB)，并仍以 η 记之，则有

$$\eta = -10\ \lg \frac{1}{n}\sum_{i=1}^{n} y_i^2 (\mathrm{dB}) \tag{4-11}$$

上式即为衡量望小特性稳定性的信噪比计算公式。

(3) 望大特性

望大特性就是希望输出特性越大越好,波动越小越好,且 y 不取负值。由于望大特性 y 的倒数 $1/y$ 就是望小特性,故可以通过倒数变换把望大特性转换为望小特性来处理。

由望小特性的信噪比公式(4-10)、公式(4-11)可知,望大特性的信噪比公式应为

$$\hat{\eta}=\frac{n}{\sum_{i=1}^{n}\frac{1}{y_i^2}} \tag{4-12}$$

当以分贝为单位时,有

$$\eta=-10\lg\frac{1}{n}\sum_{i=1}^{n}\frac{1}{y_i^2}(\text{dB})$$

3. 灵敏度

与望大、望小特性不同,对于望目特性,希望它的期望值在目标值附近,因此除了使用信噪比来评估望目特性的波动情况外,还需要引入灵敏度来评估望目特性的期望值大小。定义 μ^2 为望目质量特性 y 的灵敏度。

设由 n 件样品测得望目特性 y 的数据为 $y_1,y_2,\cdots,y_n$。根据数理统计知识,μ 和 σ^2 的无偏估计分别为

$$\hat{\mu}=\bar{y}=\frac{1}{n}\sum_{i=1}^{n}y_i \tag{4-13}$$

$$\hat{\sigma}^2=V_e=\frac{1}{n-1}\sum_{i=1}^{n}(y_i-\bar{y})^2 \tag{4-14}$$

μ^2 的无偏估计为

$$\hat{\mu}^2=\bar{y}^2-\frac{V_e}{n}=\frac{1}{n}(n\bar{y}^2-V_e) \tag{4-15}$$

令 $S_m=n\bar{y}^2=\frac{1}{n}\left(\sum_{i=1}^{n}y_i\right)^2$,并代入式(4-15)则有

$$\hat{\mu}^2=\frac{1}{n}(S_m-V_e) \tag{4-16}$$

这样就得到了望目特性 y 的灵敏度估计公式。将灵敏度取常用对数再乘以 10 化为分贝值(dB),则灵敏度计算公式为

$$\hat{\mu}^2=10\lg\frac{1}{n}(S_m-V_e)(\text{dB}) \tag{4-17}$$

4. 因 素

把影响质量特性变化的原因称为因素。在进行参数设计之前,一个较好的建议是利用因素-系统关系图找出对系统产生影响的各个因素,如图 4-5 所示。

可以看到,因素可以分为可控因素和噪声(不可控因素)两类。

(1) 可控因素

可控因素是指可以制定并加以挑选的因素,也就是水平可以人为的加以控制的因素。换言之,可控因素是以改进产品质量、减少输出特性值的波动、选取最适宜水平为目的而提出的

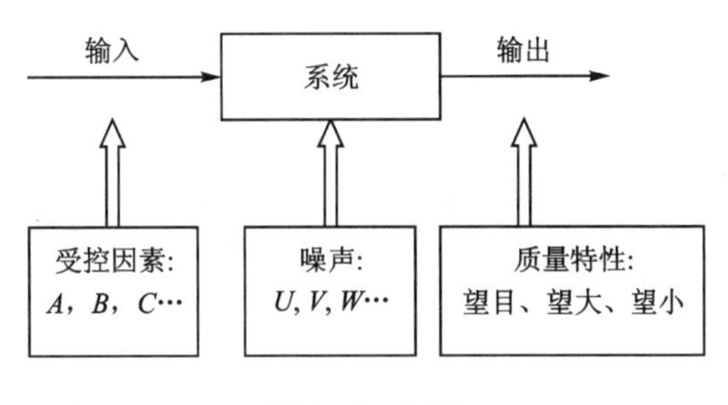

图 4-5　因素

需要考察的因素。可控因素的值应能在一定范围内自由选择(如时间、温度、材料种类以及切削速度等)。

(2) 噪声(不可控因素)

造成产品质量波动的非可控因素被称为噪声。噪声又可以分为 3 类:内部噪声、外部噪声、产品间噪声。

①内部噪声

内部噪声是指产品由于存储造成的老化和由于使用造成的磨损等给产品的质量特性带来变化的影响。如电阻值随时间的变化、运动部件之间的磨损均属于内部噪声。

②外部噪声

外部噪声一般包括产品操作环境因素,例如环境温度、湿度等,还包括对产品进行操作时可能受到的干扰,这种干扰会影响产品的工作质量,使输出特性产生波动。

③产品间噪声

因为制造过程中机器设置等原因造成的产品与产品之间质量特性参差不齐,这被称为产品间噪声。这种变动是客观存在的,因为即使按同一规格生产出来的产品,由于各种条件的变化,输出特性总是参差不齐的。通过控制工艺过程的 5M1E(人员(Man)、设备(Machine)、物料(Material)、操作规程(Method)、检测(Measurement)、环境(Environment))等因素,可以显著减少产品间噪声。

4.3.2　基本原理

参数设计即设计产品的可控因素,使得产品在面对这些不可控的噪声时,依然可以表现得令人可以接受,即产品具备面对这些噪声的健壮性。需要注意的是,在参数设计过程中,只有当噪声与可控因素存在交互作用时,才能得到令人满意的设计结果。举例说明环境温度是可以影响到化学反应过程的,但是通常而言,实验者很难控制环境温度,此时环境温度即为噪声。环境温度的变化也会导致最后反应结果的变化,这种变化通常是不希望被看到的。如果实验者希望能够找到合理的化学反应时间,在面对环境温度的变化时,经过这段时间的化学反应,可以得到一个波动较小的产出。如果环境温度(噪声)和可控因素(反应时间)之间没有交互作用,那么由环境温度所造成的产出的波动和反应时间的设置就没有关系,自然也就很难通过参数设计的办法得到合适的结果。噪声对产出波动的影响如图 4-6 所示。

图 4-6 给出了二水平噪声对产品波动的影响。在图(a)中,由于噪声与可控因素之间没

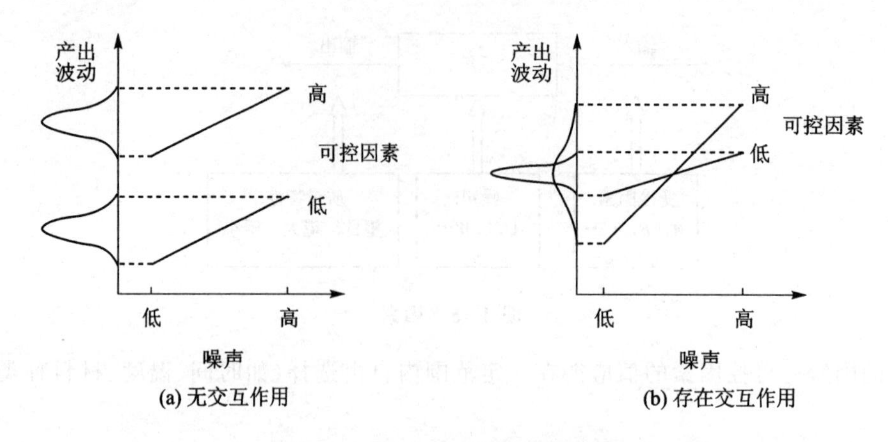

图 4-6　噪声对产出波动的影响

有相互作用,所以无论是低水平的可控因素还是高水平的可控因素,由噪声造成的波动是一样的。而在图(b)中,可以看到当可控因素处于低水平时,产出的波动较小,所以有理由相信低水平的可控因素是较好的一组设计。事实上,图 4-6 展示了一个噪声、一个可控因素的参数设计,可以被认为是最简单的参数设计过程。

参数设计基本原理如图 4-7 所示。

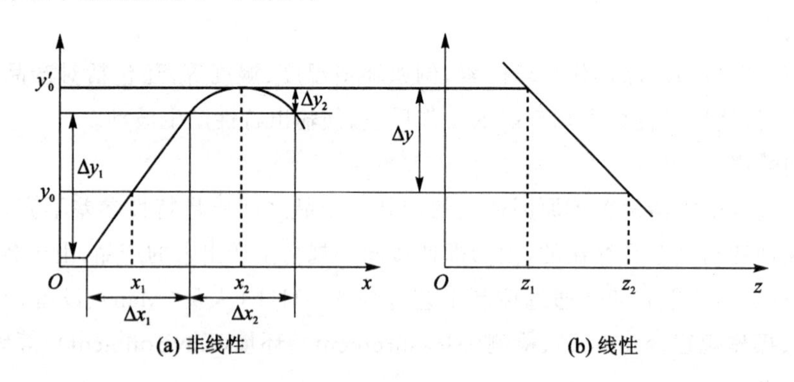

图 4-7　参数设计原理图

若某产品的输出特性 y 与某一参数 x 的关系如图 4-7(a)所示,当参数 x 取为 x_1,其波动范围是 Δx_1,由此引起 y 的波动范围为 Δy_1,通过参数设计,将 x_1 移到 x_2,此时对于波动范围 $\Delta x_2(\Delta x_1=\Delta x_2)$,输出特性值 y 的波动范围变为 Δy_2,远小于 Δy_1。与此同时,产生了一个新的矛盾,即 y 从目标值 y_0 移到了 y'_0,偏移量 $\Delta y=y'_0-y_0$。为了校正这个偏移量,使输出特性值既围绕目标值分布又波动小,可设法找一个与产品输出特性 y 呈线性关系,且便于调节的该产品的参数 z,即 $y=\Phi(z)=a+bz$(见图 4-7(b)),只要把 z 从 z_1 调到 z_2,即可补偿上述偏移量 Δy。若不进行参数设计,只是把参数 x 的波动范围缩小,此时产品质量特性 y 的波动也会变小,但变化的幅度不大,而且缩小参数的波动范围是要付出成本代价的,由此可看出参数设计对于改进产品质量的重要意义。

从上面基本原理可以看出,参数设计很好地解决了三次设计所追求的主目标,它可以在不增加成本的情况下,通过影响输出质量特性的因素水平的合理取值,设计出稳健的产品。在实际情形里，通常参数设计所涉及的因素较多，因此会应用正交设计来辅助寻找合适的参数位置。参数设计中需要用到两次正交设计，一次正交设计被称为内设计，一次正交设计被称为外设计。内设计针对可控因素，外设计则针对噪声。这种设计方法被称作内外表直积法参数设计，如表 4－27 所列。

表 4－27　内外表直积法

内设计								外设计				
可控因素/列号								试验号				信噪比
								质量特性值				噪　声
								1	2	3	4	
试验号	A	B	C	D	F	e	e	0	0	1	1	U
	1	2	3	4	5	6	7	0	1	0	1	V
								0	1	1	0	W
1	0	0	0	0	0	0	0	y_{11}	y_{12}	y_{13}	y_{14}	SN_1
2	0	0	0	1	1	1	1	y_{21}	y_{22}	y_{23}	y_{24}	SN_2
3	0	1	1	0	0	1	1	y_{31}	y_{32}	y_{33}	y_{34}	SN_3
4	0	1	1	1	1	0	0	⋮				
5	1	0	1	0	1	0	1	⋮				
6	1	0	1	1	0	1	0	⋮				
7	1	1	0	0	1	1	0	⋮				
8	1	1	0	1	0	0	1	y_{81}	y_{82}	y_{83}	y_{84}	SN_8

该表针对 5 个可控因素（A，B，C，D，F）和 3 个噪声（U，V，W）进行设计。8 个因素均采用二水平。其中内表由正交设计 $L_8(2^7)$ 组成，外表由 $L_4(2^3)$ 组成。可以看到试验中共有 $8\times4=32$ 组观测数据。例如 y_{22} 这个数值是在 $A_0B_0C_0D_1F_1$ 和 $U_0V_1W_1$ 条件下取得的。根据实验条件的限制，综合考虑其他方面，实验也可以采用三水平设计。当然如果进行实验的费用较贵，可以对外表进行简化，考虑“综合误差因素”，寻找对产品质量特性影响最大的误差，这样外表被简化为两列，如果采用二水平设计的话，可以大大减少实验的次数。

在获得了各个观测值 y_{ij} 之后，计算每一行的信噪比（SN_i）。如前所述，信噪比可以反映产品的质量特性在相应条件下的波动情况。而对于望目特性，还需要计算其灵敏度。这样计算出来之后，就可以进行相应的正交实验设计方差分析了。

参数设计的具体实施过程主要是借鉴正交试验设计，首先确定影响输出质量特性的因素及其水平，然后对因素进行分类，利用内外正交表安排试验并计算结果，最后通过信噪比（SN）和灵敏度这两个指标确定因素的最佳水平。具体的实施框架如图 4－8 所示。

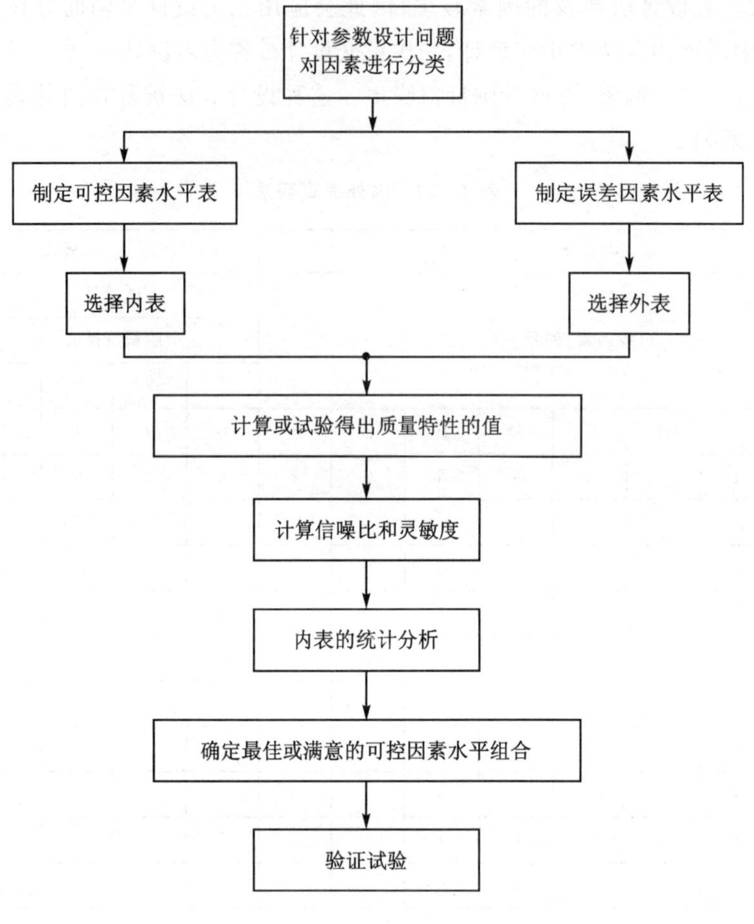

图4-8 参数设计过程

4.4 望目特性的参数设计

望目特性参数设计步骤如下：

①绘制因素-特性关系图，寻找相关因素。

②参照正交实验表，设计内外表。

③进行实验，计算每行的灵敏度和信噪比。

④通过方差分析(Analysis Of Variance，ANOVA)或者其他方法，寻找显著影响信噪比和灵敏度的因素。将可控因素分为下列几类：

稳定因素：显著影响信噪比的因素。

调整因素：显著影响灵敏度的因素。

次要因素：其他的因素。

需要注明的是，如果某一个因素既显著影响信噪比，又显著影响灵敏度，则认为该因素是稳定因素。

⑤按照下述要求寻找优化的参数组合：

稳定因素:寻找使得信噪比最大的稳定因素。

调整因素:寻找使得产出接近目标值的调整因素。

次要因素:考虑经济性、可操作性、简洁性等决定次要因素的值。

⑥估计优化条件下的产出情况,进行相应的实验验证。

对于稳定因素、调整因素、次要因素,可以使用图 4-9 做进一步解释,其中 y 为信噪比。

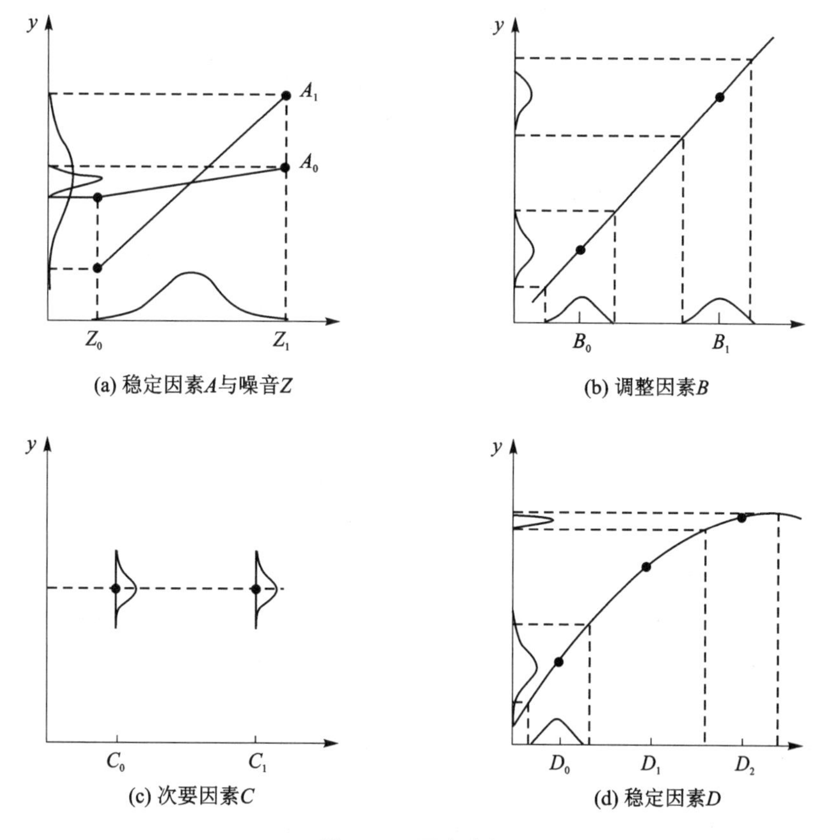

图 4-9　因素分析

下面给出一些例子说明望目特性参数设计的方法。

例 4-7: 根据产品发展规划,某动力公司需研制一种新的曲轴。在研制任务书中,规定这种曲轴的半径为 10±2(无量纲量)。工程技术人员已设计了曲轴试样,并进行了试验,发现作用半径达不到技术要求,拟采用参数设计进行半径优化。

解: 用半径这一质量特性作为望目特性,目标值 $m=10$,公差$\triangle=2$。

①确定可控因素及其水平。由以往的设计经验和专业知识可知,在影响曲轴半径的可控因素中,两个主要的因素是 ω、α。

可控因素的水平确定为三个:第二水平为系统设计阶段初步确定的参数值;第一、第三水平分别采取等差数列,具体取值见可控因素水平表 4-28。

②内设计。选用正交表 $L_9(3^4)$进行内设计。正交表及其具体方案如表 4-29 所列。

表 4-28 可控因素水平表

因素 \ 水平	第一水平	第二水平	第三水平
ω	1.1	1.2	1.3
α	0.18	0.20	0.22

表 4-29 正交试验用内表

试验号 \ 因素	正交表				具体方案	
	ω	α	e	e	ω	α
1	1	1	1	1	1.1	0.18
2	1	2	2	2	1.1	0.20
3	1	3	3	3	1.1	0.22
4	2	1	2	3	1.2	0.18
5	2	2	3	1	1.2	0.20
6	2	3	1	2	1.2	0.22
7	3	1	3	2	1.3	0.18
8	3	2	1	3	1.3	0.20
9	3	3	2	1	1.3	0.22

③确定误差因素及其水平。在曲轴设计中,由于试验很困难,故只考虑生产过程对可控因素的影响,误差因素只取两个:ω'、α'。

误差因素的水平主要根据工厂的生产能力和设备情况而定。ω'、α'的波动均按10%考虑(见表4-30)。

表 4-30 误差因素水平表

水平 \ 因素	ω'	α'
第一水平	$\omega_0-0.1\omega_0$	$\alpha_0-0.1\alpha_0$
第二水平	ω_0	α_0
第三水平	$\omega_0+0.1\omega_0$	$\alpha_0+0.1\alpha_0$

注:表中ω_0、α_0的数值采用内表中给出的参数值。

④外设计。为了减少试验次数,把所有误差因素综合为一个"综合误差因素N'"来考查综合误差因素的3个水平。这种外设计被称为综合误差因素法。下面以表4-28为例,讨论如何综合的问题。

N'_1:负侧最坏条件,即使输出特性取最小值的误差因素水平组合。在可计算的场合,可以由输出特性计算公式找到这种条件;在不可计算的场合,则由经验或其他方法估计这种条件。

N'_2:标准条件,即各误差因素均取第二水平的组合。

N'_3:正侧最坏条件,即使得输出特性取最大值的误差因素水平组合。

用综合误差因素 N'的 3 个水平 N'_1、N'_2以及 N'_3代替外表 $L_9(3^4)$，可使试验次数比原来减少 2/3，倘若不考虑 N'_2，那么试验次数还可进一步减少。

在本例中，综合误差因素选取两个水平，即负侧最坏条件 N'_1和正侧最坏条件 N'_3：N'_1—ω'_1，α'_1；N'_3—ω'_3，α'_3。试验方案数为 9 次×2=18 次。

⑤求输出特性。把综合误差因素代入内表，并按规定做试验，求出作用半径（见表 4-31）。

⑥计算灵敏度 S 以及信噪比 η。以方案一为例，计算过程如下：

$$S_m = \frac{1}{n}\left(\sum_{i=1}^{n} y_i\right)^2 = \frac{1}{2} \times (21.5 + 38.4)2 = 1\ 794.0$$

$$\begin{aligned} V_e &= \frac{1}{n-1}\sum_{i=1}^{n}(y_i - \bar{y})^2 \\ &= \frac{1}{n-1}\left(\sum_{i=1}^{n} y_i^2 - S_m\right) \\ &= \frac{1}{2-1} \times [(21.5^2 + 38.4^2) - 1\ 794.0] \\ &= 142.81 \end{aligned}$$

$$\eta = 10\ \lg \frac{(S_m - V_e)/n}{V_e} = 10\ \lg \frac{\frac{1}{2} \times (1\ 794.0 - 142.81)}{142.81} = 7.62$$

$$S = 10\ \lg \frac{1}{n}(S_m - V_e) = 10\ \lg \frac{1}{2} \times (1\ 794.0 - 142.81) = 29.17$$

由此可求得其余方案的灵敏度和信噪比（见表 4-31）。

表 4-31　输出特性表

试验号	ω	α	e	e	N'_1		N'_3		Y		η/dB	灵敏度 S
	1	2	3	4	ω'	α'	ω'	α'	y_1	y_3		
1	1	1	1	1	0.99	0.162	1.21	0.198	21.5	38.4	7.6	29.2
2	1	2	2	2	0.99	0.180	1.21	0.220	10.8	19.4	7.5	23.2
3	1	3	3	3	0.99	0.198	1.21	0.240	7.2	12.9	7.6	19.7
4	2	1	2	3	1.08	0.162	1.32	0.198	13.1	20.7	9.7	24.3
5	2	2	3	1	1.08	0.180	1.32	0.220	9.0	15.2	8.5	21.4
6	2	3	1	2	1.08	0.198	1.32	0.240	6.6	11.5	8.0	18.8
7	3	1	3	2	1.17	0.162	1.43	0.198	8.0	12.2	10.4	19.9
8	3	2	1	3	1.17	0.180	1.43	0.220	6.7	10.7	9.5	18.6
9	3	3	2	1	1.17	0.198	1.43	0.240	5.5	9.1	8.9	17.0

⑦内表的统计分析。

下面做信噪比方差分析表，计算过程如下：

$$\begin{aligned} S_T^2 &= \sum_{i=1}^{n}(\eta_i - \bar{\eta})^2 \\ &= \sum_{i=1}^{n}\eta_i^2 - \frac{1}{n}\left(\sum_{i=1}^{n}\eta_i\right)^2 \end{aligned}$$

$$=(7.6^2+7.5^2+\cdots+8.9^2)-670.81$$
$$=8.92$$
$$f_T=n-1=9-1=8$$
$$S_\omega^2=\frac{22.7^2+26.2^2+28.8^2}{3}-670.81=6.25$$
$$f_\omega=3-1=2$$

由此可求出：

$$S_\alpha^2=1.79,\quad f_\alpha=2,\quad S_e^2=0.88,\quad f_e=4$$

下面对内表做信噪比方差分析(见表4-32)。

表4-32　信噪比方差分析表

来　源	偏差 S	自由度 f	平均偏差 V	F　值	$F_{\alpha=0.01}$	$F_{\alpha=0.05}$	显著性
ω	6.25	2	3.125	14.2			显著
α	1.79	2	0.895	4.07	18.00	6.94	不显著
e	0.88	4	0.220				
T	8.92	8					

同样地,对内表做灵敏度方差分析(见表4-33)。

表4-33　灵敏度方差分析表

来　源	偏差 S	自由度 f	平均偏差 V	F　值	$F_{\alpha=0.01}$	$F_{\alpha=0.05}$	显著性
ω	46.04	2	23.02	7.81			显著
α	53.75	2	26.88	9.12	18.00	6.94	显著
e	11.79	4	2.95				
T	111.57	8					

于是可以认定,α 的变动对信噪比影响不大,但是对灵敏度有显著影响,可以将其归为调整因素;而 ω 的变动将同时影响信噪比和灵敏度,应视其为稳定因素。在进一步实验时,应当调整调整因素 α,使得实验的结果趋向于目标值。

4.5　望小与望大特性的参数设计

由于望大望小特性较为类似,故本节只介绍望小特性的参数设计,其参数设计步骤如下：

①绘制因素-特性关系图,寻找相关因素。

②参照正交实验表,设计内外表。

③进行实验,计算每行的信噪比。

④通过方差分析或者其他方法,寻找显著影响信噪比的因素,然后寻找使得系统的波动最小的参数组合。

⑤根据经济性等其他原则,寻找不显著因素合适的值。

⑥估计在优化条件下的产出情况,进行相应的实验验证。

下面通过具体的例子说明望小特性的参数设计方法。

例 4-8：设计一种新型发动机泵，使阀头部位摩擦副的磨损尽可能小。以磨损量 y 作为产品的输出特性，y 为望小特性。

解：

①确定可控因素的水平表。选取的可控因素有：摩擦副材料(A)、负载(B)、表面粗糙度(C)、配合间隙(D)、摩擦副壳体材料(E)。各因素均取两个水平。同时还要考察 $A\times B$、$A\times C$ 的交互作用。因素水平表如表 4-34 所列。

表 4-34　可控因素水平表

水平＼因素	摩擦副材料	负　载	表面粗糙度	配合间隙	摩擦副壳体材料
第一水平	A_1	B_1	C_1	D_1	E_1
第二水平	A_2	B_2	C_2	D_2	E_2

②内设计。选用 $L_8(2^7)$ 作为内表，安排可控因素。其表头设计如表 4-35 所列。本例造成摩擦副磨损量波动的误差因素是摩擦副的部位不同，其磨损量也不同。质量的稳定性表现在摩擦副各重要部位的磨损程度都小，而且磨损程度均匀。因此测量内表各号试验方案中摩擦副的 8 个部位 $R_1, R_2, \cdots, R_8$ 的磨损量。为了与现行产品比较，测量了现行产品同样的 8 个部位的磨损量(见表 4-35)。

表 4-35　内表及磨损试验数据

试验号＼因素	A	B	$A\times B$	C	$A\times C$	D	E	磨损量/μm								η/dB	$\eta'=\eta+20$
	1	2	3	4	5	6	7	R_1	R_2	R_3	R_4	R_5	R_6	R_7	R_8		
1	1	1	1	1	1	1	1	12	12	10	13	3	3	16	20	−21.9	−1.9
2	1	1	1	2	2	2	2	6	10	3	5	3	4	20	18	−20.6	−0.6
3	1	2	2	1	1	2	2	9	10	5	4	2	1	3	2	−14.8	5.2
4	1	2	2	2	2	1	1	8	8	5	4	3	4	9	9	−16.5	3.5
5	2	1	2	1	2	1	2	10	14	8	8	3	2	20	33	−24.2	−4.2
6	2	1	2	2	1	2	1	18	26	4	2	3	3	7	10	−21.7	−1.7
7	2	2	1	1	2	2	1	14	22	7	5	3	4	19	21	−23.0	−3.0
8	2	2	1	2	1	1	2	16	13	5	4	11	4	14	30	−23.3	−3.3
现行产品								17	22	7	12	10	8	18	25	−24.1	−4.1
T_1	6.2	−8.4	−8.8	−3.9	−1.7	−5.9	−3.1										$T=-6$
T_2	−12.2	2.4	2.8	−2.1	−4.3	−0.1	−2.9										

③计算信噪比。根据式(4-11)计算信噪比，如试验 1 方案的 η 为

$$\eta=-10\ \lg\frac{1}{8}(12^2+12^2+10^2+\cdots+20^2)\mathrm{dB}=-21.9\ \mathrm{dB}$$

将各号试验计算的结果记入表 4-35 中。为计算、分析简便，将所有数据进行 $\eta'=\eta+20$ 的变换。

④对内表进行方差分析。首先计算总波动平方和、各因素波动平方和以及自由度。

$$CT=\frac{1}{n}(\sum_{i=1}^{n}\eta'_i)^2=\frac{(-6)^2}{8}=4.5$$

$$S_T=(-1.9)^2+(-0.6)^2+\cdots+(-3.3)^2-CT=79.18(f_T=7)$$

$$S_A=S_1=\frac{1}{8}(T_1-T_2)^2=\frac{1}{8}[6.2-(-12.2)]^2=42.32(f_A=1)$$

$$S_B=S_2=\frac{1}{8}(-8.4-2.4)^2=14.58(f_B=1)$$

$$S_{A\times B}=S_3=\frac{1}{8}(-8.8-2.8)^2=16.82(f_{A\times B}=1)$$

$$S_C=S_4=\frac{1}{8}[-3.9-(-2.1)]^2=0.4\quad(f_C=1)$$

$$S_{A\times C}=S_5=\frac{1}{8}[-1.7-(-4.3)]^2=0.84\quad(f_{A\times C}=1)$$

$$S_D=S_6=\frac{1}{8}[-5.9-(-0.1)]^2=4.21\quad(f_D=1)$$

$$S_E=S_7=\frac{1}{8}[-3.1-(-2.9)]^2=0.01\quad(f_E=1)$$

然后进行方差分析,如表 4-36 所列。

表 4-36　方差分析表

方差来源	波动平方和 S	自由度 f	方差 V	方差比 F	$F_{\alpha=0.05}$	显著性
A	42.32	1	42.32	105.8	10.13	*
B	14.58	1	14.58	36.45	10.13	*
$A\times B$	16.82	1	16.82	42.05	10.13	*
C	0.40	1△	—	—		
$A\times C$	0.84	1△	—	—		
D	4.21	1	4.21	10.5	10.13	*
E	0.01	1△	—			
$(\tilde{e})$	(1.25)	(3)	(0.4)			
T	79.18	7				

注:标有符号"△"的项方差小于1,加以合并,"*"为显著性标志。

在方差分析中,将方差小于1的项合并为 $\tilde{S}_e$。经方差分析得出,因素 A、B、D 以及交互作用 $A\times B$ 均为显著因素。

⑤确定最佳参数组合并进行工程平均估计。由于 A、B、$A\times B$ 均为显著因素,故做二元配置表(见表 4-37),选取 A、B 的最佳参数组合。由二元配置表可以看出,A_1B_2 为因素 A、B 的最优水平搭配。

表 4-37　A、B 二元配置表

B \ A	A_1	A_2
B_1	$\frac{-1.9-0.6}{2}=-1.25$	$\frac{-4.2-1.7}{2}=-2.95$
B_2	$\frac{5.2+3.5}{2}=4.35$	$\frac{-3.0-3.3}{2}=-3.15$

由表 4-35 可知，D 的最优水平为 D_2，最后得到的最佳参数组合为 $A_1B_2C_0D_2E_0$。在最佳参数组合条件下，信噪比的工程平均估计计算如下：

$$\hat{\eta}_{A_1B_2C_0D_2E_0}=\bar{T}+(\bar{A}_1-\bar{T})+(\bar{B}_2-\bar{T})+(\overline{A_1B_2}-\bar{A}_1-\bar{B}_2+\bar{T})+(\bar{D}_2-\bar{T})-20$$

$$=4.35\ \text{dB}-0.025\ \text{dB}-(-0.75)\ \text{dB}-20\ \text{dB}=-14.925\ \text{dB}$$

⑥分析最佳参数组合的质量水平及收益。现制品条件下的信噪比数值为－24.10 dB，改进设计后，信噪比增益为－14.925 dB－(－24.10 dB)＝9.175 dB，其真数增益为

$$\hat{\eta}_{现}-\hat{\eta}_{佳}=-10\lg\frac{\frac{1}{n}\sum_{i=1}^{n}y_{i现}^2}{\frac{1}{n}\sum_{i=1}^{n}y_{i佳}^2}=-10\lg\frac{\hat{\sigma}_{现}^2}{\hat{\sigma}_{佳}^2}=-9.175$$

$$\frac{\hat{\sigma}_{现}^2}{\hat{\sigma}_{佳}^2}=10^{9.175/10}=8.27$$

即在最佳参数组合条件下，现制品磨损量的波动均方值将是改进后磨损量的波动均方值的8.27 倍。

习题 4

4-1 简述正交表的格式与特点。

4-2 如果各指标权重不相等，多指标试验设计应用什么方法综合平衡，如何平衡？

4-3 如果各指标权重相等，多指标试验设计应用什么方法综合平衡，如何平衡？

4-4 简述水平不等的正交试验设计的处理方法。

4-5 简述存在交互作用情况下正交试验设计的处理方法。

4-6 某研究所为确定钢材热处理适宜工艺参数，提高产品质量，选定因素水平表如表 4-36 所列。

表 4-38　因素水平表

因素水平	淬火温度(A/℃)	回火温度(B/℃)	回火时间 (C/min)
1	830	400	35
2	840	420	55
3	850	440	75

现选用正交表 $L_9(3^4)$进行试验,试验方案及试验结果如表4-39所列,要求试验结果的取值越大越好,试采用极差分析和方差分析确定因素的显著性次序及因素的适宜水平组合。

表4-39 数据表

试验号＼因素	A	B	C	D	试验结果
1	1	1	1	1	150
2	1	2	2	2	210
3	1	3	3	3	175
4	2	2	3	1	160
5	2	3	1	2	230
6	2	1	2	3	185
7	3	3	2	1	160
8	3	1	3	2	200
9	3	2	1	3	135

4-7 参数设计的目的是什么?为什么说参数设计是三次设计的核心?

4-8 归纳参数设计的步骤和方法。

4-9 将质量 $m=2$ kg的物体进行抛掷,设抛掷水平距离 y 与作用力 F、仰角 α 和方向(θ)间的关系式为 $y=\frac{1}{g}(\frac{FE}{m})^2\sin^2(\alpha+\beta)$,$g=9.807\ \mathrm{m/s^2}$。现设目标距离为25 m,力的范围为1~20 N,角度 α 为45°~135°,试进行参数设计。

控制因素的误差水平为质量(m):-0.2 kg,0 kg,0.2 kg;力(F):-10%,0,+10%;角度(α)-10°,0°,10°。

作用力噪声的三水平为 E:0.9,1,1.1;抛掷角度噪声的三水平为 β:-5°,0°,5°。

4-10 为减少废气中 SO_2 含量,取 A、B、C、D、E、F、G 共7个因素进行试验,每个因素取两个水平,用正交表 $L_8(2^7)$进行内设计。每次试验用3种行驶状态行驶,测量 SO_2 含量,数据如表4-40所列。

表4-40 数据表

试验号＼因素	A	B	C	D	E	F	G	R_1	R_2	R_3	η/dB
	1	2	3	4	5	6	7				
1	1	1	1	1	1	1	1	1.04	1.20	1.54	-2.1
2	1	1	1	2	2	2	2	1.42	1.76	2.10	
3	1	2	2	1	1	2	2	1.01	1.23	1.52	-2.1
4	1	2	2	2	2	1	1	1.50	1.87	2.25	
5	2	1	2	1	2	1	2	1.28	1.34	2.05	-4.1
6	2	1	2	2	1	2	1	1.14	1.26	1.88	
7	2	2	1	1	2	2	1	1.33	1.42	2.10	-4.4
8	2	2	1	2	1	1	2	1.33	1.52	2.13	

用望小特性计算 2、4、6、8 号试验的 η 值，进行方差分析并确定最佳条件。

4-11 某产品输出特性为抗拉强度，希望越大越好。现用正交表 $L_9(3^4)$ 安排试验，每次试验取两个样品，其抗拉强度的测量值如表 4-41 所列，试确定最佳参数组合。

表 4-41　抗拉强度测量值

因素 试验号	A	B	C	D	Y	
	1	2	3	4	y_1	y_2
1	1	1	1	1	540	520
2	1	2	2	2	580	570
3	1	3	3	3	835	810
4	2	1	2	3	560	550
5	2	2	3	1	580	570
6	2	3	1	2	556	610
7	3	1	3	2	809	855
8	3	2	1	3	700	660
9	3	3	2	1	610	605

本章参考文献

[1] 赵选民. 试验设计方法[M]. 北京：科学出版社，2006.
[2] 陈亚力. 概率论与数理统计[M]. 北京：科学出版社，2008.
[3] 张根保. 现代质量工程[M]. 2 版. 北京：机械工业出版社，2009.
[4] 张根保. 质量管理与可靠性[M]. 北京：中国科学技术出版社，2006.
[5] 马逢时. 六西格玛管理统计指南[M]. 北京：中国人民大学出版社，2007.
[6] 陈立周. 稳健设计[M]. 北京：机械工业出版社，2000.
[7] 张性原. 设计质量工程[M]. 北京：航空工业出版社，1999.
[8] EI-Haik B S. Axiomatic Quality：Integrating Axiomatic Design with Six－Sigma，Reliability，and Quality Engineering[M]. New Jersey：John Wiley & Sons，Inc.，2005.

第5章　容差设计技术

5.1　容差设计基本原理

容差就是某个参数的最大容许偏差。设计中所规定的容差越小，该参数的可制造性就越差，制造费用或成本也就越高。因此，在参数设计阶段，出于经济性的考虑，一般选择波动范围较宽的零部件尺寸。若经参数设计后，产品能达到质量特性的要求，则一般就不再进行容差设计，否则就必须调整各个参数的容差。

容差设计是寻求各种参数的最佳容许误差，使得质量和成本综合起来达到最佳经济效益，其核心思想是根据各参数的波动对产品质量特性贡献（影响）的大小，从技术的可实现性和经济性角度考虑有无必要对影响大的参数给予较小的公差（例如用较高质量等级的元件替代较低质量等级的元件）。因此，容差设计可以认为是参数设计的补充。通过参数设计确定了系统各零部件或元器件参数的最佳组合之后，进一步确定这些参数波动的容许范围，这就是容差设计。这样，容差设计一方面可以进一步减少质量特性的波动，提高产品的稳定性，减少质量损失；另一方面，由于采用一、二级品代替三级品，故使产品的成本有所提高。由此可见，容差设计阶段既要考虑减少参数设计阶段所带来的质量损失（增大容差），又要考虑缩小一些零部件或元器件的容差，这样会交替地增加成本，因而要权衡两者的利弊得失，采取最佳决策。

（1）基本原理

容差设计是在参数设计得到的最优试验方案的基础上，通过非线性效应，调整可控因素的容差范围，通过正交试验设计和方差分析（也可以不用），利用质量损失函数得出最佳的容差水平。其非线性效应的原理同参数设计。

（2）容差设计实施框架

容差设计中的正交试验设计过程与参数设计过程相似，但评价的指标不同，容差设计需要用质量损失函数来确定质量水平，即综合衡量最优的容差组合。其基本框架如图5-1所示。

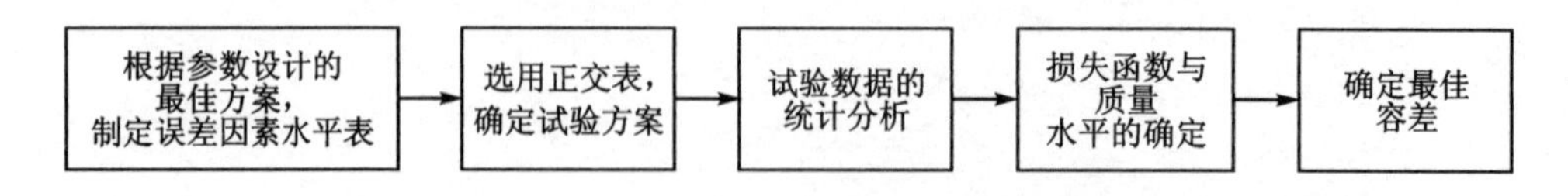

图5-1　容差设计实施框架图

（3）容差设计方法分类

根据系统的输出特性，可以将容差设计方法分为静态容差设计法和动态容差设计法；根据系统质量特性的特点，静态特性系统的容差设计法又可分为望目特性容差设计法、望小特性容差设计法、望大特性容差设计法。

在容差设计中，一方面要考虑提高零部件的精度以改进质量，另一方面也要考虑提高零部件精度所增加的成本，通过权衡，仅当改进质量所获取的效益大于成本的增加时才能采用提高零部件精度的方法。质量损失函数是容差设计的主要工具，通过运用其计算出产品质量损失，并以“使社会总损失（质量损失与成本之和）最小”原则来确定合适的容差，从而使产品的成本与质量损失达到最佳平衡。

5.2　质量损失函数

产品质量的波动是客观存在的，有质量波动就会造成社会损失。也就是说，只要产品的质量特性偏离预定的目标值，就会给客户或者社会造成损失，而且这种损失大小与波动的程度成正比。例如，灯泡的真空度目标值是 100%，此时灯泡的使用寿命为无限长，但工厂制造时达不到 100%的真空度，因此 99%即算合格。顾客买到 99%真空度的灯泡，虽能使用，但使用寿命缩短，给客户和社会造成了损失。为了对质量做出定量评价，可以采用质量损失函数来衡量。所谓质量损失函数，就是定量表述经济损失与功能波动之间相互关系的函数。

1. 望目特性的质量损失函数

设产品（系统）的输出特性（质量特性）为 y，目标值为 m。若 $y\neq m$，即 $|y-m|\neq 0$，则造成经济损失，且偏差越大，损失也越大；若 $y=m$，则损失最小（零损失）。输出特性为 y 的产品，其质量损失记作 $L(y)$。将函数 $L(y)$ 在目标值 m 周围用泰勒公式展开得

$$L(y)=L(m)+\frac{L'(m)}{1!}(y-m)+\frac{L''(m)}{2!}(y-m)^2+\cdots$$
$$+\frac{L^{(n-1)}(m)}{(n-1)!}(y-m)^{(n-1)}+\frac{L^{n}(m)}{n!}(y-m)^{n} \qquad (5-1)$$

因为，当 $y=m$ 时，$L(y)=0$，即 $L(m)=0$；又因为当 $y=m$ 时，$L(y)$ 存在最小值，所以 $L'(m)=0$；再略去二阶以上高阶项，则式（5－1）可简化为

$$L(y)=\frac{L''(m)}{2!}(y-m)^2 \qquad (5-2)$$

由于常数项 $L''(m)/2!$ 与质量特性 y 无关，令 $k=L''(m)/2!$，把它代入式（5－2）得

$$L(y)=k(y-m)^2 \qquad (5-3)$$

式（5－3）即为望目特性的质量损失函数。

在质量损失函数中，$(y-m)^2$ 反映了质量特性与目标值的接近程度，即质量波动程度；比例常数 k 反映了单位平方偏差的经济损失，k 值越大，损失越大。图 5－2 为不同比例常数 k 时质量损失函数的变化曲线，它们是以 m 为中心的一簇抛物线。原则上讲，只要知道抛物线 $L(y)$ 上的一个点，便可求得比例常数 k。下面分两种情况来介绍 k 值的确定方法。

①根据功能界限 Δ_0 和相应的损失 A_0 求 k。所谓功能界限 Δ_0，是指产品能够正常发挥其功能的界限值。若产品的输出特性为 y，目标值为 m，则当 $|y-m|\leqslant\Delta_0$ 时，产品可正常发挥功能；而当 $|y-m|>\Delta_0$ 时，产品将丧失功能，且造成的经济损失为 A_0，由式（5－3）得到

$$A_0=k\Delta_0^2$$

或

$$k=A_0/\Delta_0^2$$

②根据容差 Δ 和相应的损失 A 求 k。所谓容差 Δ，是指容许的偏差或判断产品合格与否

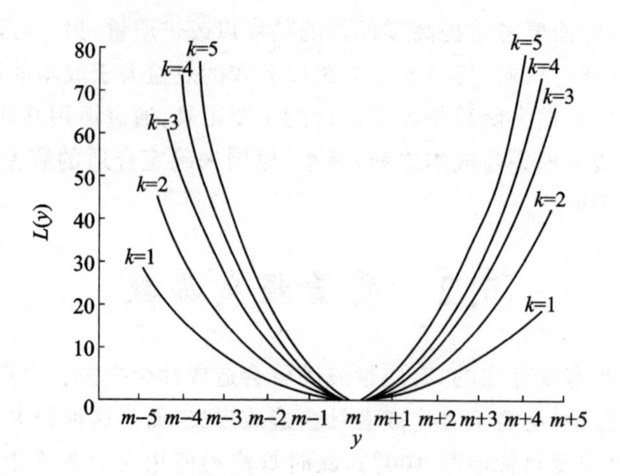

图 5-2 L(y)曲线图

的界限。当 $|y-m| \leqslant \Delta$ 时,产品为合格品;而当 $|y-m| > \Delta$ 时,产品为不合格品,相应的损失为 A,由式(5-3)得到 $A=k\Delta^2$,故有

$$k=\frac{A}{\Delta^2} \tag{5-4}$$

上述情况是功能界限或容差对称条件下比例常数的求法,相应的平均质量损失为

$$\bar{L}(y)=\begin{cases}\dfrac{A_0}{\Delta_0^2}\dfrac{1}{n}\sum\limits_{i=1}^{n}(y_i-m)^2\\\dfrac{A}{\Delta^2}\dfrac{1}{n}\sum\limits_{i=1}^{n}(y_i-m)^2\end{cases}$$

2. 望小特性的质量损失函数

望小特性是不取负值、越小越好的一种质量特性。望小特性理想的取值是零,即质量特性 y 越接近零值,产品质量就越高。它相当于目标值为0的望目特性。仿照望目特性,可求出望小特性的质量损失函数。

设 y 是望小特性,当 $y=0$ 时,质量损失最小且为零,即 $L(0)=0, L'(0)=0$,由泰勒展开式:

$$L(y)=L(0)+\frac{L'(0)}{1!}y+\frac{L''(0)}{2!}y^2+\cdots \tag{5-5}$$

舍去二阶以上高阶项,令 $L''(0)/2!=k$,得到

$$L(y)=ky^2 \tag{5-6}$$

设技术文件规定的容差为 Δ,不合格时的损失为 A,把 Δ、A 代入式(5-6)得

$$k=\frac{A}{\Delta^2} \tag{5-7}$$

由此得到望小特性的质量损失函数为

$$L(y)=\frac{A}{\Delta^2}y^2$$

望小特性质量损失函数的图形如图5-3所示。

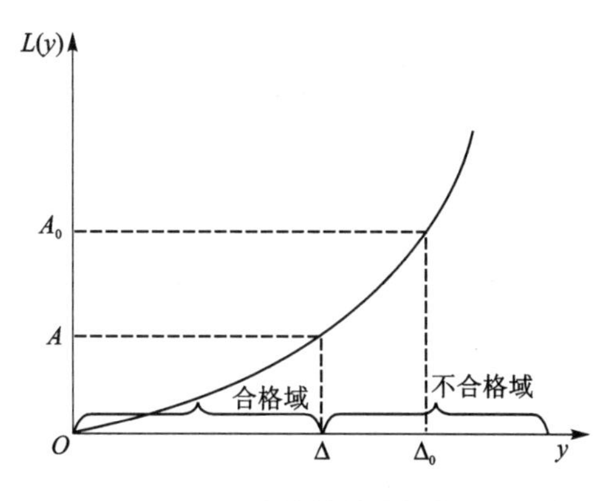

图 5-3　望小特性质量损失函数

对于 n 件产品，设其输出特性分别为 $y_1, y_2, \cdots, y_n$，则平均质量损失为

$$\bar{L}(y) = \frac{A}{\Delta^2} V_T \tag{5-8}$$

其中

$$V_T = \frac{1}{n} \sum_{i=1}^{n} y_i^2 = \frac{1}{n} (y_1^2 + y_2^2 + \cdots + y_n^2)$$

3. 望大特性质量损失函数

望大特性是不取负值、越大越好的一种质量特性。设 y 为望大特性，在 $y \to \infty$ 处损失为零（即 $L'(\infty)=0, L(\infty)=0$）。按照 $y=\infty$ 的泰勒展开式，仿照式(5-5)和式(5-6)得到

$$L(y) = L(\infty) + \frac{L'(\infty)}{1!} \frac{1}{y} + \frac{L''(\infty)}{2!} \frac{1}{y^2} + \cdots = k \frac{1}{y^2} \tag{5-9}$$

设技术文件规定的容差为 Δ，不合格时的损失为 A，分别把 Δ 和 A 代入式(5-9)得到 $A = k(1/\Delta^2)$，即 $k = A\Delta^2$，把 k 值代回式(5-9)，便得到单件产品条件下望大特性的质量损失函数为

$$L = k \frac{1}{y^2} = \frac{A\Delta^2}{y^2} \tag{5-10}$$

对于 n 件产品，设其输出特性分别取值 $y_1, y_2, \cdots, y_n$，则相应的平均质量损失为

$$\bar{L}(y) = \frac{1}{n} \sum_{i=1}^{n} \frac{A\Delta^2}{y_i^2} = \frac{1}{n} A\Delta^2 \left(\frac{1}{y_1^2} + \frac{1}{y_2^2} + \cdots + \frac{1}{y_n^2} \right) \tag{5-11}$$

望大特性质量损失函数的图形如图 5-4 所示。

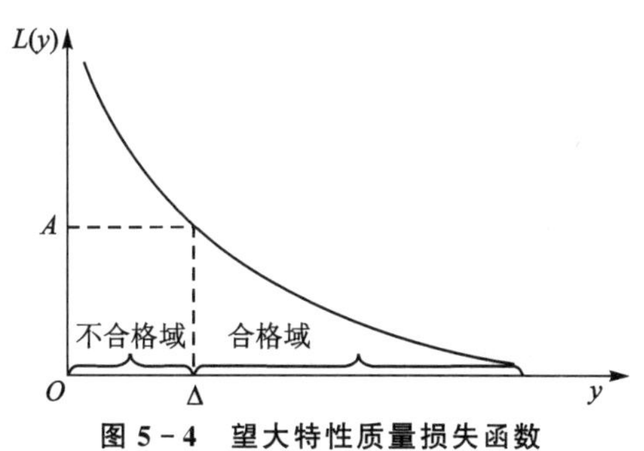

图 5-4　望大特性质量损失函数

5.3 容差的确定方法

5.3.1 安全系数法

设 A_0 为产品达到功能界限时的平均损失(主要为用户损失),A 为产品不合格品时的工厂损失,则安全系数 Φ 为

$$\Phi=\sqrt{\frac{A_0}{A}} \tag{5-12}$$

由于 $A_0>A$,安全系数 Φ 大于1。安全系数越大说明丧失功能时的损失越大,对于要求有很高安全性的产品,安全系数应比较大。一般情况下采用 $\Phi=4\sim5$。

1. 望目特性

设产品的输出特性 y 为望目特性,容差为 Δ,当产品不合格时,工厂要进行返修或作报废处理,造成的损失为 A,产品的功能界限为 Δ_0,丧失功能时的损失为 A_0,那么质量损失函数为

$$L(y)=\frac{A_0}{\Delta_0^2}(y-m)^2 \tag{5-13}$$

当 $|y-m|=\Delta$ 时,$L(y)=A$,代入式(5-13)得

$$A=\frac{A_0}{\Delta_0^2}\Delta^2 \quad 或 \quad \Delta=\sqrt{\frac{A}{A_0}}\Delta_0 \tag{5-14}$$

若定义安全系数为

$$\Phi=\sqrt{\frac{A_0}{A}} \tag{5-15}$$

因此,容差计算公式为

$$\Delta=\frac{\Delta_0}{\Phi} \tag{5-16}$$

例5-1: 某电子点火器的主要性能指标是瞬态电压,其目标值为13 kV,功能界限为 $\Delta_0=500$ V,丧失功能带来的损失为5元。出厂前产品不合格作报废处理的损失为2.8元,求该产品的出厂容差。

解: 安全系数为

$$\Phi=\sqrt{\frac{A_0}{A}}=\sqrt{\frac{5}{2.8}}=1.336$$

容差为

$$\Delta=\frac{\Delta_0}{\Phi}=\frac{500\ \text{V}}{1.336}=374.25\ \text{V}$$

即产品的瞬态电压指标为(13 000±374) V。

2. 望小特性

当产品输出特性 y 为望小特性时,其质量损失函数为

$$L(y)=\frac{A_0}{\Delta_0^2}y^2$$

若已知不合格损失为 A，即 $y=\Delta$ 时，$L(y)=A$，则

$$A=\frac{A_0}{\Delta_0^2}\Delta^2 \quad 或 \quad \Delta=\sqrt{\frac{A}{A_0}}\Delta_0=\frac{\Delta_0}{\Phi}$$

若定义安全系数为

$$\Phi=\sqrt{\frac{A_0}{A}} \tag{5-17}$$

因此，容差计算公式为

$$\Delta=\frac{\Delta_0}{\Phi} \tag{5-18}$$

从式(5-18)可以看出，望小特性的容差计算公式与望目特性一样。

例 5-2：某电子晶片的关键特性之一是清洁度，即每片中含杂质的毫克数越小越好。当每片含杂质超过 20 mg 时，产品丧失功能，需花费 70 元进行修理，而产品不合格时工厂的返修损失仅为 10 元，求产品的出厂容差。

解：已知 $\Delta_0=20$ mg，$A_0=70$ 元，$A=10$ 元，则

$$\Phi=\sqrt{\frac{A_0}{A}}=\sqrt{\frac{70}{10}}=2.646 \quad 和 \quad \Delta=\frac{\Delta_0}{\Phi}=\frac{20\ \text{mg}}{2.646}=7.559\ \text{mg}$$

所以工厂验收的合格标准为 $y\leqslant 7.559$ mg。

3. 望大特性

望大特性的质量损失函数为

$$L(y)=A_0\Delta_0^2\frac{1}{y^2}$$

若已知不合格损失为 A，即 $y=\Delta$ 时，$L(y)=A$，则

$$A=A_0\Delta_0^2\frac{1}{\Delta^2}$$

$$\Delta=\sqrt{\frac{A_0}{A}}\Delta_0=\Phi\Delta_0 \tag{5-19}$$

例 5-3：用 PVC 材料加工塑料门窗，当材料的拉伸强度低于 31 MPa 时，门窗就会断裂，此时造成的损失为 200 元，而因材料不合格工厂报废处理的损失为 120 元，试求所用 PVC 材料的容差。

解：已知 $\Delta_0=31$ MPa，$A_0=200$ 元，$A=120$ 元，质量特性(拉伸强度)为望大特性，故

$$\Phi=\sqrt{\frac{A_0}{A}}=\sqrt{\frac{200}{120}}=1.29$$

$$\Delta=\Phi\Delta_0=1.29\times 31\ \text{MPa}\approx 40\ \text{MPa}$$

所以，所用 PVC 材料的强度下限为 40 MPa。

5.3.2　由上位特性确定下位特性容差

产品质量形成的全部过程包括下列阶段：市场调研；设计和研制；采购；工艺准备；生产制造；检验和试验；包装和储存；销售和发运；安装和运行；技术服务和维护。在每一阶段都存在质量特性，一般来说，位于前面阶段的是原因特性，称为下位特性；而位于后面阶段的是结果特

性,称为上位特性。例如:在销售和发运阶段,用户的产品质量特性是上位特性,而制造商提供的产品质量特性是下位特性;前道工序产品质量特性为下位特性,后道工序产品质量特性为上位特性;子系统的质量特性为下位特性,总系统的质量特性为上位特性。

设产品的上位特性为 y,下位特性为 x。考虑最简单的情况,设当下位特性 x 变化单位量时,相应上位特性 y 的变化量为 b,则 y 与 x 之间存在线性关系:

$$y = a + bx \tag{5-20}$$

记:Δ_y——上位特性容差;

A_y——上位特性的不合格损失;

Δ_{0y}——上位特性的功能界限;

A_{0y}——上位特性丧失功能的损失;

Δ_x——下位特性的容差;

A_x——下位特性的不合格损失;

m_y——上位特性的目标值;

m_x——下位特性的目标值;

a——当 $x=0$ 时,相应 y 的值。

下位特性 x 的容差 Δ_x 有以下2个计算公式,即

$$\Delta_x = \sqrt{\frac{A_x}{A_y}} \times \frac{\Delta_y}{|b|} \tag{5-21}$$

$$\Delta_x = \sqrt{\frac{A_x}{A_{0y}}} \times \frac{\Delta_{0y}}{|b|} \tag{5-22}$$

例 5-4:某电路板稳压电源的质量特性为输出电压 u,公差为$(m \pm 2.5)$ V。在稳压电路中某个电阻的中心值为 m_R(kΩ),阻值变化对输出电压的影响为 $b=0.4$ V/kΩ。当输出电压超出容差,导致产品不合格的损失 $A_y=30$ 元。在组装前发现电阻不合格时,工厂损失 $A_x=1$ 元。求该电阻的容差。

解:已知 $\Delta_y=2.5$ V,$A_y=30$ 元,$A_x=1$ 元,$b=0.4$ V/kΩ,由式(5-21)可计算出电阻容差 Δ_x 为

$$\Delta_x = \sqrt{\frac{A_x}{A_y}} \times \frac{\Delta_y}{|b|} = \sqrt{\frac{1}{30}} \times \frac{2.5}{0.4} = 1.141 \ (\text{k}\Omega)$$

因此电阻的容差为1.141 kΩ。

5.3.3 由老化特性确定老化系数容差

随时间推延而向统一倾向发生变化的特性称为老化特性。如电阻的阻值随着时间的延长而逐渐增大,机械零件的磨损量随时间的延长而逐渐变大等。由于特性随时间推延而老化,老化量在不同截止时间是不同的,若要计算老化系数的容差,首先要确定设计寿命。现以老化特性随时间呈线性变化做简单介绍。设产品老化特性 y 的设计寿命为 T,老化系数为 β,α 为初始值,y 随时间 t 呈线性变化,即

$$y = \alpha - \beta t, \quad 0 < t < T \tag{5-23}$$

其中,老化系数的容差 Δ'的含义是:在整个寿命周期内,若 $\beta > \Delta'$,表示为不合格品,此时相应的损失为 A'。这里讨论的是在老化特性 y 的功能界限 Δ_0、丧失功能的损失 A_0 以及设计寿命

T 已知时计算老化系数容差的方法。

1. 初始值等于目标值

设老化特性 y 的目标值为 m，当 $t=0$ 时，$y=m$，则

$$y=\alpha-\beta t,\qquad 0<t<T \tag{5-24}$$

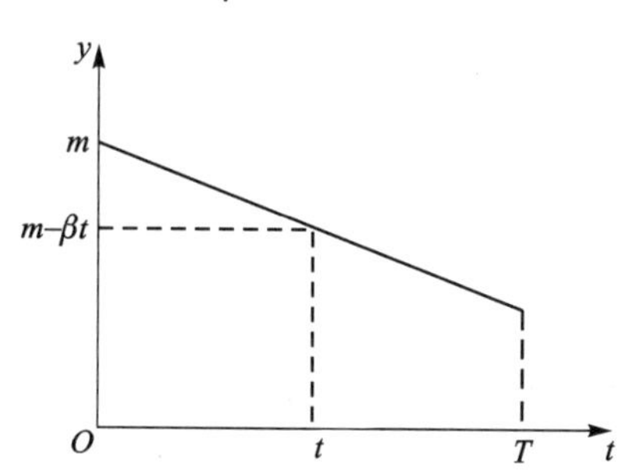

图 5-5　初始值为 m 时的老化特性曲线

老化系数 β 的容差 Δ'的计算公式为

$$\Delta'=\sqrt{\frac{3A'}{A_0}}\times\frac{\Delta_0}{T} \tag{5-25}$$

例 5-5：某机械零件尺寸 y 的设计初始值为目标值 n(mm)，设计寿命 $T=5$ 年，当磨损量达到 10 mm 时就不能正常使用，即功能界限 $\Delta_0=10$ mm，此时的损失 $A_0=80$ 元。若每年平均磨损量 β 不合格，产品降级使用的损失为 $A'=5$，求 β 的容差。

解：将所有已知条件代入式(5-25)，可得

$$\Delta'=\sqrt{\frac{3A'}{A_0}}\times\frac{\Delta_0}{T}=\sqrt{\frac{3\times5}{80}}\times\frac{10}{5}=0.866\ \text{mm/年}$$

2. 初始值不等于目标值

当老化特性 y 的初始值为 $y_0\neq m$，即

$$y=a+m-\beta t,\qquad 0<t<T \tag{5-26}$$

其中 $a\neq0$，如图 5-6 所示，当 $t=\beta/T$ 时，$y=m$(以 $y_0>m$ 为例)。

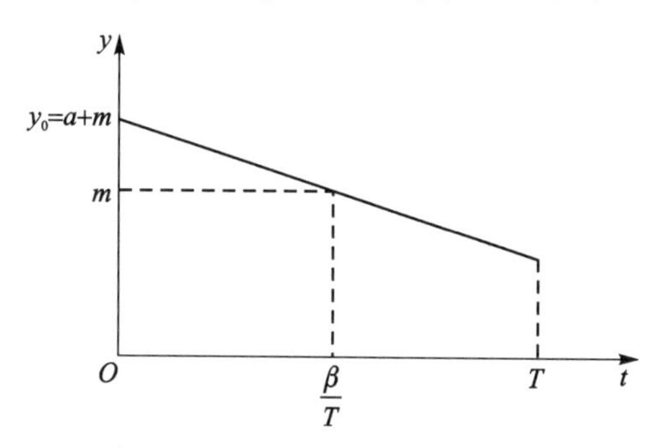

图 5-6　初始值为 m 时的老化特性曲线

此时，老化系数 β 的容差 Δ'计算公式为

$$\Delta'=\sqrt{\frac{12A'}{A_0}}\times\frac{\Delta_0}{T} \tag{5-27}$$

很显然,初始值大于目标值时老化系数的容差大于初始值等于目标值时老化系数的容差,因此,在进行容差设计时应尽量选取初始值大于目标值的情况。

例 5-6: 设某零件的初始值不等于目标值,当 $t=2$ 年时,零件的尺寸等于目标值 m,设计寿命为 10 年,当磨损量达到 300 μm 时不能正常使用,此时的损失为 $A_0=80$ 元。若每年平均磨损量 β 不合格,降级使用的费用为 $A'=8$,求 β 的容差。

解: 将所有条件代入到式(5-25)中可计算得

$$\Delta'=\sqrt{\frac{12A'}{A_0}}\times\frac{\Delta_0}{T}=\sqrt{\frac{12\times 8}{80}}\times\frac{300}{8}=41.1\ (\mu\text{m/年})$$

即老化系数 β 的容差为 41.1 μm/年。

5.3.4 下位特性的老化系数容差

设产品的上位特性为 y,下位特性为 x,y 与 x 之间具有线性关系。

记:Δ_y——上位特性容差;

A_y——上位特性的不合格损失;

Δ_x——下位特性容差;

A_x——下位特性的不合格损失;

m_y——上位特性的目标值;

m_x——下位特性的目标值;

a——当 $x=0$ 时,相应 y 的值;

b——x 每变化一个单位,y 的变化量;

T——下位特性的设计寿命;

B——下位特性的老化系数;

Δ'——下位特性老化系数的容差;

A'——β 不合格时的损失。

上位特性 y 与下位特性 x 之间具有下列关系

$$y=a+bx \tag{5-28}$$

则下位特性的初期容差可根据式(5-21)给出,即

$$\Delta_x=\sqrt{\frac{A_x}{A_y}}\times\frac{\Delta_y}{|b|} \tag{5-29}$$

则老化系数 β 的容差可由下式给出:

$$\Delta'=\sqrt{\frac{3A'}{A_y}}\times\frac{\Delta_y}{|b|T} \tag{5-30}$$

例 5-7: 在车间照明中,当灯泡的照度变化 $\Delta_y=40$ lx(勒克斯)时,因功能损失发生故障的修理费用为 $A_y=200$ 元。当灯泡的发光强度变化 1 cd(坎德拉)时,相应照度要变化 0.9 lx。灯泡的初期发光强度超出规格时调整费用为 $A_x=5$ 元。当老化超过规格时损失为 $A'=32$ 元。设计寿命为 20 000 h,老化特性初始值与目标值相等。试求灯泡初期发光强度的容差 Δ 及发光强度老化系数的容差 Δ′。

解: 根据式(5-29),将 Δ_y,A_y,A_x,b 代入可计算得

$$\Delta = \sqrt{\frac{A_x}{A_y}} \times \frac{\Delta_y}{|b|} = \sqrt{\frac{5}{200}} \times \frac{40}{|0.9|} = 7.03(\text{cd})$$

根据式(5-30)，将 A_y, A', Δ_y, b, T 代入可得

$$\Delta' = \sqrt{\frac{3A'}{A_y}} \times \frac{\Delta_y}{|b|T} = \sqrt{\frac{3 \times 32}{200}} \times \frac{40}{0.9 \times 20\,000} = 0.001\,5(\text{cd/h})$$

5.4　容差设计方法

容差确定和容差设计是两个不同的概念。容差确定是根据功能界限确定系统或零部件的容差，容差设计则是质量和成本之间的平衡。容差设计时，须遵循的原则为使产品的生产成本与质量损失之和即总损失最小，使总损失达到极小点的方案为容差设计的最佳方案。一方面要考虑提高一个或几个零部件的精度以改进质量，另一方面又要考虑因提高零部件精度所增加的成本；两者相权衡，仅当改进质量所获取的收益大于成本增加的费用时，才应提高零部件的精度。具体方法是对影响产品输出特性的诸因素进行考察，通过分析找出关键因素，逐个改变其精度，并计算损失函数，分析、权衡质量收益，从而确定使产品寿命周期成本最低的零部件容差。

5.4.1　损失函数法

1. 望小与望目特性的容差设计

在容差设计中，主要运用质量损失函数来计算产品的质量损失，并按照“使社会总损失最小”原则来确定合适的容差。

例 5-8： 设计某机械产品，材料可以从 M_1、M_2、M_3 三种材料中任选。三种材料的温度系数 b（温度每变化 1 ℃的伸长率）、每年的磨损量 β（每年磨损量的百分率）及价格如表 5-1 所列。产品的功能界限 $\Delta_0 = 6$ mm，丧失功能时的损失 $A_0 = 180$ 元，$\sigma_{温} = 15$ ℃，$T = 20$ 年。产品在标准温度下出厂的尺寸等于目标值 m，试问选用哪种材料比较合理？

解： 根据式(5-29)，$L(y) = \frac{A_0}{\Delta_0^2}\Delta^2$，式中 $A_0 = 180$ 元，$\Delta_0 = 6$ mm，Δ^2 是由温度和老化造成波动的合计方差，即 $\Delta^2 = \Delta_1^2 + \Delta_2^2$，其中，$\Delta_1$ 为温度波动的方差，$\Delta_1^2 = b^2\sigma_{温}^2$，$\Delta_2$ 为老化波动的方差。设 T 为设计寿命，β 为每年的老化量，m 为出厂时的尺寸，在任意时刻 t，老化偏离为 βt，在 $0 \sim T$ 内，偏离目标值的平均平方偏差为

$$\Delta_2^2 = \frac{1}{T}\int_0^T (m - \beta t - m)^2\, \mathrm{d}t = \frac{T^2}{3}\beta^2 \tag{5-31}$$

因此，最终的质量损失函数计算公式为

$$L(y) = \frac{A_0}{\Delta_0^2}\Delta^2 = \frac{A_0}{\Delta_0^2}(\Delta_1^2 + \Delta_2^2) = \frac{A_0}{\Delta_0^2}\left(b^2\sigma_{温}^2 + \frac{T^2}{3}\beta^2\right) \tag{5-32}$$

表 5-1　材料特性的数据

材　料	$b/\%$	$\beta/\%$	价格/元
M_1	0.08	0.15	1.80
M_2	0.03	0.063	3.50
M_3	0.01	0.05	6.30

将$\sigma_{温}=15$ ℃和$T=20$年代入式(5-31)和式(5-32),分别求得M_1、M_2、M_3三种材料的方差及质量损失为

$$M_1: \Delta^2=0.08^2\times 15^2+\frac{20^2}{3}\times 0.15^2=4.44$$

$$L(y)=\frac{180}{6^2}\times 4.44=22.2(元)$$

$$M_2: \Delta^2=0.03^2\times 15^2+\frac{20^2}{3}\times 0.06^2=0.682\ 5$$

$$L(y)=\frac{180}{6^2}\times 0.682\ 5\approx 3.41(元)$$

$$M_3: \Delta^2=0.01^2\times 15^2+\frac{20^2}{3}\times 0.05^2=0.355\ 8$$

$$L(y)=\frac{180}{6^2}\times 0.355\ 8\approx 1.78(元)$$

将上述计算结果整理成表5-2。

表 5-2　容差设计

材　料	$b/\%$	$\beta/\%$	价格/元	质量损失/元	总损失/元
M_1	0.08	0.15	1.8	22.2	24
M_2	0.03	0.06	3.5	3.41	6.91
M_3	0.01	0.05	6.3	1.78	8.08

表中总损失为价格与质量损失之和,其最小值为6.91元,故选用材料M_2最为合理。

2. 望大特性的容差设计

例 5-9: 某产品设计中需要确定某钢管截面面积,使钢管的强度越大越好。设钢材的强度和价格与管子的截面积成正比,单位截面积强度$b=80$ N/mm^2,单位截面积价格$a=$ 40元/mm^2。当应力$\Delta_0=5\ 000$ N时,钢管会断裂,此时的损失$A_0=30$万元。试计算该钢管的最佳截面积。

解: 如果令截面积为x,其价格$p=ax$,强度$y=bx$,则相应的损失函数为

$$L=L(y)=\frac{A_0\Delta_0{}^2}{(bx)^2}$$

因此,总损失为

$$L_N=P+L=ax+\frac{A_0\Delta_0{}^2}{(bx)^2}$$

截面积的最佳值应使 L_N 取得最小值。

令 $\frac{\mathrm{d}L_N}{\mathrm{d}x}=0$，可得 $x=\left(\frac{2A_0\Delta_0^2}{ab^2}\right)^{\frac{1}{3}}$，将 a，b，A_0，Δ_0 代入可得 $x=388\ \mathrm{mm}^2$。因此，成本 P、质量损失 L、总损失 L_N 分别为

$$P=ax=40\times388=15\ 520(\text{元})$$

$$L=L(y)=\frac{A_0\Delta_0{}^2}{(bx)^2}=\frac{3\times10^5\times5\ 000^2}{(80\times388)^2}=7\ 784(\text{元})$$

$$L_N=P+L=15\ 520+7\ 784=23\ 304(\text{元})$$

$x=388\ \mathrm{mm}^2$ 就是使生产成本与质量损失之和达到最小的截面积。最佳条件下，成本 P 等于不合格品的损失 A。

强度的容差为

$$\Delta=\phi\Delta_0=\sqrt{\frac{A_0}{A}}\times\Delta_0=\sqrt{\frac{300\ 000}{15\ 520}}\times5\ 000=4.4\times50\ 000=22\ 000\ \mathrm{N}$$

5.4.2　贡献率法

1. 单因素情况

设望目特性 y 的目标值为 m，容差为 Δ，不合格品损失为 A。设误差因素与特性之间存在线性关系

$$y=\alpha+\beta x \tag{5-33}$$

单因素容差设计的问题可描述为如果误差因素 x 的容差 Δ_x 改进为

$$\Delta'_x=\lambda\Delta_x \tag{5-34}$$

此时产品成本每件将增加 P'，问新的容差设计方案是否有利？

针对此问题，利用贡献率法进行解决，主要计算步骤如下：

(1) 确定回归直线

通过试验，得到 n 对数据：(x_1,y_1)，(x_2,y_2)，…，(x_n,y_n)。则

$$\left.\begin{aligned}\bar{x}&=\frac{1}{n}\sum_{i=1}^{n}x_i\\ \bar{y}&=\frac{1}{n}\sum_{i=1}^{n}y_i\\ L_{xx}&=\sum_{i=1}^{n}(x_i-\bar{x})^2\\ L_{xy}&=\sum_{i=1}^{n}(x_i-\bar{x})(y_i-\bar{y})\\ L_{yy}&=\sum_{i=1}^{n}(y_i-\bar{y})^2\end{aligned}\right\} \tag{5-35}$$

则回归系数 α、β 的估计值 a、b 分别为

$$\left.\begin{aligned}a&=\bar{y}-b\bar{x}\\ b&=\frac{L_{xy}}{L_{xx}}\end{aligned}\right\} \tag{5-36}$$

回归直线为

$$\hat{y} = a + bx \tag{5-37}$$

(2) 实验数据的统计分析

利用方差分析法将总偏差平方和 S'_T 分解为偏差平方和 S_m、回归平方和 S_x 以及误差平方和 S_e。利用贡献率法进行分析,如表 5-3 所列。

表 5-3 贡献率分析表

来 源	偏差平方和 S	自由度 f	方差 V	纯波动	贡献率 $\rho/\%$
m	$S_m = n(\bar{y}-m)^2$	1	$V_m = S_m$	$S'_m = S_m - V_e$	$\rho_m = S'_m/S'_T$
x	$S_x = b^2 L_{xx}$	1	$V_x = S_x$	$S'_x = S_x - V_e$	$\rho_x = S'_x/S'_T$
e	$S_e = S'_T - S_m - S_e$	$n-2$	$V_e = S_e/(n-2)$	$S'_e = S_e + 2V_e$	$\rho_e = S'_e/S'_T$
T'	$S'_T = \sum_{i=1}^{n}(y_i - m)^2$	n	$V_T = S'_T/n$	S'_T	100

(3) 校正系统偏差

$\bar{y}-m$ 称为系统偏差,当系统不为 0 时,可将它校正为 0,从而使 $\rho_m=0$,这就是系统偏差校正。

(4) 确定平均质量损失

计算平均质量损失 $\bar{L} = \frac{A}{\Delta^2}\left[\frac{1}{n}\sum_{i=1}^{n}(y_i - m)^2\right]$。

(5) 容差设计

进行方差调整后,容差设计表如表 5-4 所列。

表 5-4 容差设计

方 案	成 本	平均质量损失 L	总损失
原方案 Δ_x	0	$\bar{L} = \frac{A}{\Delta^2} V_T$	$L_T = \bar{L}$
新方案 Δ'_x	P'	$\bar{L}_N = \bar{L}\left\{1 - \rho_m - \rho_x\left[1 - \left(\frac{\Delta'_x}{\Delta_x}\right)^2\right]\right\}$	$L'_T = P' + \bar{L}_N$

如果新的容差设计方案的总损失小于原方案的总损失,则新方案有利。

2. 多因素情况

如果望目特性 y 的目标值为 m,容差为 Δ,不合格损失为 A。设误差因素 $x_1, x_2, \cdots, x_L$ 与特性之间存在函数关系,即

$$y = f(x_1, x_2, \cdots, x_L) \tag{5-38}$$

多因素容差设计的问题可以描述为如果误差因素 x_i 的容差改进 Δ_i 为

$$\Delta'_i = \lambda_i \Delta_i \tag{5-39}$$

此时产品成本将增加 P'_i,即

$$P' = \sum_{i=1}^{L} P'_i \tag{5-40}$$

问新的容差设计是否更好？

针对以上问题，利用贡献率法求解，主要计算步骤如图5-7所示。

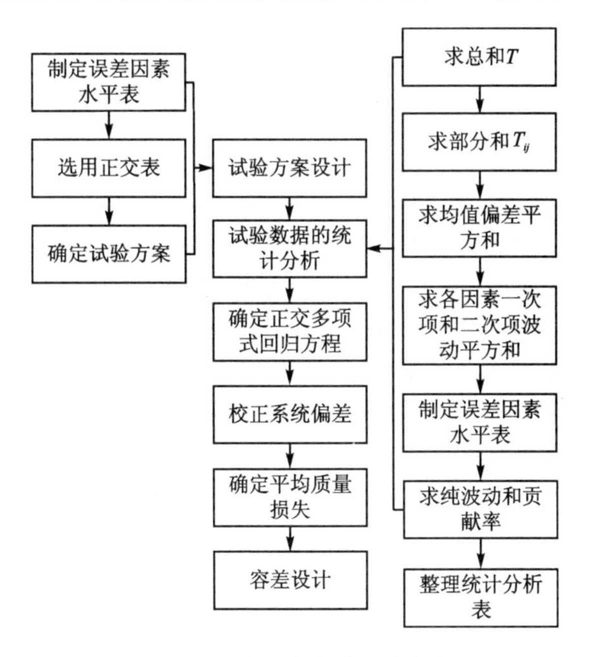

图5-7 多因素容差设计步骤

(1) 试验方案设计

由于有L个误差因素$x_1, x_2, \cdots, x_L$，故属于多因素试验，通常采用正交试验法来设计试验方案。

(2) 试验数据的统计分析

得到实验数据后，对数据进行统计分析。由于误差因素的水平是等间隔的，故可用正交多项式回归理论把因素引起的波动平方和分解为一次项、二次项引起的波动平方和，并求出相应的贡献率。

(3) 正交多项式回归方程的确定

由正交多项式回归理论，确定质量特性y与各个因素之间的正交多项式。

(4) 系统偏差的校正

当系统不为0时，可将它校正为0，从而使$\rho_m = 0$，这就是系统偏差校正。

(5) 确定平均质量损失

通过质量损失函数计算每个产品的质量损失，并计算平均质量损失$\bar{L}$，可表示如下：

$$\bar{L} = \frac{A}{\Delta^2} \frac{1}{n} \sum_{i=1}^{n} (y_i - m)^2 \tag{5-41}$$

(6) 容差设计

进行方差调整后，容差设计表如表5-5所列。

表5-5 容差设计

方案	成本	平均质量损失 L	总损失
原方案 Δ_x	0	$\bar{L}=\frac{A}{\Delta^2}V_T$	$L_T=\bar{L}$
新方案 Δ'_x	P'	$\bar{L}_N=\bar{L}\left\{\rho_{A_l}\left(\frac{\Delta'_A}{\Delta_A}\right)^2+\rho_{A_q}\left(\frac{\Delta'_A}{\Delta_A}\right)^2+\rho_{B_l}\left(\frac{\Delta'_B}{\Delta_A}\right)^2+\rho_{Bq}\left(\frac{\Delta'_B}{\Delta_B}\right)^2+\cdots+\rho_e\right\}$	$L'_T=P'+\bar{L}_N$

如果新的容差设计方案的总损失小于原方案的总损失，则新方案有利。

例5-10：开发一聚合物产品，其目标特性为聚合度 y，可通过数学模型计算。首先进行参数设计，确定最佳参数组合，减小聚合度 y 在目标值附近的波动。产品技术指标为 $y=500\pm60$，当 y 超出此容差时，整批产品报废，损失为10 000元。为进一步减小质量波动，降低损失，需要在最佳参数下确定工艺条件的容差。

解：①确定误差因素水平表。各误差因素的波动是由标准偏差来反映的，表5-6给出了误差因素和标准偏差。在容差设计中，误差因素水平在标称值 m 附近按如下原则确定：

二水平因素：

一水平$=m-\sigma$， 二水平$=m+\sigma$

三水平因素：

一水平$=m-\sqrt{\frac{3}{2}}\sigma=m-1.22\sigma$， 二水平$=m$， 三水平$=m+\sqrt{\frac{3}{2}}\sigma=m+1.22\sigma$

例如，因素 A 的标准偏差是1.25，A 的三水平定为

$$A_1=m_A-1.22\times1.25\ ℃=m_A-1.53\ ℃,\quad A_2=m_A,\quad A_3=m_A+1.53\ ℃$$

表5-6 误差因素和标准偏差

误差因素	标准偏差(σ)	误差因素	标准偏差(σ)
A 聚合温度	1.25 ℃	E 溶剂计量误差	5.00%
B 催化剂计量误差	2.50%	F 单体计量误差	2.50%
C 催化剂进料时间	5.00%	G 单体不纯度	0.50%
D 单体进料时间	5.00%		

其他因素可以类似地确定，如表5-7所列。

表5-7 误差因素水平表

因素 \ 水平	第一水平	第二水平	第三水平
A 聚合温度/℃	−1.53	0	+1.53
B 催化剂计量误差/%	−3.06	0	+3.06
C 催化剂进料时间/%	−6.12	0	+6.12
D 单体进料时间/%	−6.12	0	+6.12
E 溶剂不纯度/%	−6.12	0	+6.12
F 单体计量误差/%	−3.16	0	+3.16
G 单体不纯度/%	0.09	0.70	1.31

②正交表的安排与试验。把上述误差因素配置于 $L18(2^1\times3^7)$ 标准正交表中，根据数学模型计算出各种条件下的聚合度 y，填入表 5-8 中。

为简化计算，将每个条件下的结果减去目标值 500(见表 5-8)。

③方差分析。下面对表 5-8 中的 18 个结果进行方差分析。由于误差因素水平是等间隔的，故可以用正交多项式进行波动平方和的分解。首先，列出波动平方和分解公式：

$$
\begin{aligned}
S'_T &= \sum_{i=1}^{n}(y_i-500)^2 \\
&= S_m + S_T \\
&= S_m + S_A + S_B + S_C + S_D + S_E + S_F + S_G + S_e \\
&= S_m + (S_{A_l}+S_{A_q}) + (S_{B_l}+S_{B_q}) + (S_{C_l}+S_{C_q}) + (S_{D_l}+S_{D_q}) + \\
&\quad (S_{E_l}+S_{E_q}) + (S_{F_l}+S_{F_q}) + (S_{G_l}+S_{G_q}) + S_e
\end{aligned}
$$

然后，计算各种波动平方和及自由度。为方便起见，先列出方差分析辅助表(见表 5-9)。

表 5-8　输出特性试验结果

试验号＼因素	1	A	B	C	D	E	F	G	结果	
		2	3	4	5	6	7	8	y	$y-500$
1	1	1	1	1	1	1	1	1	517	17
2	1	1	2	2	2	2	2	2	516	16
3	1	1	3	3	3	3	3	3	557	57
4	1	2	1	1	2	2	3	3	548	48
5	1	2	2	2	3	3	1	1	464	−36
6	1	2	3	3	1	1	2	2	488	−12
7	1	3	1	2	1	3	2	3	506	6
8	1	3	2	3	2	1	3	1	476	−24
9	1	3	3	1	3	2	1	2	432	−68
10	2	1	1	3	3	2	2	1	519	19
11	2	1	2	1	1	3	3	2	535	35
12	2	1	3	2	2	1	1	3	534	34
13	2	2	1	2	3	1	3	2	505	5
14	2	2	2	3	1	2	1	3	516	16
15	2	2	3	1	2	3	2	1	475	−25
16	2	3	1	3	2	3	1	2	451	−49
17	2	3	2	1	3	1	2	3	490	−10
18	2	3	3	2	1	2	3	1	471	−29

表5-9　方差分析辅助表

水平 \ 因素	A	B	C	D	E	F	G
1	178	46	−3	33	10	−86	−78
2	−4	−3	−4	0	2	−6	−73
3	−174	−43	7	−33	−12	92	151

$$S'_T=\sum_{i=1}^{n}(y_i-500)^2=17^2+16^2+\cdots+(-29)^2=19\ 764(f_T=18)$$

$$S_m=n(\bar{y}-m)^2=18\times(500-500)^2=0(f_m=1)$$

$$S_{A_l}=\frac{(W_1T_1+W_2T_2+W_3T_3)^2}{r\lambda^2S}=\frac{[(-1)\times178+0\times(-4)+1\times(-174)]^2}{6\times2}$$
$$=10\ 325\quad(f_{A_l}=1)$$

$$S_{A_q}=\frac{(W_1T_1+W_2T_2+W_3T_3)^2}{r\lambda^2S}=\frac{[1\times178+(-2)\times(-4)+1\times(-174)]^2}{6\times6}$$
$$=4(f_{A_q}=1)$$

其中,W_1、W_2、W_3、λ、S 的数值可查有关手册。

由此可以计算出 S_{B_l},S_{B_q},S_{C_l},S_{C_q},…,S_{G_l},S_{G_q},最后由波动平方和分解公式计算出 S_e,将这些计算结果整理为方差分析表,如表5-10所列。

④容差设计。缩小误差因素的容差后,新的误差方差可由下式计算:

$$V_N=V'_T\left\{\rho_{A_l}\left(\frac{\sigma'_A}{\sigma_A}\right)^2+\rho_{A_q}\left(\frac{\sigma'_A}{\sigma_A}\right)^2+\rho_{B_l}\left(\frac{\sigma'_A}{\sigma_A}\right)^2+\rho_{B_q}\left(\frac{\sigma'_A}{\sigma_A}\right)^2+\cdots+\rho_e\right\}\tag{5-42}$$

式中,V_N 为新的方差;V'_T 为现行方差;ρ_{A_l} 为 A_l 的贡献率;ρ_{A_q} 为 A_q 的贡献率;σ'_A 为 A 的新的波动标准偏差;σ_A 为 A 的现行波动标准偏差;σ'_B 为 B 的新的波动标准偏差;σ_B 为 B 的现行波动标准偏差。

表5-10　方差分析表

来　源	S	f	V	S'	$\rho/\%$
S_m	0Δ	1Δ	0		
A_l	10 325	1	10 325	10 246.64	51.84
A_q	4Δ	1Δ	4		
B_l	660Δ	1Δ	660		
B_q	2Δ	1Δ	2		
C_l	8Δ	1Δ	8		
C_q	4Δ	1Δ	4		
D_l	363Δ	1Δ	363		
D_q	0Δ	1Δ	0		

续表 5－10

来　源	S	f	V	S'	$\rho(\%)$
$E\begin{cases}l\\q\end{cases}$	40Δ 1Δ	1Δ 1Δ	40 1		
$F\begin{cases}l\\q\end{cases}$	2 640Δ 9Δ	1 1Δ	2 640 9	2 561.64	12.96
$G\begin{cases}l\\q\end{cases}$	4 370 1 332	1 1	4 370 1 332	4 291.64 1 253.6	21.71 6.34
e	6Δ	3Δ	2		
$(\bar{e})$	(1 097)	(14)	(78.36)		(1.14)
T'	19 764	18	1 098	19 764	100

注：标有符号“Δ”的项加以合并。

由方差分析表可见，A_l 即聚合度对输出特性 y 贡献率最大，因而应考虑装备一台自动温度控制器来减小由温度引起的波动。安装温度控制器后聚合温度的波动可由现在的 $\sigma=1.25$ ℃降低到 $\sigma'_A=0.25$ ℃，但这一设备需要花费 6 万元。

容差设计就是要权衡安装温度控制器后的收益和由此增加的成本，从而确定是否需要引进该设备，这就要采用质量损失函数来比较。

首先，计算安装温度控制器后的新方差，由于 A_q 不显著，故只考虑线性部分 A_l，即

$$V_N=V'_T\left\{1-\rho_{A_l}\left[1-\left(\frac{\sigma'_A}{\sigma_A}\right)^2\right]\right\}=1\ 098\times\left\{1-0.518\ 4\times\left[1-\left(\frac{0.25}{1.25}\right)^2\right]\right\}=551.53$$

然后，计算安装温度控制器前后的质量损失，质量损失函数为

$$L(y)=kV'_T,\quad k=A_0/\Delta_0^2$$

由于当 $\Delta_0=60$ 时，$A_0=10\ 000$ 元，故

$$k=10\ 000/60^2=2.78$$

将现行方差和新方差代入质量损失函数得：

$$L_{现}=2.78\times1\ 098=3\ 052.4(元/批)$$

$$L_{新}=2.78\times551.53=1\ 533.3(元/批)$$

因此，每批收益为

$$L_{现}-L_{新}=3\ 052.4-1\ 533.3=1\ 519.1(元/批)$$

假定一年生产 12 批，则每年收益为

$$1\ 519.1\ 元/批\times12\ 批=18\ 229.2\ 元$$

一台温度控制器投资 60 000 元，每年折旧费为 8 671 元，每年净收益为 18 299.2 元－8 671 元＝9 558.2 元，所以应安装该设备。

习题 5

5－1 说明质量损失函数在容差设计中的作用。

5－2 请推导由老化特性确定老化系数容差的公式（包括初始值等于目标值的情况和初始

值不等于目标值的情况)。

5-3 请总结容差设计的基本步骤并说明在实施过程中的注意事项。

5-4 加工一零件,其规格为(95±5)mm,当超出规格时,即作为废品,此时的损失为70元,试求该零件尺寸的质量损失函数。

5-5 设汽车车门的尺寸功能界限$\Delta_0=4\ \mu m$,车门关不上造成的社会损失为$A_0=500$元,在工厂内,车门尺寸不合格报废造成的损失为$A=150$元。试求车门的出厂容差。

5-6 某化工过程的目标是龙胆苦苷含量y越大越好。当$y<180$ mg/g时,产品丧失功能,损失为$A_0=352\ 200$元/批。设工序中各因素及波动范围如下:A(磨粉时间):±1%;B(成型压力):±3%;C:炭化温度±2%;D(炭化时间):±5%。将现行条件作为第二水平,按上述因素的波动范围确定第一、第三水平,并配置于$L_9(3^4)$正交表中,试验结果如表5-11所列。如果引进一台自控设备,各因素波动可减少一半,此设备每年折旧费为5万元,以每年生产100批计算,问引进该设备是否合理?

表5-11 试验结果

因素 / 试验号	A	B	C	D	$y/(mg\cdot g^{-1})$
	1	2	3	4	
1	1	1	1	1	253.5
2	1	2	2	2	249
3	1	3	3	3	249.5
4	2	1	2	3	252.5
5	2	2	3	1	233.5
6	2	3	1	2	244.5
7	3	1	3	2	253
8	3	2	1	3	241
9	3	3	2	1	242

本章参考文献

[1] 张根保.现代质量工程[M].2版.北京:机械工业出版社,2009.

[2] 张根保.质量管理与可靠性[M].北京:中国科学技术出版社,2006.

[3] 马逢时.六西格玛管理统计指南[M].北京:中国人民大学出版社,2007.

[4] 陈立周.稳健设计[M].北京:机械工业出版社,2000.

[5] 张性原.设计质量工程[M].北京:航空工业出版社,1999.

[6] EI-Haik B S. Axiomatic Quality: Integrating Axiomatic Design with Six-Sigma, Reliability, and Quality Engineering[M]. New Jersey:John Wiley & Sons, Inc., 2005.

[7] 邵家骏.健壮性设计指南[M].北京:国防工业出版社,2011.

第6章　统计过程控制技术

6.1　制造质量控制原理

6.1.1　制造质量波动原理

制造过程是实际产品形成的核心阶段,制造质量的优劣直接影响了产品实际性能与其设计性能间差距的大小。在制造过程中,制造质量可以用产品零部件关键参数的制造精度来刻画,如机械加工中主轴直径的尺寸偏差;当各组件经装配形成产品整体后,制造质量则体现为产品关键质量特性的符合性,如交流稳压电源的稳压精度。

尽管我们总是希望同一批产品具有完全相同的质量水平,但由于制造过程中各个要素存在着波动,任何制造过程生产出来的产品,其质量特性值总是存在一定的差异,这称为质量的波动性。具体而言,这些导致质量存在波动性的要素包括:

①人(Man):指操作工人的质量意识、技术水平、熟练程度等;

②机(Machine):指生产设备、夹具的精度与保养维护情况等;

③料(Material):指加工材料的化学成分、物理性能以及外观质量的差别等;

④法(Method):指制造方法、生产工艺、操作规程的差别等;

⑤测(Measurement):指测量检验时采取的方法是否标准、正确等;

⑥环(Environment):工作地的温度、湿度、照明和清洁条件等。

通常,取上述6个因素的英文名称首字母,将其称为5M1E。

经过人们对5M1E与质量波动关系的不断认识,逐渐习惯将制造质量波动分为正常波动与异常波动。正常波动又称为随机波动,是由制造过程5M1E因素中的随机性因素或偶然因素引起的,这些随机因素的特点是数量多、来源多、大小和方向随机变化、作用时间无规律。最重要的是,正常波动往往不可避免,但对制造质量的影响较小。相比之下,异常波动(也称系统波动)则是由制造过程中5M1E的系统性因素引起的,这些系统性因素数量不多,虽然对制造质量影响显著,但可以采取一定方法加以消除。因此,要对制造质量进行控制,本质上就是要对由系统性因素导致的异常波动进行控制。

6.1.2　制造质量控制思路

由6.1.1节的论述可知,制造质量的波动(或称偏差)是由于制造过程中的5M1E引起的。需要指出,5M1E中各因素对制造质量偏差的影响程度呈现明显的高低差异。如今,随着全员生产维护和全面质量管理等理念的不断深入,原材料质量问题(Material)、技术方法问题(Method)、检测和测量问题(Measurement)和生产环境因素(Environment)已经非常容易在进入制造阶段前就被识别并提前解决,因此上述4类因素通常不是制造质量出现偏差的主要原因。此外,随着大规模自动化生产和各类先进制造设备的不断应用,人(Man)在其中的角色开始逐渐从与工件直接接触的操作者转变为对过程进行控制的管理者,对制造质量构成的直接影响也在不断降低。由此可以看出,通常情况下,制造设备(Machine)已经成为制造过程质量的决定性影响因素,制造质量则是生产过程中5M1E因素的综合体现。

随着对制造质量偏差及其出现原因的理解的不断深入,人们逐渐探索出3类制造质量控制的方法。最初,由于对制造质量偏差的产生认识不足,往往以事后检验作为制造质量的控制手段,通过对成品零部件进行检验,做出合格与不合格的判断,避免不合格品进入下道工序或出厂。由于事后检验主要是在产品制造出来后才进行的,在大量生产的情况下,即使检查中发现残次品,但是信息反馈滞后,故对生产者其实已经造成了很大损失。尽管事后检验具有上述不足,但依然是生产实践中一种重要的制造质量控制手段。

在认识到事后检验的局限性后,人们逐渐发现,在过程稳定的情况下,制造过程质量参数总符合一定的统计分布(通常是正态分布),因此开始引入统计方法判断制造过程是否正常,从而达到对制造质量进行控制的目的。统计过程控制也是本章的主要内容,后面会详细介绍其原理和技术。

随着工业的不断进步,制造过程的不合格率已经可以控制在相当低的水平,过程发生失稳的概率基本达到了万分之一,甚至更低。在这种高质量制造环境下,仅通过对过程进行控制已经很难进一步提升制造质量。由于制造设备能力是影响制造过程质量的决定性因素,故人们的目光开始向制造设备状态聚焦。主要的思路是,在确定设备性能状态与制造过程质量偏差的定量关系的基础上,通过应用各类先进的设备维修策略,主动将设备状态保持在较高水平,从而保证高制造质量。

应该看到,制造质量控制应是源头治理,越早预防越好。因此,质量控制的对象要不断前移,事后检验控制要逐渐取消。事实上,一些发达国家中的卓越企业已经取消了事后检验,以设备状态与过程质量联合监控为主。然而,国内的大部分企业依然将主要注意力放在过程质量控制与事后检验上。

6.2 统计过程控制基础

6.2.1 过程质量控制

过程质量控制是为了达到质量要求所采取的作业技术和活动,其目的在于监视过程并排除产品质量形成过程中导致质量问题的因素,以此来确保产品质量。无论是零部件产品还是最终产品,它们的质量都可以用质量特性围绕设计目标值波动的大小来描述,波动越小则质量水平越高。当每个质量特性值都达到设计目标值,即波动为零,此时该产品的质量达到了最高水平,但实际上这是永远不可能的。所以,必须进行生产过程质量控制,最大限度地减少波动。

现代质量工程技术把质量控制划分为若干阶段,在产品开发设计阶段的质量控制叫作质量设计。在制造中需要对生产过程进行监测,该阶段称作质量监控阶段。以抽样检验控制质量是传统的质量控制,被称为事后质量控制。在上述若干阶段中最重要的是质量设计,其次是质量监控,再次是事后质量检验。综上所述,过程监控是从源头控制产品质量的重要手段。过程质量控制的重要性可用如图6-1所示的质量杠杆来形象说明。

为此,美国著名质量专家休哈特于1924年首次提出用于过程质量控制的技术手段——控制图,后来经过发展形成现在的统计过程控制(Statistical Process Control,SPC)技术。统计

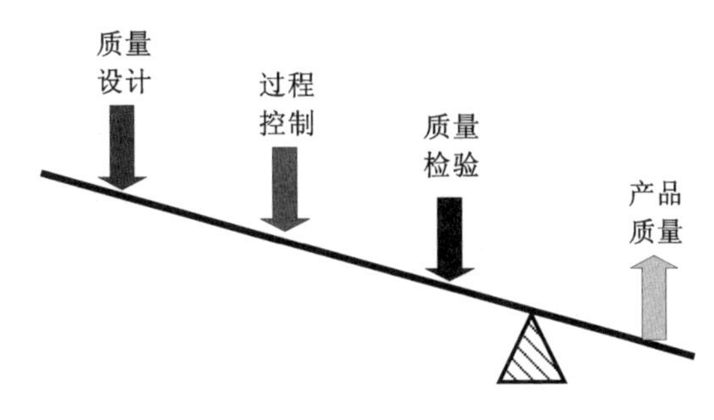

图 6-1　质量杠杆示意图

过程控制(SPC)是应用统计技术对过程进行控制,从而达到改进与保证产品质量的目的。统计技术泛指以控制图理论为主线的任何可以应用的数理统计方法,统计过程控制技术的研究虽然是从制造过程开始的,但是其研究成果适用于各种过程:设计过程、管理过程、流程式生产等。

6.2.2　过程质量统计观点

质量的统计观点是现代质量管理的基本观点之一。若推行质量的统计观点,则认为是现代的质量管理,否则即传统的质量管理。

质量的统计观点所包括的内容如图 6-2 所示。

质量的统计观点 { 质量具有变异性
质量变异具有统计规律性

图 6-2　质量的统计观点

1. 质量具有变异性

质量具有变异性是众所周知的事实。在工业革命以后,人们一开始曾误认为:由机器生产出来的产品应该是一样的。经过 100 多年的实践,随着测量理论与测量工具的进步,人们才终于认识到:尽管是机器生产,产品质量仍然具有变异性。公差制度的建立就是承认质量具有变异性的一个标志。

2. 质量变异具有统计规律性

质量变异是有规律的,但它不是通常的确定性现象的确定性规律,而是随机现象的统计规律,如图 6-3 所示。所谓确定性现象就是在一定条件下,必然发生的或不可能发生的事件(Event),如在一个大气压力(1.013×10^5 Pa)、常温($0\ ℃<t<100\ ℃$)下,水(H_2O)一定处于液体状态(必然事件),而不处于气体或固体状态(不可能事件)。但是质量问题,经常遇到的却是随机现象,即在一定条件下事件可能发生也可能不发生的现象。例如,无法预知电灯泡的寿命是否一定在 1 000 h 以上,但在对大量统计数据进行分析的基础上,可以得出结论:电灯泡的寿命有 80%的可能会大于 1 000 h,这是对随机现象的一种科学的描述。

规律 { 确定性现象⇒确定性规律
随机现象⇒统计规律

图 6-3　不同性质的现象具有不同的规律

对于随机现象,通常应用分布(Distribution)来描述,从分布中可以得到:变异的幅度有多大,出现这么大幅度变异的可能性(概率,Probability)有多大,这就是统计规律。对于计量特性值,如长度、质量、时间、强度、纯度、成分等连续性数据,最常见的是正态分布(Normal Distribution),如图 6-4 所示。对于计件特性值,如特性测量的结果只有合格与不合格两种情况的离散性数据,最常见的是二项分布(Binomial Distribution),如图 6-5 所示。对于计点特性值,如铸件的沙眼数、布匹上的疵点数、电路板上的焊接不良数等离散性数据,最常见的是泊松分布(Poisson Distribution),如图 6-6 所示。计件值与计点值又被统称为计数值,都是可以取 0 个,1 个,2 个…掌握这些数据的统计规律可以保证和提高产品质量。

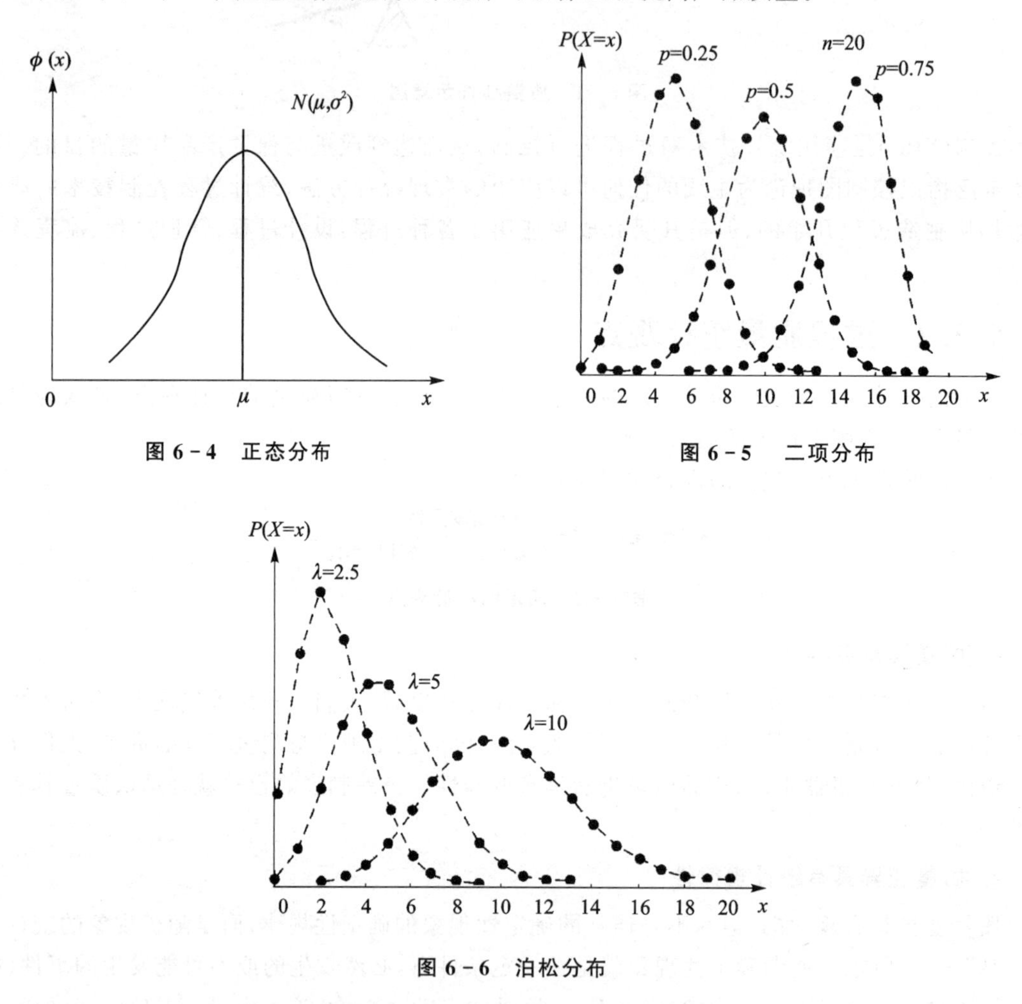

图 6-4　正态分布

图 6-5　二项分布

图 6-6　泊松分布

6.3　控制图基本原理

6.3.1　控制图统计模型

概率统计理论认为"概率很小的事件在一次试验中实际上是不可能发生的",如果概率很小的事件真的在一次试验中发生了,就转而认定该事件发生的概率不是很小。控制图就是将概率论的这种理论运用于生产实践的抽样,认为从处于稳定状态(统计受控状态)的生产过程中抽取的任一产品,其特征值不符合过程总体分布的事件是一小概率事件。如果抽样中发生了此类事件，说明过程不是处于稳定状态。控制图的诊断实质上是一种统计推断，建立在生产过程处于稳定状态的基础上，根据抽取的一定数量的产品质量信息，利用概率统计理论推断全体产品的质量状况。正是因为控制图的诊断是统计推断，是根据有限的样本信息来判断总体分布是否具有指定的特征，是一种假设检验，因此，利用控制图诊断存在假设检验固有的两类错误，即"弃真"的错误和"取伪"的错误。

工序质量控制过程就是利用样本统计量检验总体均值 μ 和标准差 σ 是否发生显著性变化的过程。在质量特性为连续值时，最常见的质量特性值分布为正态分布，若抽样得到的样本均值为 $\bar{x}$，n 为样本大小，使得

$$P\left(\left|\frac{\bar{x}-\mu}{\sigma/\sqrt{n}}\right|<z_{\alpha/2}\right)=1-\alpha$$

成立，则认为当显著性水平为 α 时，总体均值 μ 未发生显著变化，即工序处于稳定状态。上式中：

$P\left(\left|\frac{\bar{x}-\mu}{\sigma/\sqrt{n}}\right|<z_{\alpha/2}\right)$——$\left|\frac{\bar{x}-\mu}{\sigma/\sqrt{n}}\right|<z_{\alpha/2}$ 的概率；

μ——总体均值；

σ——总体标准差；

α——显著水平；

$z_{\alpha/2}$——标准正态分布右侧分位点。

上式给出了总体均值 μ 没有发生显著变化的样本均值 $\bar{x}$ 的取值范围：$\left(\mu-z_{\alpha/2}\frac{\sigma}{\sqrt{n}},\mu+z_{\alpha/2}\frac{\sigma}{\sqrt{n}}\right)$。显然，$\left(\mu-z_{\alpha/2}\frac{\sigma}{\sqrt{n}}\right)$和$\left(\mu+z_{\alpha/2}\frac{\sigma}{\sqrt{n}}\right)$是工序总体均值 μ 是否发生显著变化的分界线，如图 6-7 所示。

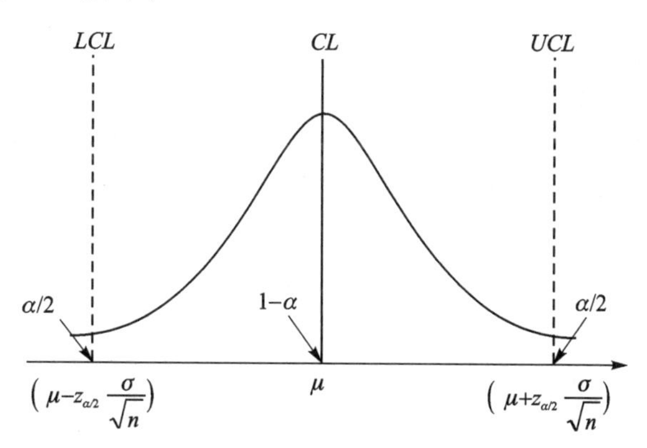

图 6-7　正态分布示意图

对于不同的 α 值，查正态分布表 $z_{\alpha/2}$，便可计算出相应的控制界限：

上控制线　　$UCL=\mu+z_{\alpha/2}\frac{\sigma}{\sqrt{n}}$

中心线　　$CL=\mu$

下控制线　　$LCL=\mu-z_{\alpha/2}\frac{\sigma}{\sqrt{n}}$

正态分布的一个结论对质量控制很有用,即无论均值μ和标准差σ取什么值,若$\frac{z_{\alpha/2}}{\sqrt{n}}=3$,则$\bar{x}$落在$\left(\mu-z_{\alpha/2}\frac{\sigma}{\sqrt{n}},\mu+z_{\alpha/2}\frac{\sigma}{\sqrt{n}}\right)$范围内的概率为99.73%,也就是说超出这个范围的概率仅为0.27%。而超出范围一侧,即大于$\mu+z_{\alpha/2}\frac{\sigma}{\sqrt{n}}$或小于$\mu-z_{\alpha/2}\frac{\sigma}{\sqrt{n}}$的概率为0.135%≈1‰。通常用的控制图是先将图6-7顺时针方向旋转90°,如图6-8(a)所示,然后以中心线为对称轴将上下控制线翻转180°,如图6-8(b)所示,这样就得到了一张控制图。

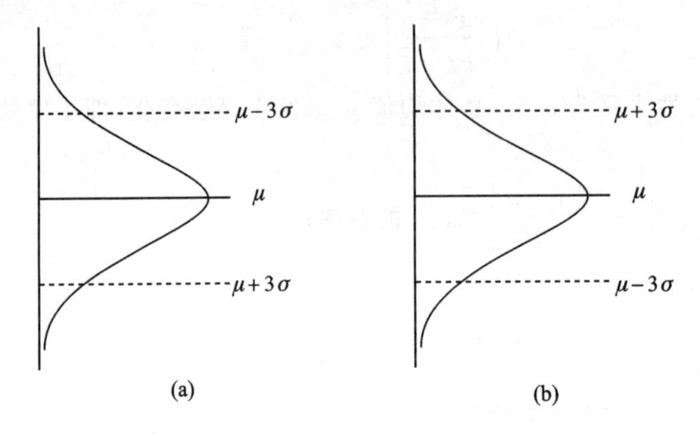

图6-8 控制图的演变

6.3.2 控制图的设计思想

1. 两种错误

利用控制图对过程进行监控,不可避免地要面对两种错误。

(1) 第一种错误:虚发警报的错误

过程正常而点子偶然超出控制界外,根据点出界就判异的原则,判断过程处于异常,于是就犯了第一种错误,即虚发警报的错误。通常将犯第一种错误的概率记为α,如图6-9所示。

(2) 第二种错误:漏发警报的错误

过程已经出现了异常,但仍会有部分产品的质量特性值位于控制界内。如果抽取到这样的产品,点子就会落在控制界内,因此不能判断过程出现了异常,从而犯了第二种错误,即漏发警报的错误。通常将犯第二种错误的概率记为β,如图6-9所示。

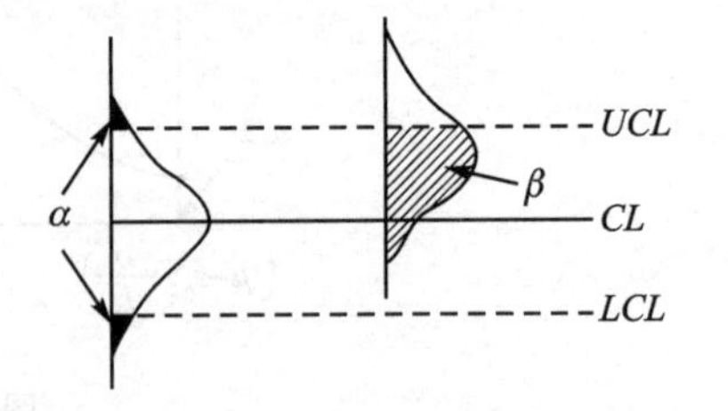

图6-9 控制图的两种错误

国家标准GB/T 4091—2001对此做了如下的解释:

应用控制图时可能发生两种类型的错误。第一种错误被称作第一类错误,这是当所涉及的过程仍然处于控制状态,但某点由于偶然原因落在控制线之外,从而得出过程失控的错误结论。此类错误对本不存在的问题无谓地寻找原因,从而导致费用增加。

第二种错误被称作第二类错误,当所涉及的过程失控,但所产生的点由于偶然原因仍落在控制线之内,从而得出过程仍处于控制状态的错误结论,此类错误由于未检测出不合格品的增加而造成了损失。第二类错误的风险是以下三项因素的函数:控制线的间隔宽度、过程失控的程度、子组大小。上述三项因素的性质决定了对于第二类错误的风险大小只能做出一般估计。

2. 减少两种错误所造成损失的方法

(1) 两种错误不可同时避免

休哈特提出的常规控制图共有 3 根控制线,中心线 CL 居中,UCL 与 LCL 互相平行,并且关于 CL 对称,故能改动的只有 UCL 与 LCL 二者之间的间隔距离,因而,两种错误是不可同时避免的,如图 6－10 所示。

$$\left.\begin{array}{l}\text{间距增大}\Rightarrow\alpha\ \text{减少},\beta\ \text{增大}\\ \text{间距缩小}\Rightarrow\alpha\ \text{增加},\beta\ \text{减小}\end{array}\right\}\text{故错误不可避免}$$

图 6－10　两种错误是不可同时避免的

(2) 解决办法

根据使两种错误造成的总损失最小这一原则来确定控制图的最优间距,并且根据“点出界就判异”做出判断,即使有时判断错误,虚发警报,但从长远来看仍是经济的。当然,这个最优间距是随着不同产品、产地等引起的成本变化而变化的,不存在放之四海而皆准的控制图最优间距。经验证明休哈特所提出的 3σ 方式较好。

3. 3σ 方式

利用 3σ 方式构造的常规控制图的控制线为

$$UCL=\mu+3\sigma$$
$$CL=\mu$$
$$LCL=\mu-3\sigma$$

式中,μ、σ 为统计量的总体参数。

这是常规控制图的总公式,具体应用时需要经过下列两个步骤:

① 将 3σ 方式的公式具体化到所用的具体控制图。

② 对总体参数进行估计。

注意:①总体参数与样本参数不能混为一谈,总体包括过去已制成的产品、现在正在制造的产品以及未来将要制造的产品的全体,而样本只是过去已制成产品的一部分。故总体参数的数值是不可能精确知道的,只能通过以往已知的数据来加以估计,而样本参数的数值则是已知的。

②规格界限不能用作控制线。规格界限是区分合格与不合格的科学界限,控制线则是区分偶然波动与异常波动的科学界限,二者完全是两码事,不能混为一谈,参见示例 6－1。

例 6－1: 某车间根据现场数据计算得到的工作差错率控制图如图 6－11 左侧图形所示,该车间又把设计要求的差错率指标作为 UCL 另编制了一张图(见图 6－11 右侧图形),而且设计要求与左侧控制图的 CL 水平相近。试分析:图 6－11 右侧图形是否还有控制图的作用?

解: 应用分布的观点分析如下:将左侧控制图稳态下的正态分布图形平移到右侧图中,可看出,在生产正常的情况下,点子超出 UCL 的概率有 50%之多,根本算不上小概率事件,当然也就用不上小概率事件原理。故图 6－11 右侧的图形没有控制图的作用,而只是一张反映设计要求满足情况的显示图而已。

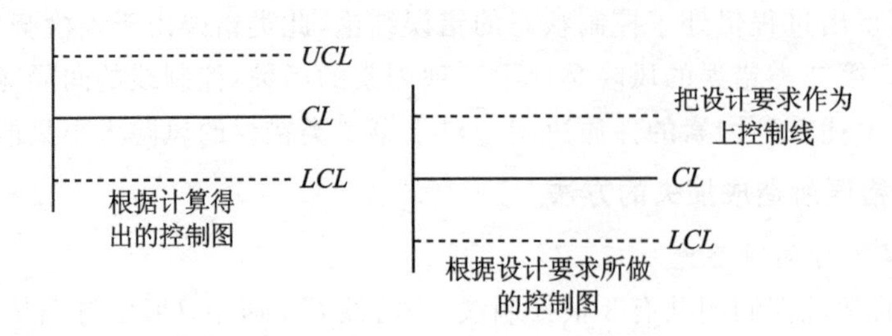

图 6-11 把设计要求作为上控制线的显示图

4. 常规控制图的设计思想

常规控制图的设计思想是先定 α,再看 β。

①按照 3σ 方式确定 UCL、LCL 就等于确定了虚发警报的概率 $\alpha=0.27\%$。当然,也有人取虚发警报的概率 $\alpha=0.2\%$,这样,控制线 $\mu\pm3\sigma$ 就变为 $\mu\pm3.09\sigma$。但是,为了方便实际使用,大多数的常规控制图都选择 $\mu\pm3\sigma$ 作为控制线。

②通常的统计假设检验一般采用 $\alpha=1\%,5\%,10\%$ 三档,但休哈特为了增强生产者的信心,把常规控制图的 α 取得特别小(若想把常规控制图的 α 取为零是不可能的,事实上,若 α 取为零,则 UCL 与 LCL 之间的间隔将为无穷大,从而 β 为 1,必然发生漏报),但这样 β 就大,故在休哈特提出常规控制图以后,人们又在判异准则"点出界就判异"的基础上,为常规控制图增加了其他的判异准则,参见本章 6.3.3 节。

常规控制图并非依据使两种错误造成的总损失最小为原则来设计。从 20 世纪 80 年代起诞生了经济质量控制(Economic Quality Control,EQC)学派,这个学派的特点就是从两种错误造成的总损失最小这一点出发来设计控制图与抽样方案,其学术带头人为德国维尔茨堡(Würzbürg)大学经济质量控制中心主任冯·考拉尼(Elart von Collani)教授。

6.3.3 判稳准则与判异准则

1. 判稳准则

稳态是生产过程追求的目标。那么,在控制图上如何判断过程是否处于稳态?为此,需要制定判断稳态的准则。

在统计量为正态分布的情况下,由于第一类错误的概率 $\alpha=0.27\%$ 取得很小,故只要有一个点子打点在界外就可以判断有异常。又由于 α 很小,第二类错误的概率 β 就大,故只根据一个点子在界内远不能判断生产过程处于稳态。如果连续有许多点子,如 25 个点子,全部都在控制界限内,情况就大不相同,这时,根据概率乘法定理,总的 β 为 $\beta_{总}=\beta^{25}$ 要比 β 减小很多。如果连续在控制界内的点子更多,则即使有个别点子偶然出界,过程仍可看作是稳态的,这就是判稳准则的思路。

判稳准则:在点子随机排列的情况下,符合下列各条件之一就认为过程处于稳态:

①连续 25 个点子都在控制界限内;

②连续 35 个点子至多有 1 个点子落在控制界限外;

③连续 100 个点子至多有 2 个点子落在控制界限外。

当然,即使在判断稳态的场合,为了保险,对于界外点也必须执行"查出异因,采取措施,保证消除，不再出现，纳入标准”的20字方针来处理。

现在，可进行一些概率计算以便对上述准则有更深入的理解。先分析准则②，若过程正常为正态分布，令 d 为界外点数，则连续35点，$d\leqslant 1$ 的概率为

$$P(\text{连续 35 点}, d \leqslant 1)=C_{35}^{0}(0.9973)^{35}+C_{35}^{1}(0.9973)^{34}(0.0027)=0.9959$$

于是，$\alpha_2=1-P(\text{连续 35 点}, d\leqslant 1)=1-0.9959$，这是与 $\alpha_0=0.0027$ 为同一个数量级的小概率。因此，若过程处于稳态，则连续35点，在控制界外的点子超过1个点（$d>1$）的事件为小概率事件，它在一次试验中实际上不发生，若发生则判断过程失控，$\alpha_2=0.0041$ 就是准则②的显著性水平。

类似地，可求出 α_1 与 α_3，于是有

$$\alpha_1=0.0654,\quad \alpha_2=0.0041,\quad \alpha_3=0.0026$$

根据上述 α_1、α_2、α_3 的数值，可见它们依次递减，即这三条判稳准则判断的可靠性依次递增。另一方面，三条判稳准则的样品个数依次递增，即成本越来越高。故对过程进行判稳时，应从判稳准则①开始，若不能判稳，则进行准则②；若仍不能判稳，则接着进行准则③；若准则③依旧不能判稳，则不能继续应用判稳准则，而应该对该过程执行20字方针尽力查找出异因。

注意：由于 $\alpha_1=0.0654$ 比较大，虚报较多，应尽量采用判稳准则②与③。

2. 判异准则

什么是异常？我们知道统计过程控制的基准是稳态，即统计控制状态，若过程显著偏离稳态就称之为异常。但是，异常可以有异常好与异常坏两类，初学者很容易产生误会，以为判异一定是异常坏。

判异准则有两类：

①点出界就判异；

②界内点排列不随机判异。

由于对点子的数目未加限制，故判异准则②的模式理论可以有许多种，但现场能够保留下来继续使用的只有具有明显物理意义的若干种，在控制图判断中要注意对这些模式加以识别。

休哈特控制图（Shewhart Control Charts）的国际标准 ISO 8258—1991，即国标 GB/T 4091—2001，引用了西方电气公司统计质量控制手册（Western Electric（1966），Statistical Quality Control Handbook）的8种判异准则，如图6-12～图6-19所示。实际上，其中有些物理意义不够明显的准则，不易于参与质量管理的工程技术人员理解和记忆。其中，图6-12中的准则1“一点在 A 区之外（点出界就判异）”是休哈特亲自提出来的，称为准则1（Criterion 1），由于物理意义非常明显，故应用最为广泛。

为了在判异后能够采取纠正行动，需要搞清楚判异准则所判断的异常是由下列什么情况造成的：①参数 μ 或 σ 发生变化。例如，若 μ 增大，则设法将其减少，反之亦然，以此保持稳态或所要求的状态。②数据分层不够。这时则应采取措施将数据分层。

8条判异准则分别介绍如下：

准则1：一点落在 A 区以外。

图6-12中的 A、B、C 表示将整个控制图划分为6个相等的区域，每个区的高度为一个 σ，以便将判异准则表达得更清楚。

此准则由休哈特在1931年提出，在许多应用中，它甚至是唯一的判异准则。准则1可对

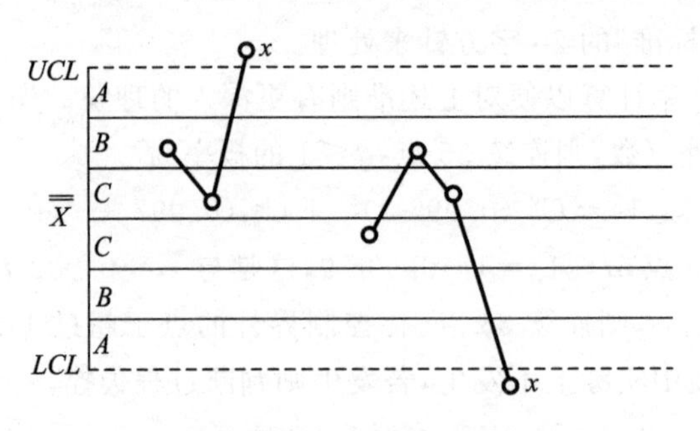

图 6-12 准则1的图示

参数 μ 的变化或参数 σ 的变化给出信号,变化越大,则给出信号越快。对于 $\bar{X}-R$ 控制图而言,若 R 图保持为稳态,则可除去参数 σ 变化的可能。准则1还可对过程中的单个失控作出反应,如计算错误、测量误差、原材料不合格、设备故障等。若过程正常,准则1犯第一种错误,即虚发警报的概率,或显著性水平(Level of Significance)为 $\alpha_0=0.0027$。8条判异准则都是尽量保持 α 在 $\alpha_0=0.0027$ 左右来设计的。

准则2:连续9点落在中心线同一侧。

将连续出现在中心线同一侧的点子称作链,链中包含的点子数目称为链长。故上述准则2也可表述为:链长≥9,判异。

此准则通常是为了补充准则1而设计的,以便改进控制图的灵敏度。选择9点是为了使其犯第一种错误的概率 α 与准则1的 $\alpha_0=0.0027$ 大体相仿,同时也使得本准则采用的点数比格兰特和列文沃斯(Grant and Levenworth)在1980年提出的7点链判异准则所采用的点数仅多两点。

如图6-13所示,居于中心线之下的9点链现象主要是由于分布的 μ 减小的缘故。当然,若分布的 μ 增加,9点链也可以出现在中心线之上。

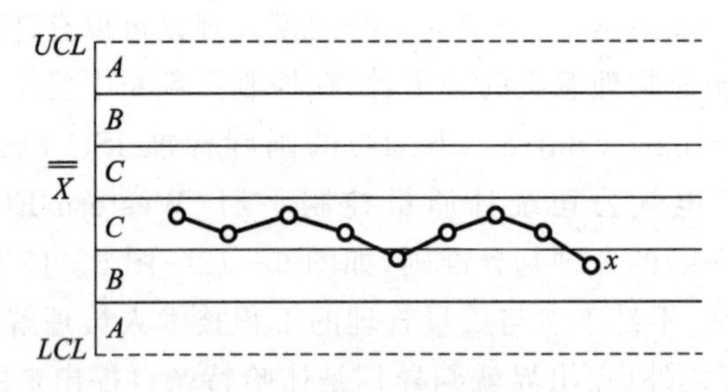

图 6-13 准则2的图示

现对准则2做进一步分析:若过程正常,在控制图中心线一侧出现下列点数的链的 α 分别为

$$P(\text{中心线一侧出现点数为 7 的链})=2\left(\frac{0.9973}{2}\right)^7=0.0153=\alpha_7$$

$$P(\text{中心线一侧出现点数为 8 的链})=2\left(\frac{0.9973}{2}\right)^8=0.0076=\alpha_8$$

$$P(\text{中心线一侧出现点数为 9 的链})=2\left(\frac{0.9973}{2}\right)^9=0.0038=\alpha_9$$

$$P(\text{中心线一侧出现点数为 10 的链})=2\left(\frac{0.9973}{2}\right)^{10}=0.0019=\alpha_{10}$$

旧国标 GB/T 4091—1983 采取 7 点链判异，则 $\alpha_7=0.0153$，比准则 1 的 α_0 大很多。

准则 3：连续 6 点递增或递减。

此准则是针对过程平均值的倾向(Trend)进行设计的，它在判定过程平均值的较小倾向上要比准则 2 更为灵敏，如图 6-14 所示。产生倾向的原因可能是工具逐渐损坏、维修水平逐渐变差、操作人员技能逐渐改进等，从而使得参数 μ 随着时间而变化。若过程正常，不难推导出：

$$P(n\text{ 点倾向})=\frac{2}{n!}(0.9973)^n$$

故

$$P(5\text{ 点倾向})=0.01644=\alpha_5$$
$$P(6\text{ 点倾向})=0.00273=\alpha_6$$
$$P(7\text{ 点倾向})=0.00039=\alpha_7$$

显然，6 点倾向的 α_6 最接近准则 1 的 $\alpha_0=0.0027$，故 6 点倾向判异是合适的。旧国标 GB/T 4091—1983 的相应准则为 7 点倾向判异，显然，α_7 是过分小了。

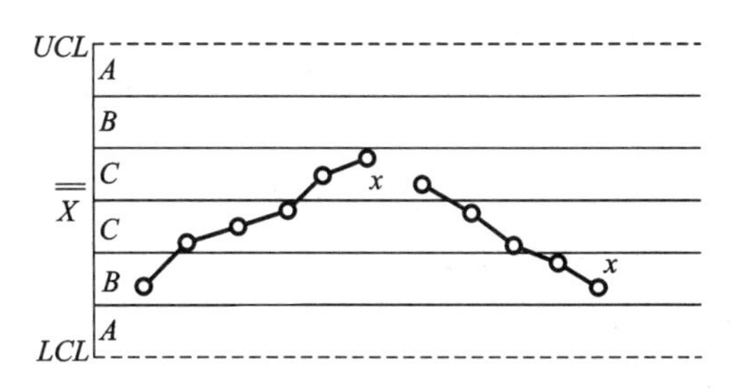

图 6-14　准则 3 的图示

注意：对于递减的下降倾向，后面的点子一定要低于或等于前面的点子，否则倾向中断，需要重新起算，递增的倾向也如此。

准则 4：连续 14 点中相邻点上下交替。

出现本准则的现象(见图 6-15)是由于一位操作人员轮流使用两台设备或两位操作人员轮流操作一台设备而引起的系统效应。例如，食品工业中为了加快包装速度，常常采用两头秤甚至多头秤的秤料来加速包装，实际上，这就是一个数据分层不够的问题。选择 14 点是通过统计模拟(Monte Carlo)试验而得出的，以使其 α 大体与准则 1 的 $\alpha_0=0.0027$ 相当。

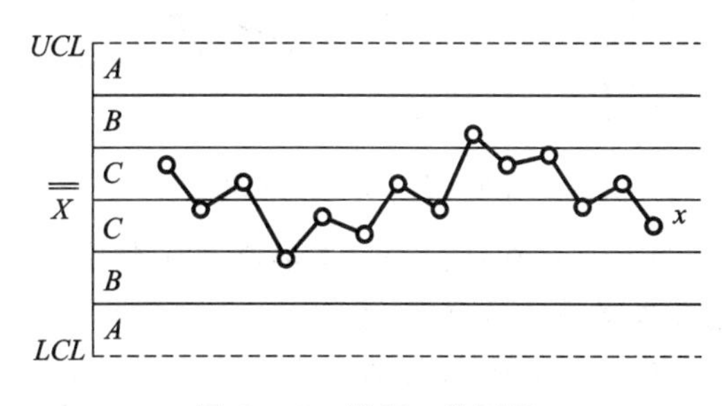

图 6-15　准则 4 的图示

准则 5:连续 3 点中有 2 点落在中心线同一侧的 B 区以外(见图 6－16)。

过程平均值的变化通常可由本准则判定,它对于变异的增加也较灵敏。这里需要说明:三点中的两点可以是任何两点,至于这第三点可以在任何处,甚至可以根本不存在。

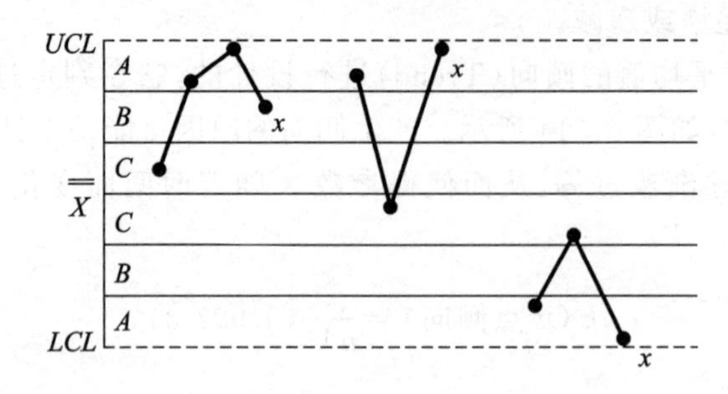

图 6－16　准则 5 的图示

现在计算一下本准则的 α。已经知道:若过程正常,点子落在中心线一侧 2σ 界限与 3σ 界限之间的概率为 0.021 4。

本准则包含以下两种情况:

①3 点中有 2 个点子落在中心线同一侧的 A 区,另一个点子在控制界限内的任何处。这表明参数 μ 产生了变化,若过程正常,发生这种情况的概率为

$$P_1 = 2 \times C_3^2 \times 0.021\ 4^2 \times (0.997\ 3 - 0.021\ 4) = 0.002\ 68$$

这与 $\alpha_0 = 0.002\ 7$ 接近。

②3 点中的 2 个点子 1 个在中心线一侧的 A 区中,另 1 个在中心线另一侧的 A 区中,第 3 个点子在控制界限内的任何处。这表明参数 σ 增大,发生这种情况的概率为

$$P_2 = C_3^2 \times 0.021\ 4^2 \times (0.997\ 3 - 2 \times 0.021\ 4) = 3 \times 0.000\ 437\ 123 \approx 0.001\ 3$$

上述情况①与②的概率之和为

$$P = 0.002\ 68 + 0.001\ 31 = 0.003\ 99$$

这个概率值比 $\alpha_0 = 0.002\ 7$ 大得过多了,因此,本准则不包含上述情况②。由此可见,本准则中有"同一侧"的字样是合理的。旧国标 GB/T 4091—1983 则包含上述情况②。

准则 6:连续 5 点中有 4 点落在中心线同一侧的 C 区以外(见图 6－17)。

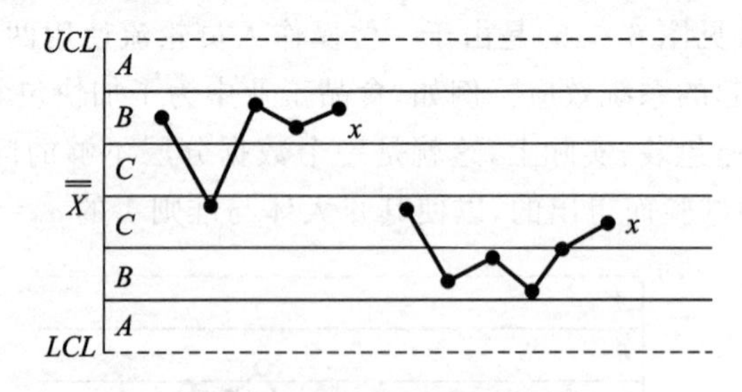

图 6－17　准则 6 的图示

与准则 5 类似,这里的第 5 点可在任何处。本准则对于判定过程平均值的偏移也是较灵敏的。出现本准则的原因是参数 μ 发生了变化。

现在计算本准则的 α。若过程正常,由于在控制图中点子落在 1σ 与 3σ 之间的概率为

$$\Phi(1) - \Phi(3) = 0.158\ 66 - 0.001\ 35 = 0.157\ 31$$

故

P(5点中有4点在$A+B$区)$=2\times C_5^1\times 0.157\ 31^4\times(0.5-0.001\ 35-0.157\ 31)=0.002\ 099\ 74\approx 0.002\ 1$

与准则1的$\alpha_0=0.002\ 7$接近。

注意：这里只考虑5点中有4点在上($A+B$)区或在下($A+B$)区的情况，而不考虑下列两种情况，即

①5点中有3点在上($A+B$)区、1点在下($A+B$)区或1点在上($A+B$)区、3点在下($A+B$)区。发生这种情况的概率为

$$P_1=2\times C_5^1\times C_4^1\times 0.157\ 51^4(0.997\ 3-2\times 0.157\ 51)=0.016\ 797\ 9$$

②5点中有2点在上($A+B$)区、2点在下($A+B$)区。发生这种情况的概率为

$$P_2=C_5^1\times C_4^1\times 0.157\ 51^4(0.997\ 3-2\times 0.157\ 51)=0.008\ 398\ 95$$

上述情况①与②的概率之和为

$$P=0.016\ 797\ 9+0.008\ 398\ 95=0.025\ 196\ 85\approx 0.025$$

显然，此概率比$\alpha_0=0.002\ 7$过分大了，不能考虑。因此，准则6只考虑5点中有4点在上($A+B$)区或在下($A+B$)区的情况。

准则7：连续15点在C区中心线上下。

出现本准则的原因是参数σ变小，而造成σ变小的原因可能有：数据虚假或数据分层不够等。对于本准则不要被它的良好"外貌"所迷惑(见图6-18)，而应该注意到它所隐含的非随机性。

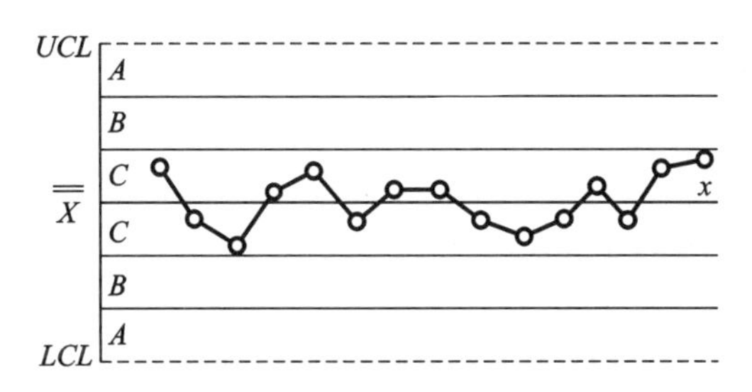

图6-18　准则7的图示

因此碰到这种情况，首先需要检查下列两种可能性：

①是否应用了假数据，弄虚作假；

②是否数据分层不够。以老师傅车制螺丝为例，设老师傅与年轻工人早晚两班倒，操作同一台车床，做控制图时两人的数据未分层，即未分类。于是，从数理统计知

$$\sigma_{总}^2=\sigma_{老}^2+\sigma_{青}^2$$

故

$$\sigma_{总}>\sigma_{青}$$

现在若用$6\sigma_{总}$(控制图上、下控制界限的间隔距离)做控制图，恰好又碰上用老师傅的数据打点，这样就会出现情况②。

在排除了上述两种可能性之后，这时才能总结现场减少标准差σ的先进经验。

现在分别计算下列各种点集中在中心线附近的α。若过程正常，则

连续14个点集中在中心线附近的α为$\alpha_{14}=0.682\ 68^{14}=0.004\ 78$

连续15个点集中在中心线附近的 α 为 $\alpha_{15}=0.682\ 68^{15}=0.003\ 26$

连续16个点集中在中心线附近的 α 为 $\alpha_{16}=0.682\ 68^{16}=0.002\ 23$

其中 $\alpha_{15}=0.003\ 26$,比较接近准则1的 $\alpha_0=0.002\ 7$,故有准则7。

注意:本准则也可用来判断数据的分层是否足够。

准则8:连续6点在中心线两侧,且无一点在 C 区中(见图6-19)。

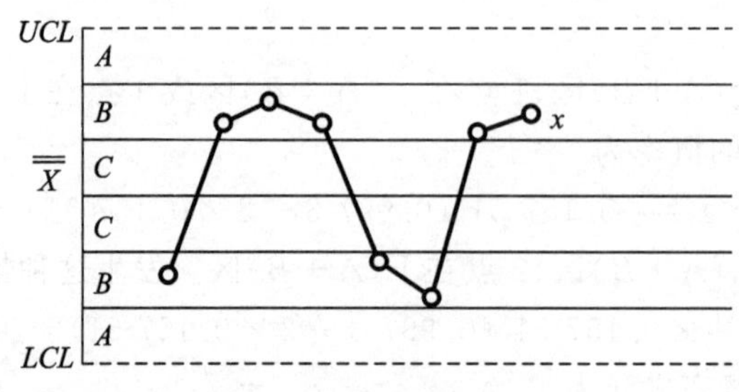

图6-19 准则8的图示

造成本准则的主要原因是数据分层不够。现在计算本准则的 α,若过程正常,则点子落在 1σ 界限与 3σ 界限之间的概率为

$$\Phi(1)-\Phi(3)=0.158\ 66-0.001\ 35=0.157\ 31$$

于是本准则的 α_6 为

$$\begin{aligned}\alpha_6&=2\times(C_6^1+C_6^2+C_6^3+C_6^4+C_6^5+C_6^6)\times 0.157\ 31^6\\&=2\times 63\times 0.157\ 31^6\\&=0.001\ 909\approx 0.001\ 9\end{aligned}$$

这里,α_6 是连续6点在各种情形下的组合,即其中1点、2点、…、6点在 $(A+B)$ 区的概率之和。

类似地,可求出

$$\alpha_7=2\times 127\times 0.157\ 31^7\approx 0.000\ 6$$

$$\alpha_6=2\times 63\times 0.157\ 31^6\approx 0.001\ 9$$

$$\alpha_5=2\times 31\times 0.157\ 31^5\approx 0.006$$

根据上述计算,显然 $\alpha_6=0.001\ 9$ 与 α_0 比较接近,属于同一个数量级。故准则8中连续6点在中心线两侧,但无一点在 C 区中是合理的。

判异准则的小结:如表6-1所列,判异准则1、2、3、5、6、7的控制范围已经覆盖了整个控制图,而判异准则4、8则用来判断数据分层问题。由于数据分层问题绝不止于表6-1中所提到的两三种,故可断言,表6-1中的8种判异准则不可能用以判别休哈特控制图中所有可能发生的异常情形。当然,出现判别不了情形的可能性是相当小的。

表6-1 判异准则的小结

判异准则	针对对象	控制图上的控制范围
1:点出界	界外点	控制界限以外
2:链长≥9	参数 μ 的变化	控制界限内全部
3:6点倾向	参数 μ 随时间的变化	控制界限内全部
4:14点中相邻点上下交替	数据分层不够	数据分层不够
5:3点中2点落在中心线同一侧 B 区外	参数 μ 的变化	控制图 A 区

续表 6-1

判异准则	针对对象	控制图上的控制范围
6:5 点中 4 点落在中心线同一侧 C 区外	参数 μ 的变化	控制图 B 区
7:15 点落在中心线两侧的 C 区内	参数 σ 变小或数据分层不够	控制图 C 区或数据分层不够
8:6 点落在中心线两侧且无一点在 C 区内	数据分层不够	数据分层不够

6.3.4　控制图分类

1. 按控制图的用途分

(1) 分析用控制图。分析用控制图就是利用控制图对已经完成的生产过程进行分析，以此评估该过程是否稳定，也可以利用分析用控制图确认改进的效果。

(2) 控制用控制图。控制用控制图是利用控制图对正在进行的生产过程实施质量控制，以保持过程的稳定状态。

从控制图原理可知，控制图的主要功能是使生产过程(或工序)处于稳定状态，因此，在应用上述两种控制图时，应首先采用分析用控制图对要控制的生产过程(或工序)进行分析和诊断，当确认生产过程处于稳定受控状态时，再将分析用控制图的控制界限延长，将其转化为控制用控制图。

2. 按控制对象质量数据的性质分

常用的质量数据有计量值和计数值之分，因此，按质量数据的性质可将控制图分为计量值控制图和计数值控制图两大类。

(1) 计量值控制图。质量控制中常用的计量值控制图有以下 4 种：

①均值-极差控制图($\bar{x}-R$ 图)；

②均值-标准差控制图($\bar{x}-S$ 图)；

③中位数-极差控制图($\tilde{x}-R$ 图)；

④单值-移动极差控制图($x-R_s$ 图)。

(2) 计数值控制图。质量控制中常用的计数值控制图有以下 4 种：

①不合格品率控制图(p 图)。

②不合格品数控制图(np 图)；

③单位缺陷数控制图(u 图)；

④缺陷数控制图(c 图)。

6.3.5　控制图界限计算

控制图中的上下控制界限是判断工艺过程(或工序)是否失控的主要依据。因此，在应用控制图工具时，如何经济、合理地确定上下控制界限便成为关键。

在产品的生产过程中，如果工序处于稳定状态，即使有各种偶然性因素的影响，产品总体的质量特性值还是呈正态分布的。根据正态分布曲线的性质，质量特性值在 $\mu\pm3\sigma$ 范围内的概率值为 99.73%，如果取 $\mu\pm3\sigma$ 作为控制图的上下控制界限，则产品质量特性值出现在 3σ 界限以外的概率很小，只有 0.27%，并在 $\mu\pm3\sigma$ 范围内能使 99.73%的产品处于合格状态，从而实现使生产过程基本上受控的目的。

以质量特性值的平均值 μ(或 $\bar{x}$)作为中线,取质量特性值的平均值加减 3σ 作为上下控制界限,这样做出来的控制图被称为 $\bar{x}$ 控制图,这就是休哈特博士最早提出的控制图形式。在传统的工业企业中,人们一般都是按照 3σ 原理控制质量,这样就可以保证不合格品率在 0.3%以下,这时采用的控制图又称为 3σ 控制图。在 3σ 质量管理中,控制图的上下控制界限是根据 3σ 法来计算的,计算公式如下:

中心线: $CL=\mu$

上控制线: $UCL=\mu+3\sigma$

下控制线: $LCL=\mu-3\sigma$

式中,μ 为质量特性的平均值。

控制界限更一般的表达式为

上控制线: $UCL=E(x)+3D(x)$

下控制线: $LCL=E(x)-3D(x)$

中心线: $CL=E(x)$

式中,x 为样本统计量;$E(x)$为 x 的平均值;$D(x)$为 x 的标准差。

下面以最常用的均值-极差控制图($\bar{x}-R$ 图)为例,介绍控制图上下控制界限的确定方法。

由数理统计理论可知,当质量特性值 x 服从总体为 $N(\mu,\sigma^2)$的正态分布时,n 个样本 x_1,x_2,…,x_n 的平均值 $\bar{x}$、极差 R 具有以下性质:$\bar{x}$ 的期望值 $E(\bar{x})=\mu$;$\bar{x}$ 的标准偏差 $D(\bar{x})=\frac{\sigma}{\sqrt{n}}$;$R$ 的期望值 $E(R)=d_2\sigma$;R 的标准偏差 $D(R)=d_3\sigma$。其中,μ 和 σ 可通过样本容量为 n 的 k 组样本数据求得:

$$\mu\text{ 的估计值}=\bar{\bar{x}},\quad \sigma\text{ 的估计值}=\frac{\bar{R}}{d_2}$$

式中,$\bar{\bar{x}}$ 为 $\bar{x}$ 的平均值;$\bar{R}$ 为 R 的平均值;d_2、d_3 为由 n(这里 n 为子组大小,不是样本大小)确定的系数,可由控制图系数表查出(附表Ⅵ)。所以,$\bar{x}$ 图的控制界限为

$$UCL=E(\bar{x})+3D(\bar{x})=\mu+3\frac{\sigma}{\sqrt{n}}=\bar{\bar{x}}+3\frac{\bar{R}}{d_2\sqrt{n}}=\bar{\bar{x}}+A_2\bar{R}$$

$$LCL=E(\bar{x})-3D(\bar{x})=\mu-3\frac{\sigma}{\sqrt{n}}=\bar{\bar{x}}-3\frac{\bar{R}}{d_2\sqrt{n}}=\bar{\bar{x}}-A_2\bar{R}$$

$$CL=\bar{\bar{x}}$$

R 图的控制界限为

$$UCL=E(R)+3D(R)=d_2\sigma+3d_3\sigma=(1+3\frac{d_3}{d_2})\bar{R}=D_4\bar{R}$$

$$LCL=E(R)-3D(R)=d_2\sigma-3d_3\sigma=(1-3\frac{d_3}{d_2})\bar{R}=D_3\bar{R}$$

$$CL=\bar{R}$$

式中 A_2、D_4、D_3 是由 n 确定的系数,其值可以通过计算得到,也可由附表Ⅵ直接查出。

其他类型控制图的控制界限的确定方法与 $\bar{x}-R$ 图类似，而且几种常用控制图的控制界限目前已经标准化，见国家标准 GB/T 4091—2001。常用控制图控制界限计算公式如表 6-2 所列，因此，在工程实际应用中，不需要再去推导烦琐的控制界限公式，而只需要查表 6-2(表中系数由附表Ⅵ查出)，就可直接得到所需控制图的控制界限了。

表 6-2　常规控制图的控制界限及应用范围

序号	质量数据分布形式	控制图名称	代号	图名	中心线	控制界限	标准	应用范围
1	正态分布(计量值数据)	均值-极差控制图	$\bar{x}-R$	$\bar{x}$ 图	$\bar{\bar{x}}$	$\bar{\bar{x}} \pm A_2\bar{R}$	GB/T 4091.2	计量值数据控制，检出力较强
				R 图	$\bar{R}$	$D_4\bar{R}, D_3\bar{R}$		
2		均值-标准差控制图	$\bar{x}-S$	$\bar{x}$ 图	$\bar{\bar{x}}$	$\bar{\bar{x}} \pm A_3\bar{S}$	GB/T 4091.3	计量值数据控制，检出力最强
				S 图	$\bar{S}$	$B_4\bar{S}, B_3\bar{S}$		
3		中位数-极差控制图	$\tilde{x}-R$	$\tilde{x}$ 图	$\bar{\tilde{x}}$	$\bar{\tilde{x}} \pm A_4\bar{R}$	GB/T 4091.4	计量值数据控制，检验时间应短于加工时间
				R 图	$\bar{R}$	$D_4\bar{R}, D_3\bar{R}$		
4		单值-移动极差控制图	$x-R_s$	x 图	$\bar{x}$	$\bar{x} \pm 2.66\bar{R}_s$	GB/T 4091.5	计量值数据控制，用于一定时间内只能取得一个数据的场合
				R_s 图	$\bar{R}_s$	$UCL = 3.267\bar{R}_s$		
5	二项分布(计件值数据)	不合格品率控制图	p	p 图	$\bar{p}$	$\bar{p} \pm 3\sqrt{\bar{p}(1-\bar{p})/n}$	GB/T 4091.6	关键件全检场合
6		不合格品率控制图	p_n	p_n 图	$\bar{p}_n$	$\bar{p}_n \pm 3\sqrt{\bar{p}_n(1-\bar{p})}$	GB/T 4091.7	零部件的样本容量一定的场合
7	泊松分布(计点值数据)	单位缺陷数控制图	μ	μ 图	$\bar{\mu}$	$\bar{\mu} \pm 3\sqrt{\bar{\mu}/n}$	GB/T 4091.8	全数检验单位缺陷数的场合
8		缺陷数控制图	c	c 图	$\bar{c}$	$\bar{c} \pm 3\sqrt{\bar{c}}$	GB/T 4091.9	要求每次检验的样本容量一定的场合

6.3.6　控制图的应用程序

一般来讲，控制图的应用程序如图 6-20 所示，控制图实施的一般步骤包括：

(1) 明确采用控制图的目的

应用控制图时，应首先明确控制图的使用目的。通常应用控制图的目的有：发现工序异常点，追查原因并加以消除，使工序保持受控状态；对工序的质量特性数据进行时间序列分析，以掌握工序的质量状态。

(2) 确定受控对象的质量特性

确定受控对象的质量特性就是选出符合应用控制图目的，并且可控、易于评价的主要质量特性。如：对产品的使用效果有重大影响的质量特性；对下道工序加工质量有重大影响的质量特性；本工序的主要质量指标；生产过程中波动大的质量特性；对经济性、安全性以及可靠性有重大影响的质量特性等。

(3) 选择控制图类型

控制图的类型要根据质量特性和质量数据的收集方式来决定，其选择过程如图 6-21

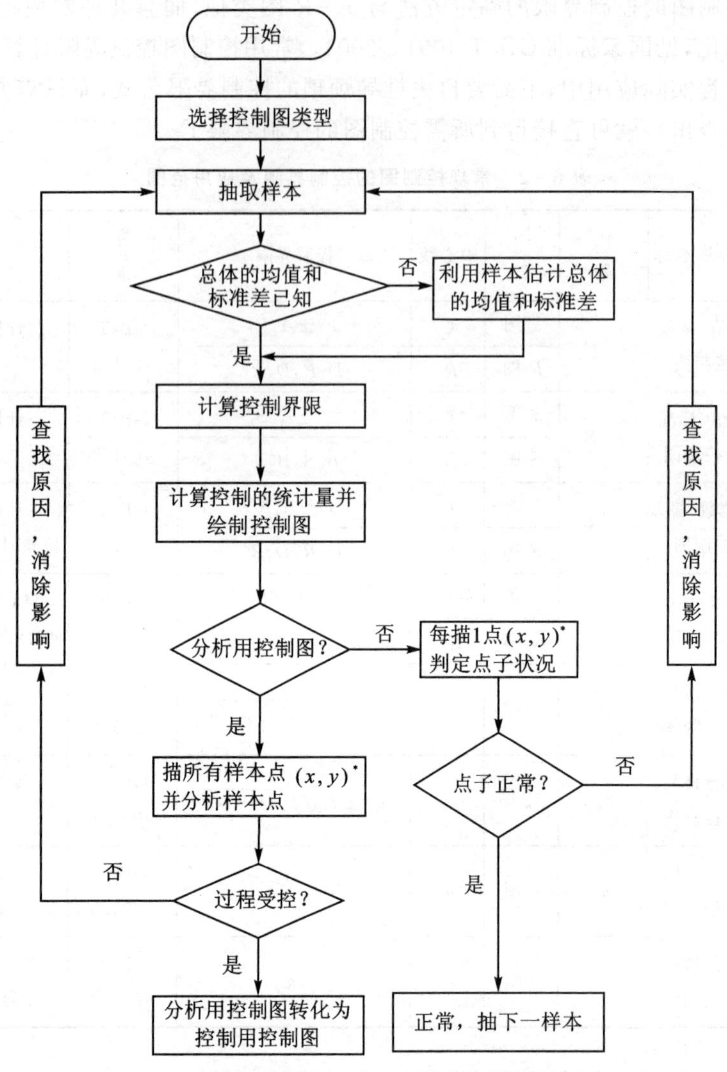

图6-20　控制图实施的一般步骤

所示。

(4) 绘制分析用控制图

随机收集20~25个样本,绘成控制图,描出质量波动折线,分析判断过程是否处于受控状态。如果判定过程处于受控状态,则转入下一步骤;否则,追查原因,采取措施,直到过程回到受控状态。

(5) 绘制控制用控制图

当判定过程处于控制状态,且过程能力指数达到规定要求时,可延长控制线,将分析用控制图转化为控制用控制图。

(6) 进行日常工序质量控制

在日常生产活动中,随机间隔取样进行测量和计算,在控制图上描点并观察分析过程状态。如无异常现象,则维持现状进行生产;如果出现质量降低的信息,应采取措施消除异常;如

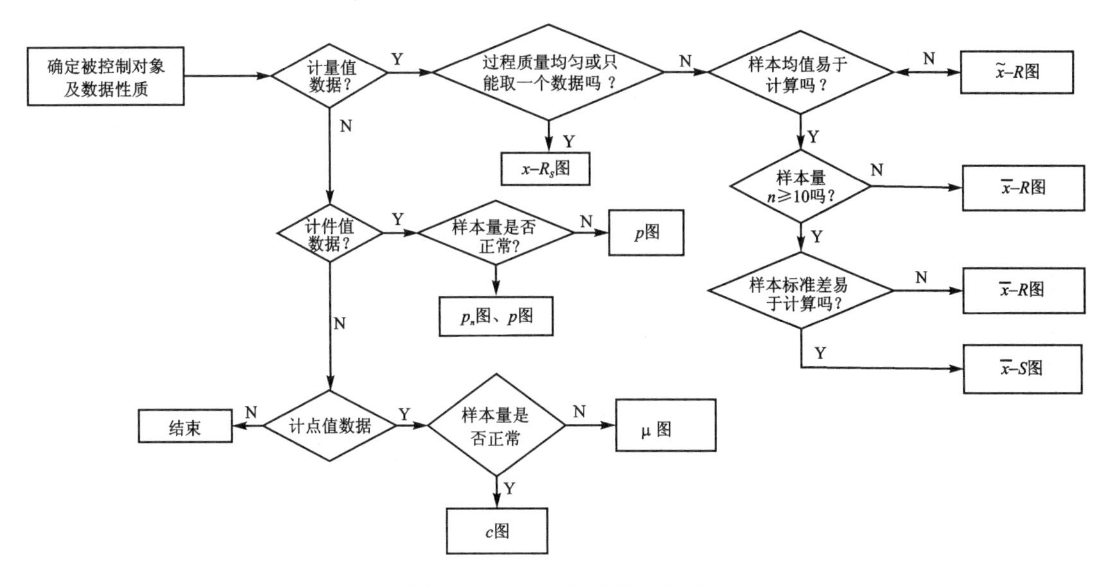

图 6-21　控制图类型的选择

果出现质量提高的信息，应总结经验，进行标准化和制度化。

(7) 修订控制界限

为使控制图的控制界限能反映工序的实际质量状况，应定期修订控制界限。除定期修订外，当遇到下列情况时，还应进行不定期的修订：

①通过对积累的数据进行分析，表明工序质量发生了显著的变化。

②工序条件如材料成分、工艺方法、工艺装备和环境条件发生了显著变化。

③取样方法已改变。修订时应重新收集数据，通过第(4)、(5)两步，得到新的控制界限。

下面以最常用的均值-极差($\bar{x}-R$)控制图为例来说明控制的应用步骤。

例 6-2：某航空发动机制造厂要求对叶片的制造过程建立 $\bar{x}-R$ 控制图以进行质量控制。

解：叶片的 $\bar{x}-R$ 控制图应用步骤如下：

(1) 预备数据的收集

随机抽取近期生产的 25 组叶片直径样本，每个样本包括 5 个叶片直径的观测值(见表 6-3)。

表 6-3　航空叶片直径数据表(单位：mm)

子组号	直　径					平均值 $\bar{x}$	极差 R
	x_1	x_2	x_3	x_4	x_5		
1	74.030	74.002	74.019	73.992	74.008	74.010	0.038
2	73.995	73.992	74.001	74.011	74.001	74.000	0.019
3	73.998	74.024	74.021	74.005	74.002	74.010	0.026
4	74.002	73.996	73.993	74.015	74.002	74.002	0.022
5	73.992	74.007	74.015	73.989	74.014	74.003	0.026
6	74.009	73.994	73.997	73.985	73.996	73.996	0.024
7	73.995	74.006	73.994	74.000	74.005	74.000	0.012

续表 6-3

子组号	直径					平均值 $\bar{x}$	极差 R
	x_1	x_2	x_3	x_4	x_5		
8	73.985	74.003	73.993	74.015	73.998	73.997	0.030
9	74.008	73.995	74.009	74.005	74.004	74.004	0.014
10	73.998	74.000	73.990	74.007	73.995	73.998	0.017
11	73.994	73.998	73.994	73.995	73.990	73.994	0.008
12	74.004	74.000	74.007	74.000	73.996	74.001	0.011
13	73.983	74.002	73.998	73.997	74.012	73.998	0.029
14	74.006	73.967	73.994	74.000	73.990	73.991	0.039
15	74.012	74.014	73.998	73.999	74.007	74.006	0.016
16	74.000	73.984	74.005	73.998	73.996	73.997	0.021
17	73.994	74.012	73.998	74.005	74.007	74.003	0.018
18	74.006	74.010	74.018	74.003	74.000	74.007	0.018
19	73.984	74.002	74.003	74.005	73.997	73.998	0.021
20	74.000	74.010	74.013	74.020	74.003	74.009	0.020
21	73.998	74.001	74.009	74.005	73.996	74.002	0.013
22	74.004	73.999	73.990	74.006	74.009	74.002	0.019
23	74.010	73.989	73.990	74.009	74.014	74.002	0.025
24	74.015	74.008	73.993	74.000	74.010	74.005	0.022
25	73.982	73.984	73.995	74.017	74.013	73.998	0.035
小计						1 850.024	0.581
平均						$\bar{\bar{x}}=74.001$	$\bar{R}=0.023$

(2) 计算统计量

①计算每一组样本的平均值 $\bar{x}_i=\frac{1}{5}\sum_{j=1}^{5}x_{ij}$,记入表 6-3 中。如第一组:

$$\bar{x}_1=\frac{74.030+74.002+74.019+73.992+74.008}{5}=74.010$$

②计算每一组样本的极差 R_i,记入表 6-3 中,如第一组:

$$R_1=x_{\max}-x_{\min}=74.030-73.992=0.038$$

③计算 25 组样本平均值的总平均值 $\bar{\bar{x}}=\frac{1}{25}\sum_{i=1}^{25}\bar{x}_i$,本例 $\bar{\bar{x}}=74.001$。

④计算 25 组样本极差的平均值 $\bar{R}=\frac{1}{25}\sum_{i=1}^{25}R_i$,本例 $\bar{R}=0.023$。

(3) 计算 $\bar{x}$ 图和 R 图的控制界限

当 $n=5$ 时,由附表Ⅵ可查得:$A_2=0.577$,$D_4=2.115$,D_3 不考虑。又由表 6-2 可查得:

$\bar{x}$ 图的控制界限:

$$UCL = \bar{\bar{x}} + A_2\bar{R} = 74.001 + 0.577 \times 0.023 = 74.014$$

$$LCL = \bar{\bar{x}} - A_2\bar{R} = 74.001 - 0.577 \times 0.023 = 73.988$$

$$CL = \bar{\bar{x}} = 74.001$$

R 图的控制界限：

$$UCL = D_4\bar{R} = 2.115 \times 0.023 = 0.049$$

$$LCL = D_3\bar{R} = 0$$

$$CL = \bar{R} = 0.023$$

(4) 做分析用控制图

根据所计算的 $\bar{x}$ 图和 R 图的控制界限数值，分别建立两个图的坐标系，并对坐标轴进行刻度，分别以样本号为横轴，以各组数据的统计量为纵轴，在控制图上打点，连线，即得到分析用控制图，本例图形如图 6-22 所示。

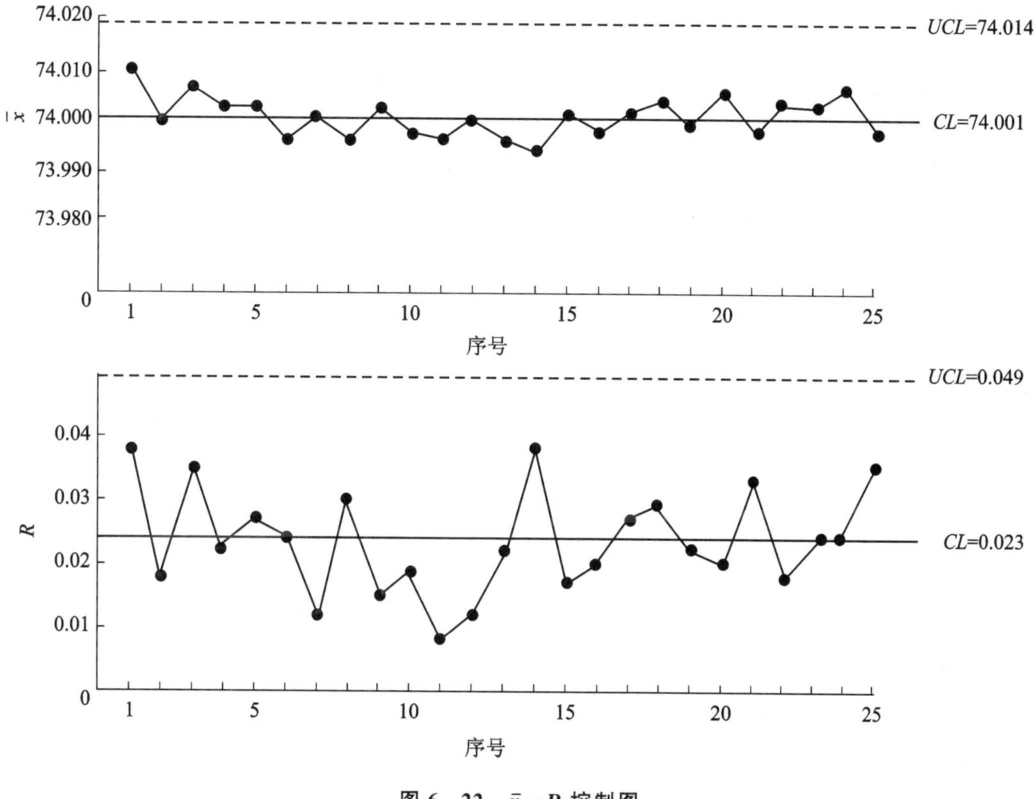

图 6-22　$\bar{x}$—R 控制图

(5) 做控制用控制图

从图 6-22 可以看出，$\bar{x}$ 图和 R 图都处于稳定状态，又知该叶片生产过程能力指数达到规定要求，因此，可以将图 6-22 的控制界限延长，将其作为控制用控制图。

(6) 归　档

在控制图的空白处记录零件名称、件号、工序名称、质量特性、测量特性、测量单位、标准要求、使用设备、操作者、记录者、检验者等内容，并记载查明原因的经过和处理意见等，计算过程和数据也应保留。

6.4 典型控制图技术

6.4.1 控制图技术的发展

自控制图概念于1924年首次被休哈特提出后,经过80多年的发展,控制图技术得到了长足的发展,总体而言,比较重要的有下列几种。

(1) 常规控制图

常规控制图是基于休哈特提出的控制图原理构建的所有控制图的统称,所以也叫休哈特控制图。常规控制图要求从过程中近似等间隔来抽取子组数据,每个子组由具有相同可测量单位和相同子组大小的同一产品或服务组成。从每一子组可以得到一个或多个子组统计特性:如子组平均值 $\bar{x}$、子组极差 R、子组标准差。基于这些统计特征及 3σ 原理确定控制界限,并利用子组特性值与子组序号绘制相应图形。基于小概率事件在一次试验中不可能发生的原理,根据图形形状来确定质量状况。常规控制图主要包括如表6-2所列的8种控制图。

(2) 累积和控制图

常规控制图仅利用了过程当前点子的信息,并未充分利用整个样本点子的信息,因此对过程的小变动(例如小于 1σ 的变动)不够灵敏。为此,1954年佩基(E. S. Page)应用序贯分析原理,首先提出了累积和控制图(Cumulative Sum Control Chart,CUSUM),它可以将一系列点子的微弱信息累积起来,因此对过程的小变动比较灵敏。

(3) 指数加权移动平均控制图

指数加权移动平均控制图(Exponentially Weighted Moving Average Control Chart,EWMA)是另一种用于检出过程小波动的控制图,其性能几乎与累积和控制图相同,最早由罗伯茨(S. W. Roberts)于1959年提出。由于EWMA是所有过去与当前观测值的加权平均,所以它对正态分布假设不敏感。

(4) 小批量生产控制图

小批量生产控制图包括:无先验信息小批量生产控制图(小样本单值——移动极差控制图和 Q 控制图);将相似工序同类分布的产品的质量特性值数据通过数学变换成为同一分布,从而累积成大样本的控制图(目标控制图与比例控制图)。

(5) 高合格品率过程控制图

现代电子元器件生产的不合格品率已经达到 $10^{-6}\sim10^{-9}$ 的水平,为了监控这些高质量与"零缺陷"的生产线,20世纪80年代IBM公司的专家卡尔因(Thomas W. Calvin)提出了累积合格品数控制图(Cumulative Counts of Conformance Chart,CCC),用于高合格率产品生产过程的计数型变量的过程控制,避免当不合格率极低时,计数型变量控制图的样品量过大的问题。

(6) 多元控制图

最早的多元控制图是1947年侯特林(H. Hotelling)提出的多元均值 T^2 控制图,多元控制图在20世纪80—90年代初得到较快发展。多元控制图比一元控制图复杂得多,例如,在生产线的工序中,指标往往是多个,对于多指标的控制问题,一个很自然的想法就是,应用休哈特

控制图分别对每一个指标进行控制，但是这样做没有考虑指标间的相关性，通常会导致错误的结论。因为在一定的显著性水平下，各变量的分别控制与全部变量的联合控制的控制域不同，用前者代替后者会出现过控或欠控两种报警错误。因此，无论各变量之间是否存在相关关系，都不能用对各变量的分别控制代替对全部变量的联合控制。多元情况时必须采用多元控制图进行控制，多元控制图有两种基本的类型：一种用来控制均值向量，如 χ^2 图和 T^2 图等；另一种用来控制离差（协方差），如 W 图、L 图以及 $|S|$ 图等。实际应用时，两种多元控制图也需要联合使用。

（7）选控控制图

上述各类控制图都是对生产过程中的所有异常因素都加以控制的控制图，被称为全控图。我国质量管理界著名学者张公绪教授于 1979 年提出了选控控制图（Cause - Selecting Control Chart）理论，即有选择地对引起质量波动的部分因素加以控制，从而缩小查找异常因素的范围，提高了工作效率。选控图应用数学变换实现选控，选控图与全控图具有一一对应的关系。

由于现在产品生产过程质量水平要求越来越高，生产过程稳定性越来越好，异常波动越来越小，小波动控制图已经开始在工程实践中得到广泛应用，2006 年，我国颁布了 GB/T 4887—2006《累积和图—运用累积和图技术进行质量控制和数据分析指南》，为此，本节在介绍典型休哈特控制图均值-标准差（计量）与不合格品率（计数）的基础上，还简要介绍两种典型的小波动控制图的基本原理：累积和控制图和指数加权移动平均控制图。

6.4.2　均值-标准差控制图

1. 原　理

根据数理统计公式，样本均值与标准差的计算公式如下：

$$\bar{x}_i = \frac{\sum_{j=1}^{n_i} x_{ij}}{n_i}, \qquad i = 1,2,3,\cdots,m$$

$$s_i = \sqrt{\frac{\sum_{j=1}^{n_i}(x_{ij} - \bar{x}_i)^2}{n_i - 1}}, \qquad i = 1,2,3,\cdots,m$$

式中，x_{ij} 为第 i 个样本的第 j 个观测值；$\bar{x}_i$ 为第 i 个样本的均值；n_i 为第 i 个样本的大小，也被称为样本容量；m 为样本个数；s_i 为第 i 个样本的标准差。

根据统计理论，若 σ^2 为一概率分布的未知方差，则样本方差 $s^2 = \frac{1}{n-1}\sum_{i=1}^{n}(x_i - \bar{x})^2$ 为 σ^2 的无偏估计量，但样本标准差 s 并非是总体标准差 σ 的无偏估计量。若总体服从正态分布，s 与 σ 的关系为

$$s = c_4\sigma$$

其中，c_4 是一个与子样本大小 n 有关的常数，而 $\sigma_s = \sigma\sqrt{1-(c_4)^2}$，$c_4$ 可由附表Ⅵ查出。

均值-标准差控制图的控制线计算步骤如下：

① 若 σ 已知。

在 σ 已知时，$E(s) = c_4\sigma$，因此可以得到 S 控制图的控制线，即

$$UCL = c_4\sigma + 3\sigma\sqrt{1-(c_4)^2}$$
$$CL = c_4\sigma$$
$$LCL = c_4\sigma - 3\sigma\sqrt{1-(c_4)^2}$$

定义 $$B_5 = c_4 - 3\sqrt{1-(c_4)^2},\quad B_6 = c_4 + 3\sqrt{1-(c_4)^2}$$

则得到 σ 已知情况下的 S 控制图的控制线为

$$UCL = B_6\sigma$$
$$CL = c_4\sigma$$
$$LCL = B_5\sigma$$

上式系数可由附表Ⅵ查出。

$\bar{x}$ 控制图的控制界限按下式计算：

$$UCL = \mu + 3\sigma$$
$$CL = \mu$$
$$LCL = \mu - 3\sigma$$

② 若 σ 未知。

在 σ 未知时，必须对 σ 进行估计。由于 $E(s) = c_4\sigma$，故 $\hat{\sigma} = \bar{s}/c_4$，$\bar{s}$ 为样本标准差的平均值，即 $\bar{s} = \frac{1}{m}\sum_{i=1}^{m} s_i$，故此时 S 控制图的控制线为

$$UCL = \bar{s} + 3\frac{\bar{s}}{c_4}\sqrt{1-(c_4)^2}$$
$$CL = \bar{s}$$
$$LCL = \bar{s} - 3\frac{\bar{s}}{c_4}\sqrt{1-(c_4)^2}$$

定义 $$B_3 = 1 - \frac{3}{c_4}\sqrt{1-(c_4)^2},\quad B_4 = 1 + \frac{3}{c_4}\sqrt{1-(c_4)^2}$$

则得到 σ 未知情况下的 S 控制图的控制线为

$$UCL = B_4\bar{s}$$
$$CL = \bar{s}$$
$$LCL = B_3\bar{s}$$

上式中 B_4，B_3 可由附表Ⅵ查出。

相应的 $\bar{x}$ 图的控制界限也要用 $\hat{\sigma} = \bar{s}/c_4$，这时 $\bar{x}$ 图的控制线为

$$UCL = \bar{\bar{x}} + 3\frac{\bar{s}}{c_4\sqrt{n}}$$
$$CL = \bar{\bar{x}} = \frac{1}{m}\sum_{i=1}^{m}\bar{x}_i$$
$$LCL = \bar{\bar{x}} - 3\frac{\bar{s}}{c_4\sqrt{n}}$$

定义

$$A_3 = \frac{3}{c_4\sqrt{n}}$$

则 $\bar{x}$ 图的控制界限可以写为

$$UCL = \bar{\bar{x}} + A_3 \bar{s}$$
$$CL = \bar{\bar{x}}$$
$$LCL = \bar{\bar{x}} - A_3 \bar{s}$$

上式中 A_3 可由附表Ⅵ查出。

2. 绘制步骤

(1) 数据准备

①收集数据。制订检验规程,并使有关人员正确掌握;确定数据合理分组的原则,组(样本)内样品应在基本相同的条件下生产,即组内变化只由随机原因造成,组间变化是由异常原因造成的,也就是组内散差仅由偶然因素造成,组间若有显著差别则是系统因素造成,因此每组样本要尽量在短时间内抽取;确定抽样间隔时间与样本大小,抽样间隔或抽样频数取决于生产需要和检查成本,长时间大样本可以查明均值的较小变动,而短间隔小样本可以更快查明均值的较大变化,抽样间隔在达到控制状态前应较短而达到控制状态后可较长。②若有现成的数据可选取,则选取的数据应尽可能是近期的数据,且能与目前和今后过程的工序状态一致。③$\bar{x}-S$ 图样大小取 4～5,分析用控制图的样本个数取 25 以上。

(2) 控制图的绘制

均值-标准差控制图控制的统计量是样本均值与标准差,控制图的实施步骤如图 6-20 所示,现结合实例讲解 $\bar{x}-S$ 的绘制过程。

例 6-3: 表 6-4 所列数据是从某轴承生产工序随机抽得的样本,$m=30$,每个样本的样本大小 $n=10$,测得各个样品的电阻值。试利用 $\bar{x}-S$ 控制图,分析该工序是否处于稳定受控状态。

解: ①计算各个样本的均值。

抽样的样品测量值见表 6-4 中 1—10 列,利用均值计算公式计算各个样本的均值 $\bar{x}_i$,如第 1 个样本的均值:

$$\bar{x}_1 = \frac{x_{11} + x_{12} + \cdots + x_{1,10}}{n} = \frac{81.50 + 81.86 + \cdots + 82.05}{10} = 81.767(\text{k}\Omega)$$

其余各样本的均值见表 6-5 中的样本均值栏。

表 6-4　样本数据

序号	测量值										均值	标准差
	x_{i1}	x_{i2}	x_{i3}	x_{i4}	x_{i5}	x_{i6}	x_{i7}	x_{i8}	x_{i9}	x_{i10}	$\bar{x}_i$	s_i
1	81.50	81.86	81.61	81.34	82.79	82.12	80.90	81.65	81.85	82.05	81.767	0.507
2	80.78	81.32	80.20	82.56	83.52	82.10	79.54	81.25	82.32	79.55	81.314	1.327
3	79.87	80.76	81.35	82.00	79.99	81.65	82.78	80.76	79.83	80.99	80.998	0.972
4	82.15	82.35	80.77	81.01	80.84	83.02	83.09	81.82	80.98	81.78	81.781	0.873
5	81.52	80.55	79.52	80.76	83.15	79.89	81.89	81.90	83.00	82.16	81.434	1.231
6	83.19	81.33	82.31	81.56	81.65	80.77	79.98	82.03	80.00	82.17	81.499	1.021
7	79.76	80.76	82.19	82.33	81.67	80.79	79.66	80.87	81.04	79.22	80.829	1.052
8	82.75	79.87	81.96	79.87	79.78	81.99	81.47	79.72	82.21	79.90	80.952	1.226

续表 6-4

序 号	测量值										均 值	标准差
	x_{i1}	x_{i2}	x_{i3}	x_{i4}	x_{i5}	x_{i6}	x_{i7}	x_{i8}	x_{i9}	x_{i10}	$\bar{x}_i$	s_i
9	81.38	81.73	81.54	81.55	80.54	82.16	82.76	79.99	81.20	82.06	81.491	0.796
10	81.82	82.56	80.65	81.94	81.87	81.69	81.89	81.90	83.11	81.33	81.876	0.653
11	82.08	83.12	79.90	82.33	81.54	83.19	80.82	82.29	82.09	83.34	82.070	1.087
12	83.00	80.56	79.85	81.78	80.88	80.77	79.88	81.35	80.76	82.56	81.139	1.047
13	81.88	80.64	81.58	82.37	81.98	80.65	81.45	81.84	79.95	81.78	81.412	0.754
14	82.52	81.66	81.84	81.09	79.76	79.86	83.01	82.37	81.03	82.05	81.519	1.086
15	80.67	81.97	81.33	80.44	82.65	82.65	82.77	81.48	82.49	81.22	81.767	0.861
16	81.52	82.39	82.67	81.46	83.12	80.33	81.96	81.65	80.72	82.01	81.783	0.847
17	80.97	82.39	79.76	79.42	79.65	83.18	79.83	80.81	80.18	81.87	80.806	1.291
18	82.15	81.87	80.65	82.84	80.12	79.76	79.87	80.62	79.45	79.98	80.731	1.157
19	81.33	81.56	79.11	83.06	81.84	80.88	80.98	79.81	82.88	82.34	81.379	1.259
20	79.89	80.68	79.87	81.37	81.75	81.54	81.54	82.14	82.76	81.87	81.341	0.936
21	80.85	80.36	82.73	81.42	80.54	82.04	82.80	81.36	80.78	79.86	81.274	0.992
22	81.67	81.56	81.93	80.66	79.82	81.09	83.43	82.36	81.33	80.76	81.461	0.997
23	81.53	82.34	81.25	79.65	81.65	79.95	82.03	82.56	82.09	80.87	81.392	0.980
24	82.53	81.89	80.79	79.77	79.99	80.00	80.31	80.53	83.21	81.87	81.089	1.200
25	80.88	83.05	79.57	82.42	82.54	82.31	81.08	81.64	81.42	80.02	81.493	1.130
26	82.66	82.01	82.36	81.65	81.79	82.09	82.33	81.89	81.43	80.87	81.908	0.514
27	82.42	81.72	81.21	81.98	80.76	79.87	80.11	82.77	80.65	81.56	81.305	0.961
28	81.53	81.54	81.98	80.33	81.19	81.65	82.65	80.09	79.87	81.00	81.183	0.878
29	81.54	80.54	82.51	82.78	80.75	81.56	81.04	79.66	80.22	82.01	81.261	1.004
30	82.54	81.78	80.45	79.87	81.25	80.76	83.05	79.34	81.08	82.26	81.238	1.186
合 计											2 441.492	29.824
总均值											81.383	0.994

②计算样本的标准差。

利用标准差计算公式可得各个样本的标准差,如第 30 号样本:

$$s_{30}=\sqrt{\frac{(82.54-81.238)^2+(81.78-81.238)^2+\cdots+(82.26-81.238)^2}{9}}=1.186(\mathrm{k\Omega})$$

③计算控制图的控制线。

根据 $\bar{x}-S$ 控制图控制线计算公式可得:

$$\bar{\bar{x}}=\frac{\bar{x}_1+\bar{x}_2\cdots+\bar{x}_m}{m}=\frac{81.767+81.314+\cdots+81.238}{30}=81.383(\mathrm{k\Omega})$$

$$\bar{s}=\frac{1}{m}\sum_{i=1}^{m}s_i=\frac{0.507+1.327+\cdots+1.186}{30}=0.994(\mathrm{k\Omega})$$

进而得到如下控制线：

$\bar{x}$ 控制图：

$$UCL = \bar{\bar{x}} + A_3\bar{s} = 81.383 + 0.975 \times 0.994 = 82.352(\text{k}\Omega)$$

$$CL = \bar{\bar{x}} = 81.383(\text{k}\Omega)$$

$$LCL = \bar{\bar{x}} - A_3\bar{s} = 81.383 - 0.975 \times 0.994 = 80.414(\text{k}\Omega)$$

S 控制图：

$$UCL = B_4\bar{s} = 1.716 \times 0.994 = 1.706(\text{k}\Omega)$$

$$CL = \bar{s} = 0.994(\text{k}\Omega)$$

$$LCL = B_3\bar{s} = 0.284 \times 0.994 = 0.282(\text{k}\Omega)$$

④ 绘制 $\bar{x}-S$ 图。把 $\bar{x}$ 图和 S 图绘制在同一张纸上，$\bar{x}$ 图在上，S 图在下。横坐标为样本序号 i，纵坐标为 $\bar{x}$ 和 S，先画出控制线，然后在相应的图上描出样本的点，如图 6-23 所示。

⑤分析图。从图上的描点来看，所有的点子均在控制界限内，且随机分布，表明该过程处于稳定受控状态。

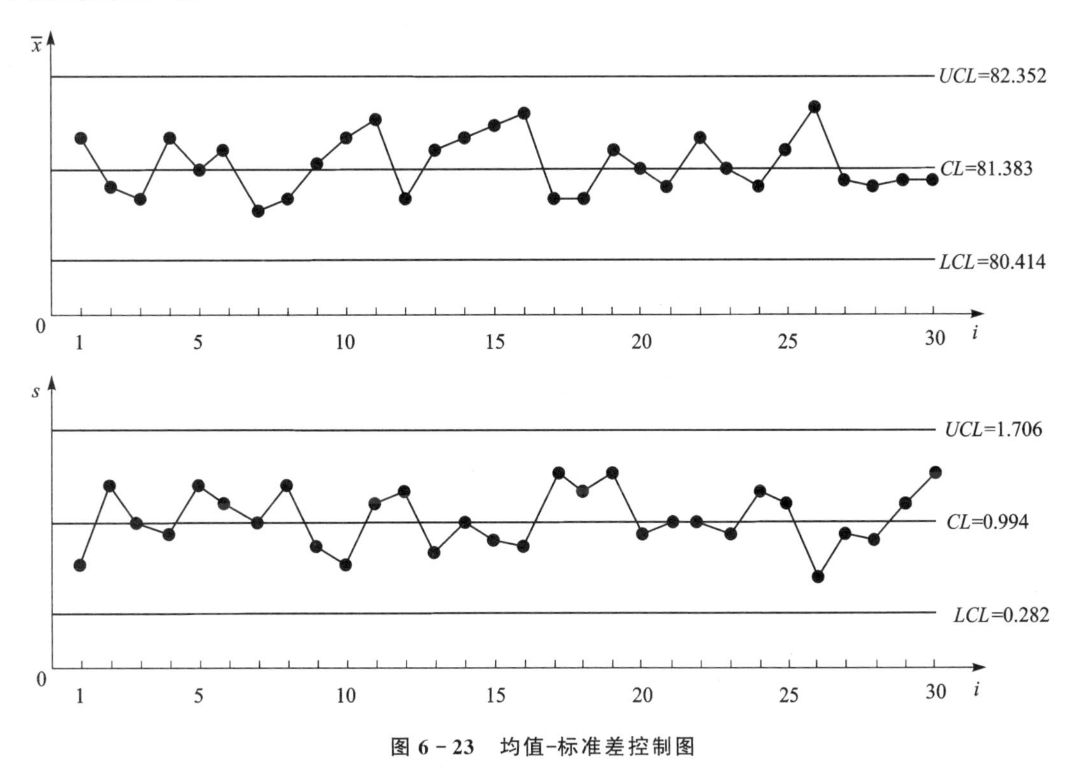

图 6-23　均值-标准差控制图

6.4.3　不合格品率控制图

不合格品率控制图(简称 p 控制图)用于判断生产过程的产品不合格率是否处于或保持在所要求的水平。不合格品率控制图通过控制产品不合格品率的变化来控制过程质量。p 控制图所表达的含义是：过程处于稳定状态是指任何单位产品是不合格品的概率为一常数 p，并且所生产的各个单位产品都是独立的。p 控制图属于计数值控制图中的计件值控制图，主要用于对电子元器件和光学元件的不合格品率进行控制，也用于极限规格检查零件外形尺寸或用目测检查零件外观而确定不合格品率的场合。除了不合格品率外,合格率、材料利用率、缺勤率以及出勤率等也可使用 p 控制图。

1. 原 理

p 控制图的理论基础是二项分布,即若生产过程处于受控状态,则认为所生产的每一单位产品合格与否的结果都是关于 p(单位产品是不合格品的概率)的二项随机变量。概率理论认为,从稳定状态下大量生产的一批产品中,随机抽取样品数(样本大小)为 n 的样本,如果单位产品出现不合格品的概率是 p,则样本中样品不合格的个数 x 的概率分布服从参数为 n 和 p 的二项分布,即有:

$$P(x) = C_n^x p^x (1-p)^{n-x}, \qquad x = 0,1,2,\cdots,n$$

式中 $C_n^x = \dfrac{n!}{x!\,(n-x)!}$。

样本中不合格数 x 的数学期望 $E(x)=np$,x 的方差 $\sigma^2=np(1-p)$。当 p 较小,n 足够大时(一般 $n>50$,且 $np>5$),上述二项分布近似为正态分布 $N(np,np(1-p))$。

样本的不合格率 p 是样本不合格数 x 与样本大小 n 之比,即 $p=x/n$。作为随机变量,不合格率 p 的均值和标准差为

$$\mu_p = p$$

$$\sigma_p = \sqrt{p(1-p)/n}$$

如果过程的不合格率 p 已经知道,根据控制线计算公式,可得到各个样本相同时,p 控制图 3σ 方式的控制线为

$$UCL = p + 3\sqrt{p(1-p)/n}$$

$$CL = p$$

$$LCL = p - 3\sqrt{p(1-p)/n}$$

如果 p 未知,则要根据以往的经验,先预测所要抽取样本的可能 p 值,确定抽取每个样本的大小 n(原则上 n 要满足每个样本中不能没有不合格品,通常每个样本中应有 1~5 个不合格品)。样本数 m 不能少于 25 。假设第 i 个样本的大小为 n_i,样本中的不合格数为 x_i,那么第 i 个样本的不合格率为

$$p_i = x_i / n_i$$

样本数为 m 的样本平均不合格率为

$$\bar{p} = \frac{\sum_{i=1}^{m} x_i}{\sum_{i=1}^{m} n_i}$$

$\bar{p}$ 可作为不合格品率 p 的估计量。因此,p 未知时的 p 控制图第 i 个样本的精确控制线为

$$UCL = \bar{p} + 3\sqrt{\bar{p}(1-\bar{p})/n}$$

$$CL = \bar{p}$$

$$LCL = \bar{p} - 3\sqrt{\bar{p}(1-\bar{p})/n}$$

样本大小不同时,如果 $\bar{n} = \dfrac{1}{m}\sum_{i=1}^{m} n_i$ 满足 $\dfrac{1}{2}n_{\max} < \bar{n}$ 和 $n_{\min} > \dfrac{1}{2}\bar{n}$,可用下式简化计算得到

近似的控制线：

$$UCL=\bar{p}+3\sqrt{\bar{p}(1-\bar{p})/\bar{n}}$$
$$CL=\bar{p}$$
$$LCL=\bar{p}-3\sqrt{\bar{p}(1-\bar{p})/\bar{n}}$$

对于落在近似控制界限附近的点子，应进行精确计算，以确定该点究竟在控制界限内还是在控制界限外。

2. 绘制步骤

① 数据准备。与计量值控制图的数据抽取原则相同，同时要求每个样本大体包含 1～5 个不合格品，若要计算控制线，样本应不少于 25 个。为了便于计算，各样本大小应尽量相同。

② 绘图。p 控制图的统计量是 p，绘图步骤参照图 6－20。下面结合实例来介绍 p 控制图的具体绘制方法。

例 6－4：某生产集成电路的公司，大量生产某型号的模拟电路。试绘制出分析用 p 控制图，分析生产是否处于统计受控状态。

解：① 决定抽样时间、样本大小及样本数。

根据生产的情况，公司上、下午各工作 4 小时，决定抽样时间为早班、中班和晚班。样本数为 30，根据以前的经验不合格率估计为 0.03，故样本大小 n 取 $\frac{1}{0.03}\sim\frac{5}{0.03}$。抽样情况与结果见表 6－5。

②计算各样本的不合格品率 p_i。

利用 $p_i=\frac{x_i}{n_i}$ 计算各样本不合格品率，得到的各样本不合格品率见表 6－5 中的不合格品率 p_i 栏。

③计算样本的平均不合格品率 $\bar{p}$。

$$\bar{p}=\frac{\sum_{i=1}^{m}x_i}{\sum_{i=1}^{m}n_i}=\frac{x_1+x_2+\cdots+x_{30}}{n_1+n_2+\cdots+n_{30}}=\frac{124}{2\ 775}\approx 0.045$$

④计算 p 控制图的控制线。

利用控制线计算公式计算出各样本 UCL 和 LCL 的值见表 6－5 中各相应的栏。因为不合格品率不可能小于 0，因此把 $LCL<0$ 的控制线定为 $LCL=0$。

⑤绘图。

在纸上画出 p－i 坐标系。横坐标为样本序号 i，纵坐标为 p。画出 $CL=0.045$，用实线表示；$LCL=0$（因所有计算出的 LCL 都是负数，故将 LCL 定为 0），用虚线表示。然后，在相应的图上描出样本 UCL 和 p 值的点。UCL 值用虚线相连，p 值用实线相连，如图 6－24 所示。

⑥分析图。

从图上可以看出，所有的点都在控制界限内。本控制图的 1σ 界限为 $0.045\pm\sqrt{0.045(1-0.045)/n_i}$，即 0.021～0.066。

从点 11 至点 30 连续 20 个点都在此界限内。根据点子随机排列的准则：连续 15 点在离

中心线 1σ 之内判定点子排列异常,因此判定生产不是处于受控状态。

表6-5 样本数据

样本序号 i	样本大小 n_i	不合格品数 x_i	不合格品率 p_i	UCL_i	LCL_i
1	85	3	0.04	0.111	−0.023
2	75	5	0.07	0.116	−0.027
3	100	2	0.02	0.106	−0.017
4	105	4	0.04	0.105	−0.016
5	80	6	0.08	0.113	−0.025
6	90	4	0.04	0.110	−0.021
7	95	3	0.03	0.108	−0.019
8	100	5	0.05	0.106	−0.017
9	80	4	0.05	0.113	−0.025
10	85	6	0.07	0.111	−0.023
11	95	5	0.05	0.108	−0.019
12	100	2	0.02	0.106	−0.017
13	100	5	0.05	0.106	−0.017
14	95	3	0.03	0.108	−0.019
15	110	6	0.05	0.103	−0.015
16	95	4	0.05	0.111	−0.023
17	80	5	0.06	0.113	−0.025
18	90	5	0.06	0.110	−0.021
19	90	5	0.06	0.110	−0.021
20	90	3	0.03	0.110	−0.021
21	95	6	0.06	0.108	−0.019
22	100	2	0.02	0.106	−0.017
23	85	3	0.04	0.111	−0.023
24	100	6	0.06	0.106	−0.017
25	95	4	0.04	0.108	−0.019
26	95	3	0.03	0.108	−0.019
27	100	5	0.05	0.106	−0.017
28	100	3	0.03	0.106	−0.017
29	85	3	0.04	0.111	−0.023
30	80	4	0.05	0.113	−0.025
合 计	2 775	124	0.045		

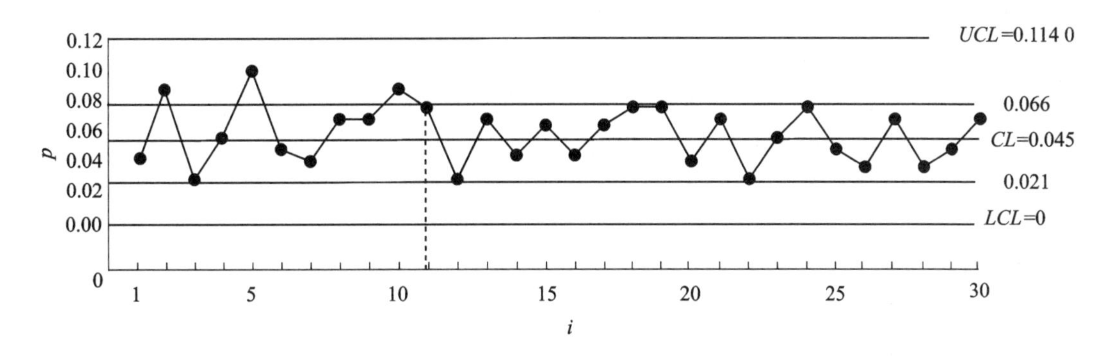

图 6-24 不合格品率控制图

6.4.4 累积和控制图

累积和(CUSUM)控制图利用序贯分析原理,以历次样本观测结果的累积和为依据,根据样本中检验的质量特性值对其目标值 T(或参考值 K)偏差的累积和,对过程是否异常进行判定。累积和控制图与休哈特控制图相比,对判断生产过程小波动是否异常具有更高的灵敏度,对样本信息的利用也更充分,可以减少检验工作量。应用累积和控制图的生产过程必须满足过程的连续性与过程的平稳性两个要求。

1. 原 理

(1) 理论基础

假设 $x_1,x_2,\cdots,x_m$ 是按生产顺序抽取的表示质量特性值水平的独立样本统计量,过程要求做的假设是:

零假设 H_m——所有样本都取自相同分布,分布函数为 $F(x|\theta=\theta_0)$或 $P(x|\theta=\theta_0)$,其中 θ 为函数的参数。

备择假设 H_i——前 i 个样本(即 $x_1,x_2,\cdots,x_i$)取自 $F(x|\theta=\theta_0)$或 $P(x|\theta=\theta_0)$,而后面的$(m-i)$个样本(即 $x_{1+i},x_{2+i},\cdots,x_m$)来自 $F(x|\theta=\theta_1)$或 $P(x|\theta=\theta_1)$,其中 i 未定,但满足 $0\leqslant i<m$。

将上述过程检验问题当作一个假设检验来考虑。令 $\theta_1>\theta_0$,将给定的样本序列以 $X=(x_1,x_2,\cdots,x_m)$表示,那么有 $m+1$ 个假设需要检验,其中备择假设内变异点在 $i(i=1,2,\cdots,m-1)$。

令 $L_m(x,\theta_0)$表示当 H_m 成立时,获得的 $x_1,x_2,\cdots,x_m$ 的密度函数或概率密度函数。

令 $L_m(x,\theta_1)$表示当 H_i 成立时,获得的 $x_1,x_2,\cdots,x_m$ 的密度函数或概率密度函数。

那么,$\dfrac{L_m(x,\theta_1)}{L_m(x,\theta_0)}$为 H_i 对 H_m 的似然比,$0\leqslant i<m$。

检验准则为若$\dfrac{L_m(x,\theta_1)}{L_m(x,\theta_0)}\leqslant B$,$0\leqslant i<m$ 成立,则认为 $\theta=\theta_0$,接受 H_m;若$\dfrac{L_m(x,\theta_1)}{L_m(x,\theta_0)}\geqslant A$,$0\leqslant i<m$ 成立,则认为 $\theta=\theta_1$,接受 H_i;若 $B<\dfrac{L_m(x,\theta_1)}{L_m(x,\theta_0)}<A$,$0\leqslant i<m$ 成立,则抽取下一个样本,过程不必纠正。

(2) 统计量

休哈特控制图和通用控制图是以每次的观测值 x_i 作为观测序数 i 的函数而绘制出的,x_i 可以是单值,也可以是一个样本的统计量,而累积和控制图是以每次观测值与目标值之差的累积和 C_{jT} 作为观测序号 i 的函数而绘制出的:

$$C_{jT}=\sum_{i=1}^{j}(x_i-T)$$

式中,T 是目标值。

2. 计量型变量的累积和控制图

(1) 判断准则和实施方法

计量型累积和控制图判断异常准则有两种形式,即满足下列条件之一就判定为异常:

① $\sum(x_i-K_1)\geqslant H$ 或 $\sum(x_i-K_2)\leqslant -H$;

② $\sum(x_i-T)\geqslant H+m\times F$ 或 $\sum(x_i-T)\leqslant -H-m\times F$。

式中 $K_1=T+F$,$K_2=T-F$,$H=h\sigma$。H 为各样本点相对于 K_1 值的偏差累积和临界值(称为判定矩);K_1 和 K_2 表示的是目标状态 T 与某个明确的异常状态间的一个中间状态(称为参考值,通常用 K 表示);F 代表目标状态 T 与 K_1 或 K_2 状态的偏差(称为 V 形模板斜率);m 为参与累积的样本数。当实际过程的均值与目标值 T 的偏差不超过 F 时,相对 K_1 或 K_2 的偏差累积和就不会超过 H,因此就认为此刻实际状态相对于目标值 T 的偏差是由于偶然原因造成的,过程不存在异常因素。相反,则说明偏差已达到足以认为过程已经受到异常因素的干扰,即过程存在异常因素。

根据上述两种判定形式,实际使用的累积和控制图有两种形式:列表法(带控制界限的累积和图)与图上作业法(V 形模板法)。下面分别说明应用列表法和 V 形模板法的步骤。

假定样本统计量服从正态分布,方差已知为 σ_0^2。得到一组样本序列 $x_1,x_2,\cdots,x_m$。利用累积和技术,分析这组数据所代表的实际过程是否有显著变化。

(2) 带控制界限的累积和控制图列表法步骤

①选择合适的方案参数 H、K_1、K_2,一般 $F=\dfrac{\Delta}{2}=\dfrac{|\mu_1-\mu_0|}{2}$,规定从 $C_{0K}=C'_{0k}=0$,$i=1$ 开始计算。

②计算累积和,即

$$C_{iK}=\max[C_{(i-1)K}+(x_i-K_1),0]$$
$$C'_{iK}=\min[C'_{(i-1)K}+(x_i-K_2),0]$$

③若 $C_{iK}\geqslant H$,则认为对本段累积和作出贡献的样本观测值所代表的过程均值显著变大;若 $C'_{iK}<-H$,则判定过程均值显著变小。

④令 $i=i+1$,重复步骤②至③,一直到所有样本观测值都经过判定为止。

步骤③判定了过程均值变化的起始点。实际上,一般只需要判定某点均值是否已变就可以了,由于累积和方法利用了过去的信息,故可以判定过程均值是在本段累积和开始点上变动的。

在步骤②中,当 $C_{iK}<0$ 时就不再在此基础上继续计算,而从下一点重新开始计算。这是因为计算 C_{iK} 的目的是为了监测过程均值增大的变化,当某段累积和(C_{iK})小于 0 时,完全可

认为这段数值所代表的过程均值至少不会高于目标值，因此只需要对以下一个观测数据为始点的新的一段数据所代表的过程状态进行检测即可，所以从 0 开始重新进行计算。对 $C'_{iK}>0$ 时的处理方法与之类似。

列表法使用步骤如下：

①列表。计算 $C_{mK}=\sum_{i=m_0}^{m}(x_i-K)$；按前述方法判别 C_{mK}，确定累积和的起始点；将 C_{mK} 与 H 比较，根据准则表判定过程正常与否。

②绘制带控制界限的累积和控制图。将列表法的数据画在 $C_{mK}-m$ 直角坐标系中，并将 $C_{mK}=H$ 和 $C_{mK}=-H$ 画出，根据图判定过程正常与否。示意图如图 6-25 所示。

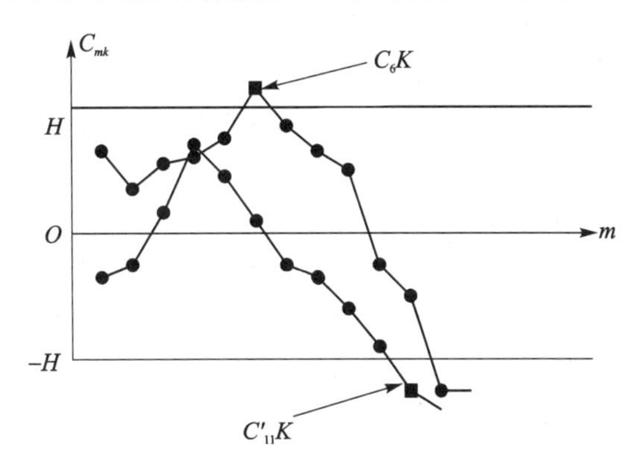

图 6-25　列表法示意图

(3) 累积和控制图均值 V 形模板法步骤

V 形模板法是因为要制作一个形如英文字母“V”的模板而得名。V 形模板法的示意图如图 6-26 所示。

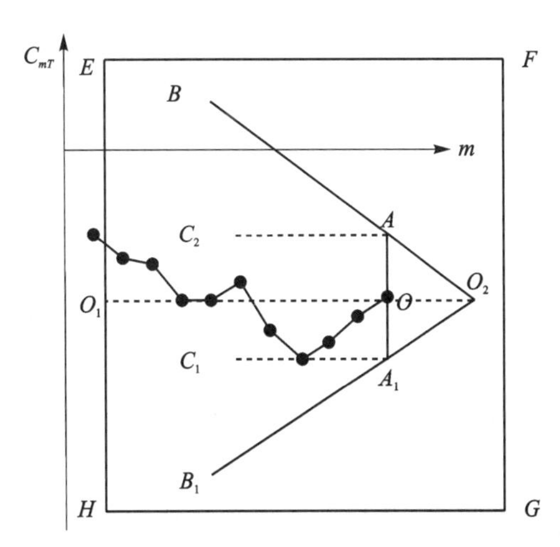

图 6-26　V 形模板法示意图

①选择合适的方案参数 T、H 和 F。依据发生第一类错误的概率为 α，发生第二类错误的概率为 β，假设检验过程的均值由 μ_0 偏移到 $\mu_1=\mu_0+\delta\sigma$，其中 $\delta>0$，σ 是过程的标准差且已知，由此可确定 H 和 F。

②在合适的媒介上制作V形模板。如图6-26所示,矩形$EFGH$是制作V形模板的媒介,$BAO_2A_1B_1$就是一个V形模板。如果媒介是透明的,通常将折线$BAOA_1B_1$画成粗线,O_1OO_2画成细线;如果媒介是不透明的,将折线$BAOA_1B_1$内的左半部分切除,OO_2画成细线,V形模板是以O_1OO_2为对称轴对称得到的。

③V形模板的使用。

a. 画直角坐标系,以样本序号m为横轴,累积和$C_{mT}=\sum_{i=1}^{m}(x_i-T)$为纵轴,将对应横轴各点$m$所计算出的累积和$C_{mT}=\sum_{i=1}^{m}(x_i-T)$标在图上,各点用折线相连;

b. 从第1点开始,将V形模板的O点与检测点(基点)重叠,并且使O_1O与横轴平行,V形模板开口朝m方向,若有1点达到或超过V形模板边缘AB或(和)A_1B_1,则认为过程均值发生了异常,与V形模板的O点重叠的检测点(即基点)就是异常点,达到或超过V形模板边缘的点就是均值开始变化的点。具体说来,若有1点达到或超过射线AB,则判定过程均值从该点(异常始点)至基点这段时间内的实际值低于目标值T;若有1点达到或超过射线A_1B_1,则判定过程均值从该点至基点这段时间内的实际值高于目标值T;

c. 若上述两种情况都没有发生,则判定这段时间内均值没有变动,仍保持为目标值T(准确地说是没有理由认为该段时间内的过程均值有变化)。

实际使用时,常常只画出V形模板的一半,即$BAOO_1$或$B_1A_1OO_1$,检测时对称使用。

(4) 计量型累积和图目标值及纵坐标单位长度的选择

①选择目标值T主要需要考虑绘制累积和图的目的,主要有以下几种:

a. 预测模型,为了知道预测是否正确,因此将某一时刻的实际值作为该时刻预测值的目标值。

b. 对两个时段(过程)的样本数据进行对比研究时,应将前一时段或过程的样本数据的均值作为后一时段的目标值。

c. 在抽样检查产品质量是否满足规定标准时,将规定标准定为目标值。

d. 一般情况下,将样本的均值作为目标值。

②纵坐标单位长度的选择。

对于列表法的累积和控制图,无论是使用列表还是使用直角坐标系,对纵坐标和横坐标的单位长度都没有要求,以方便描点为原则。

对于使用V形模板的累积和控制图,由于是利用模板的缺口作为判断是否异常的判据,故对纵坐标与横坐标单位长度表示的数值大小有一定的要求。若A是累积和坐标轴的尺度系数(A是在坐标轴单位长度相同时,纵轴所度量的累积和与横轴两个相邻样本序号间的距离之比,即坐标单位长度相同时纵轴的数值与横轴的数值之比),A选择过大,将使图上折线过于接近水平线,会压缩有用的信息,导致不能清楚地显示平均水平的变化;A选得过小,会增大正常波动的图面信息。根据经验,一般取$A=2\sigma_{\bar{x}}$较好,即应使得纵坐标代表大小为$2\sigma_{\bar{x}}$累积和的单位长度等于横轴坐标的单位长度。如对于一个$\sigma_{\bar{x}}=0.05$的累积和图坐标,若横坐标两个样本的间距为0.5 cm(横坐标的单位刻度为0.5 cm,代表两样本的间距),那么,纵坐标的标尺为每0.5 cm代表的累积和是$2\sigma_{\bar{x}}=2\times0.05=0.1$。考虑到绘图的方便,在算出$2\sigma_{\bar{x}}$之后将其修改为1.0,2.0,2.5,5.0和10.0等方便数值,而当$2\sigma_{\bar{x}}$位于两个数值之间时,取较小的一个。

(5) 均值累积和控制图中 H 和 F 的确定

假定样本统计量服从正态分布，且方差已知。要求检验出过程的均值由 μ_0 偏移到 $\mu_1=\mu_0+\delta\sigma$ 的变化，其中 $\delta>0$，σ 是过程的标准差且已知。商定发生第一类错误的概率为 α，发生第二类错误的概率为 β。令样本大小为 n，得到一组样本均值序列 $\bar{x}_i(i=1,2,\cdots,m)$，令

$$\sigma_{\bar{x}}=\sigma/\sqrt{n},\quad \delta'=\delta\sqrt{n},\quad \delta=\frac{\Delta}{\sigma_{\bar{x}}},\quad \Delta=|\mu_1-\mu_0|$$

则 $\bar{x}_i$ 的概率密度函数为

$$f(\bar{x}/\mu)=\frac{1}{\sqrt{2\pi\sigma_{\bar{x}}}}\exp\left[-\frac{1}{2\sigma_{\bar{x}}^2}(\bar{x}-\mu)^2\right]$$

H_i 对 H_m 的似然比为

$$\frac{L_m(X,\mu_1)}{L_m(X,\mu_0)}=\exp\left\{-\frac{1}{2\sigma_{\bar{x}}^2}\sum_{j=i+1}^{m}\left[(\bar{x}_j-\mu_0-\delta'\sigma_{\bar{x}})^2-(\bar{x}_j-\mu_0)^2\right]\right\}$$

式中 $L_m(X,\mu)=L_m(\bar{x}_1,\bar{x}_2,\cdots,\bar{x}_m;\mu)=\prod\limits_{i=1}^{m}f(\bar{x}_i/\mu)$。对于监控过程，关键在于对过程异常做出判断，故在 H_i 成立时，应有

$$\frac{L_m(X,\mu_1)}{L_m(X,\mu_0)}=\exp\left\{-\frac{1}{2\sigma_{\bar{x}}^2}\sum_{j=i+1}^{m}\left[(\bar{x}_j-\mu_0-\delta'\sigma_{\bar{x}})^2-(\bar{x}_j-\mu_0)^2\right]\right\}\geqslant\frac{1-\alpha}{\beta}$$

检验过程均值的决策准则为：若任一个 $i(0\leqslant i<m)$ 存在，使得

$$C_{mk}-C_{ik}\geqslant\frac{1}{\delta'}\ln\frac{1-\beta}{\alpha}$$

或者

$$C'_{mk}-C'_{iT}\geqslant\frac{1}{\delta'}\ln\frac{1-\beta}{\alpha}+\frac{1}{2}\delta'(m-i)$$

成立，则认为过程已经发生异常。式中：

$$C_{ik}=\frac{1}{\sigma_{\bar{x}}}\sum_{j=1}^{i}(\bar{x}_j-k),\quad i=1,2,\cdots,m(C_{0k}=0);k=\mu_0+\frac{1}{2}\delta'\sigma_{\bar{x}}$$

$$C'_{iT}=\frac{1}{\sigma_{\bar{x}}}\sum_{j=1}^{i}(\bar{x}_j-\mu_0),\quad i=1,2,\cdots,m(C'_{iT}=0)$$

上式就是 V 形模板下界限的决策准则，如图 6-27 所示。

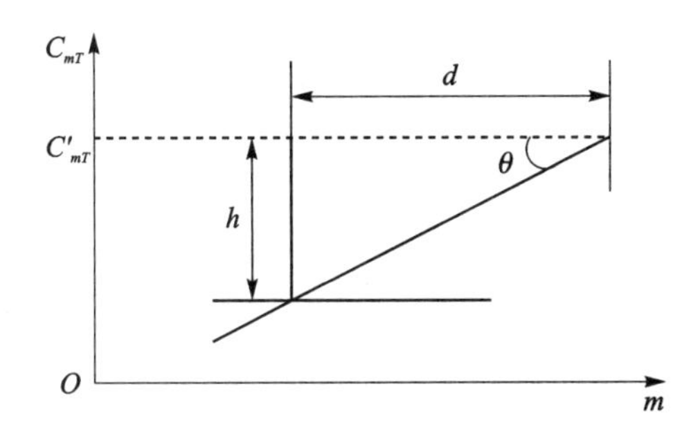

图 6-27　V 形模板下界限示意图

在上图中:

$$\tan\theta = \frac{1}{2}\delta' = f, \quad \tan\theta = h/d$$

$$h = \frac{1}{\delta'}\ln\frac{1-\beta}{\alpha}$$

$$d = h/\tan\theta = \frac{2}{(\delta')^2}\ln\frac{1-\beta}{\alpha}$$

$$\theta = \arctan(\frac{1}{2}\delta')$$

根据 θ 和 d 就可绘出 V 形模板,θ 和 d 分别为 V 形模板的倾角和前置距离。如图 6-26 所示,线段 OO_2 等于 d,d 的单位长度与横坐标单位长度相同,$\angle OO_2A_1$ 等于 θ。

AA_1 的长度相当于判断准则中 H 的两倍,直线 AB 或 A_1B_1 斜率的绝对值相当于判断准则中的 F,有

$$H = h\sigma_{\bar{x}} = \frac{\sigma_{\bar{x}}}{\delta'}\ln\frac{1-\beta}{\alpha} = (\frac{1}{\delta\sqrt{n}}\ln\frac{1-\beta}{\alpha}) \times \sigma_{\bar{x}} = \frac{\sigma}{n\delta}\ln\frac{1-\beta}{\alpha}$$

$$F = f\sigma_{\bar{x}}$$

在实际工作中,若是应用 V 形模板,通常不是利用上式来计算 H 和 F 来制作 V 形模板,而是考虑坐标轴的尺度系数,利用 d 和$\angle C_1A_1B_1$ 来制作 V 形模板。考虑坐标轴的尺度系数为 A,前置距离 d 仍由上式求得,V 形模板的倾角$\angle C_1A_1B_1$ 由下式求得:

$$\angle C_1A_1B_1 = \theta' = \arctan(\frac{\delta\sigma}{2A})$$

3. 均值累积和控制图的应用

例 6-5:某零件外形直径规格要求为(12±0.5)mm,根据以前的统计,过程的 $\sigma=0.1$,试利用样本均值累积和控制图对其外形直径进行过程控制。约定 $\alpha=0.01$,$\beta=0.05$。

解:①根据规格要求确定均值的上下最大偏差 μ_1 和 μ_{-1}。

根据生产要求,生产过程控制图上下界限的不合格品率都应低于万分之一(此时正态分布分界点 $z_{0.0001}=3.73$),即

$$(12.5-\mu_1)/\sigma = (\mu_{-1}-11.5)/\sigma = 3.73$$

$$\mu_1 = 12.5 - 3.73 \times \sigma = 12.5 - 3.73 \times 0.1 = 12.13(\text{mm})$$

$$\mu_{-1} = 11.5 + 3.73 \times \sigma = 11.5 + 3.73 \times 0.1 = 11.87(\text{mm})$$

而 $T=\mu_0=12$ mm,那么

$$\delta = \frac{12.13-12}{0.1} = 1.3$$

② 若取样本大小 n 为 5,可得

$$\ln\frac{1-\beta}{\alpha} = \ln\frac{1-0.05}{0.01} = 4.55$$

$$F = f\sigma_{\bar{x}} = (\frac{1}{2} \times 1.3 \times \sqrt{5}) \times \frac{0.1}{\sqrt{5}} = 0.065$$

$$H = h\sigma_{\bar{x}} = (\frac{1}{\delta'} \times 4.55) \times \sigma_{\bar{x}} = \frac{1}{1.3\times\sqrt{5}} \times 4.55 \times \frac{0.1}{\sqrt{5}} = 0.35(\text{mm})$$

$$K_1 = T + F = 12 + 0.065 = 12.065(\text{mm})$$

$$K_2 = T - F = 12 - 0.065 = 11.935(\text{mm})$$

根据上面得到的 H 和 F 的值可绘制出 V 形模板。根据 K_1,K_2 及 H 可得到列表判断的标准。每次抽取 5 个样品进行描点或计算就可进行过程质量的控制。

若考虑 $A = 2\sigma_{\bar{x}} = 2 \times 0.1/\sqrt{5} = 0.089$,$n$ 取 5 时,可得

$$d = \frac{2}{(\delta\sqrt{n})^2} \times \ln(\frac{1-\beta}{\alpha}) = \frac{2}{1.3 \times 1.3 \times 5} \times \ln\frac{1-0.05}{0.01} = 2.41$$

$$\theta' = \arctan(\frac{\delta\sigma}{2A}) = \arctan(\frac{1.3 \times 0.1}{2 \times 0.089}) = 41.8^\circ$$

即坐标系的尺度系数 $A = 2\sigma_{\bar{x}} = 2 \times 0.1/\sqrt{5} = 0.089$ 时,V 形模板倾角 θ 和前置 d 分别为 41.8° 和 2.41。

6.4.5　指数加权移动平均控制图

指数加权移动平均(Exponentially Weighted Moving Average,EWMA)控制图是移动平均控制图的一种变形图。相比于先前样本提供的信息,它考虑了当前样本中更重要的移动平均控制图,因此它不仅能够及时检测出生产过程均值所发生的较小波动(小于 2σ),还能检出当前过程的突变性变异。

1. 参　数

假设有一过程总体参数是服从正态分布 $N(\mu_0, \sigma_0^2)$ 的特征量,其特性值为 $\bar{x}$,按顺序抽取样本序列 $\bar{x}_1, \bar{x}_2, \cdots, \bar{x}_m$,在 m 时刻(第 m 个样本),指数加权移动平均值 Z_m 定义为

$$Z_m = \lambda\bar{x}_m + (1-\lambda)Z_{m-1}, \quad m = 1,2,\cdots$$

式中 λ 就是加权系数,且 $0 < \lambda \leqslant 1$, Z_0 是开始的值。下面对 Z_m 进行一些变化:

$$\begin{aligned} Z_m &= \lambda\bar{x}_m + (1-\lambda)Z_{m-1} \\ &= \lambda\bar{x}_m + (1-\lambda)[\lambda\bar{x}_{m-1} + (1-\lambda Z_{m-2})] \\ &= \lambda\bar{x}_m + \lambda(1-\lambda)\bar{x}_{m-1} + (1-\lambda)^2[\lambda\bar{x}_{m-2} + (1-\lambda)Z_{m-3}] \\ &= \sum_{i=0}^{m-1}[\lambda(1-\lambda)^i\bar{x}_{m-i}] + (1-\lambda)^m Z_0 \end{aligned}$$

若接近的样本 $\bar{x}_m$ 对 Z_m 权重为 λ,则第 i 个 $\bar{x}$,即 $\bar{x}_i$ 在 Z_m 中的权重为

$$\omega_{m-i} = \lambda(1-\lambda)^i, \quad i = 0,1,\cdots$$

设 μ 为过程均值,σ 为过程标准差,则 Z_m 的数学期望和方差分别为

$$\begin{aligned} E(Z_m) &= \lambda\mu\sum_{i=0}^{m-1}(1-\lambda)^i + (1-\lambda)^m E(Z_0) \\ &= \mu + (1-\lambda)^m[E(Z_0) - \mu] \end{aligned}$$

$$D(Z_m) = \sigma_{\text{EWMA}}^2 = \frac{\lambda\sigma^2}{n} \times \frac{1-(1-\lambda)^{2m}}{2-\lambda} + (1-\lambda)^{2m} \times D(Z_0)$$

① 如果开始过程的 Z_0 是一个接近目标值的常数,则

$$E(Z_m) = \lambda\mu\sum_{i=0}^{m-1}(1-\lambda)^i + (1-\lambda)^m E(Z_0) = \mu + (1-\lambda)^m(Z_0 - \mu)$$

$$D(Z_m)=\sigma_{\mathrm{EWMA}}^2=\frac{\lambda\sigma^2}{n}\times\frac{1-(1-\lambda)^{2m}}{2-\lambda}$$

②当开始过程的 $Z_0=\bar{x}_1$ 时,则有

$$\begin{aligned}E(Z_m)&=\lambda\mu\sum_{i=0}^{m-1}(1-\lambda)^i+(1-\lambda)^m E(Z_0)\\&=\mu+(1-\lambda)^m[E(\bar{x}_1)-\mu]\\&=\mu\end{aligned}$$

$$\begin{aligned}D(Z_m)=\sigma_{\mathrm{EWMA}}^2&=\frac{\lambda\sigma^2}{n}\times\frac{1-(1-\lambda)^{2m}}{2-\lambda}+(1-\lambda)^{2m}\times D(Z_0)\\&=\frac{\sigma^2}{n(2-\lambda)}[\lambda+2(1-\lambda)^{2m-1}]\end{aligned}$$

③当 m 足够大时,无论 Z_0 为何值,可得

$$E(Z_m)=\mu$$

$$D(Z_m)=\sigma_{\mathrm{EWMA}}^2=\frac{\lambda\sigma^2}{(2-\lambda)n}$$

上述计算都是基于假设过程参数服从正态分布。对于非正态分布,根据中心极限定理,只要选择合适的 n,仍可认为 Z_m 服从正态分布。

2. 控制界限与判定准则

(1) 控制界限

从上面的分析已经知道,对于不同的 Z_0(等于目标值或非目标值),严格意义上讲 $D(Z_m)=\sigma_{\mathrm{EWMA}}^2$ 的计算公式不同,但在实际工作中相差不大,并且在过程稳定的情况下,Z_0 很接近目标值,且基本是一个常数,因此通常用 $D(Z_m)=\sigma_{\mathrm{EWMA}}^2=\frac{\lambda\sigma^2}{n}\times\frac{1-(1-\lambda)^{2m}}{2-\lambda}$ 计算指数加权移动平均的方差。

如果指数加权移动平均控制图的控制界限系数为 K,总体服从正态分布 $N(\mu_0,\sigma_0^2)$,抽样的样本大小为 n,则其控制线为

$$\begin{aligned}UCL&=\mu_0+K\sigma_{\mathrm{EWMA}}\\CL&=\mu_0\\LCL&=\mu_0-K\sigma_{\mathrm{EWMA}}\end{aligned}$$

式中的 σ_{EWMA} 一般采用 $\sigma_{\mathrm{EWMA}}=\sqrt{\frac{\lambda\sigma_0^2}{n}\times\frac{1-(1-\lambda)^{2m}}{2-\lambda}}$。

若过程均值和标准差未知,则先用样本的平均值和样本标准差来估计过程均值和标准差。标准差的估计方法可用极差法和样本方差法,当然,样本数不应少于20。当 $m\geqslant5$ 时,可用 $\sigma_{\mathrm{EWMA}}=\sqrt{\lambda\sigma_0^2/[n(2-\lambda)]}$ 计算标准差。

(2) 判定准则

若有任意样本指数加权移动平均值 Z_m 落在移动平均控制图的控制界限上或之外,则认定过程均值发生偏移,即过程存在异常;否则,认为过程正常。

3. 绘制示例

指数加权移动平均控制图的绘制与移动平均控制图的绘制基本相同,区别在于指数加权

移动平均控制图需要考虑加权系数。设第 m 样本点的描点坐标为(m,Z_m)，具体步骤如下例所示。

例 6-6：利用表 6-6 的数据，设 $Z_0=\mu_0=22.00$，$\lambda=0.20$，绘制一个 $3\sigma_{\mathrm{EWMA}}$ 的指数加权移动平均控制图。

表 6-6　样本数据

m	$\bar{x}_i$	Z_m	$UCL(Z_m)$	$LCL(Z_m)$
1	22.000	22.000	21.995	22.045
2	21.99	21.995	21.968	22.032
3	22.02	22.003	21.973	22.026
4	22.01	22.005	21.997	22.023
5	22.00	22.005	21.997	22.023
6	22.00	22.007	21.997	22.023
7	22.00	22.002	21.997	22.023
8	21.98	21.995	21.997	22.023
9	22.00	21.995	21.997	22.023
10	22.00	21.995	21.997	22.023
11	22.01	21.997	21.997	22.023
12	21.99	22.000	21.997	22.023
13	22.00	22.000	21.997	22.023
14	22.00	22.000	21.997	22.023
15	21.97	21.990	21.997	22.023
16	21.97	21.985	21.997	22.023
17	22.00	21.985	21.997	22.023
18	21.99	21.982	21.997	22.023
19	22.00	21.990	21.997	22.023
20	21.98	21.992	21.997	22.023

解：取 $n=4$，有

$$Z_1=\lambda\bar{x}_1+(1-\lambda)Z_0=0.20\times 22.00+(1-0.20)\times 22.00=22.00$$

$$Z_2=\lambda\bar{x}_2+(1-\lambda)Z_1=0.20\times 21.99+(1-0.20)\times 22.00=21.998$$

$$Z_3=\lambda\bar{x}_3+(1-\lambda)Z_2=0.20\times 22.02+(1-0.20)\times 21.998=22.002$$

利用 $\sigma_{\mathrm{EWMA}}=\sqrt{\dfrac{\lambda\sigma_0^2}{n}\times\dfrac{1-(1-\lambda)^{2m}}{2-\lambda}}$，$UCL=\mu_0+3\sigma_{\mathrm{EWMA}}$，$LCL=\mu_0-3\sigma_{\mathrm{EWMA}}$，计算指数加权移动平均控制图的控制线，如第 1 个样本：

$$UCL(Z_1)=22.00+3\times 0.030\times\sqrt{\frac{0.2(1-0.8^{2\times 1})}{4\times(2-0.2)}}=22.009(\mathrm{mm})$$

$$LCL(Z_1)=22.00-3\times 0.030\times\sqrt{\frac{0.2(1-0.8^{2\times 1})}{4\times(2-0.2)}}=21.991(\mathrm{mm})$$

其他结果见表6-7。

表6-7 计算结果

m	$\bar{x}_i$	Z_m	$UCL(Z_m)$	$LCL(Z_m)$
1	22.000	22.000	22.009	21.991
2	21.99	21.998	22.012	21.988
3	22.02	22.002	22.013	21.987
4	22.01	22.003	22.014	21.986
5	22.00	22.003	22.014	21.986
6	22.00	22.003	22.014	21.986
7	22.00	22.002	22.015	21.985
8	21.98	21.998	22.015	21.985
9	22.00	21.998	22.015	21.985
10	22.00	21.998	22.015	21.985
11	22.01	22.000	22.015	21.985
12	21.99	22.000	22.015	21.985
13	22.00	22.000	22.015	21.985
14	22.00	22.000	22.015	21.985
15	21.97	21.994	22.015	21.985
16	21.97	21.989	22.015	21.985
17	22.00	21.991	22.015	21.985
18	21.99	21.991	22.015	21.985
19	22.00	21.993	22.015	21.985
20	21.98	21.990	22.015	21.985

由上表可见,当m足够大时,控制界限保持不变。通常$m\geqslant5$,就认为m足够大。

绘制的指数加权移动平均控制图如图6-28所示,结果显示指数加权移动平均值是正常的,未发生偏移。

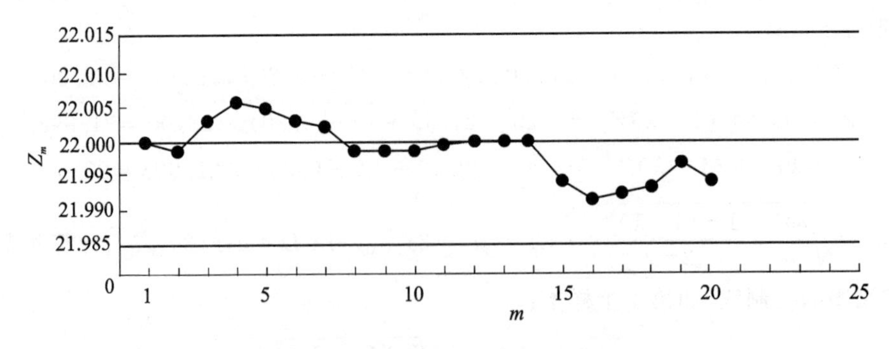

图6-28 指数加权移动平均控制图

6.5　过程能力分析

在过程质量分析与控制中，计算与分析过程能力指数是一项非常重要的工作，许多企业都定期在企业内部各主要过程中计算过程能力指数。通过过程能力分析，可以发现过程的质量瓶颈和过程中存在的问题，从而进一步明确质量改进的方向。实践中，一般采用 C_p 和 C_{pk} 两个指数来衡量计量值的过程能力。也有一些学者提出了其他的过程能力指数，如基于田口质量损失函数的过程能力指数 C_{pm}；还有一些过程能力指数太复杂，没有太大的应用价值。多变异分析是用来分析过程质量特征值变异规律的一个重要方法，通过多变异分析，可为过程能力分析确定合理的抽样方案，对过程质量分析和控制起着重要的作用。本节将主要介绍 C_p 和 C_{pk} 的基本概念和计算，给出过程能力分析的流程，简要介绍计数值特征的过程能力分析。

6.5.1　基本概念

1. 过程能力和过程变异

产品的制造过程能力是指过程处于受控状态或稳定状态下在加工精度方面的实际能力，过程能力体现了过程稳定地实现加工质量的范围。但任何过程客观上都会存在变异，显然，过程的变异是衡量过程质量特征值一致性的指标。产生过程变异的主要因素有6个，即5M1E。5M1E导致的变异有两种：随机性变异和系统性变异。随机性变异引起产品质量的正常波动，系统性变异引起产品质量的异常波动。通常情况下，受控过程仅受随机性因素的影响，因此，过程质量特征值服从正态分布。

由概率理论可知，一个正态分布曲线可用两个参数表征，即均值 μ 和标准差 σ。均值 μ 是个位置参数，它反映了正态分布曲线所处的位置；标准差 σ 是个形状参数，它反映了正态分布曲线形状的“高矮”和“胖瘦”，如图6-29所示。σ 越小则正态分布曲线就越“高”、越“瘦”，表明过程质量波动的范围就越小，过程能力就越强；反之，σ 越大则正态分布曲线就越“矮”、越“胖”，过程质量波动的范围就越大，过程能力就越弱。

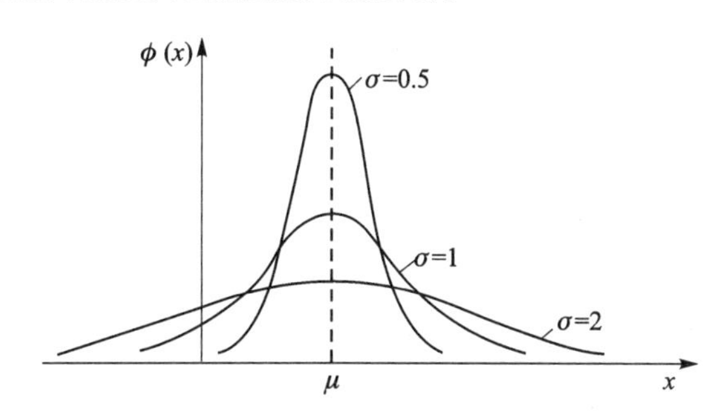

图6-29　标准差 σ 对正态分布曲线的影响

2. 过程能力分析的目的

研究过程的变异相对于公差的满足程度被称为过程能力分析（Process Capability Analysis，PCA）。通过过程能力分析，可达到以下目的：

- 预测过程质量特征值的变异对公差的符合程度。

- 帮助产品开发和过程开发者选择和设计产品/过程。
- 对新设备的采购提出要求。
- 为供应商评价和选择提供依据。
- 为工艺规划制定提供依据。
- 找出影响过程质量的瓶颈因素。
- 减少制造过程的变异,从而进一步明确质量改进的方向。

3. 过程能力分析的流程

过程能力分析首先从确定关键质量特征值开始,确定其是否为计量值,若是,则按照计量值过程能力分析的步骤进行;若关键质量特征值是计数值,则按照计数值过程能力分析的步骤进行。为了便于实际应用,以下给出了过程能力分析的一般流程(见图6-30)。

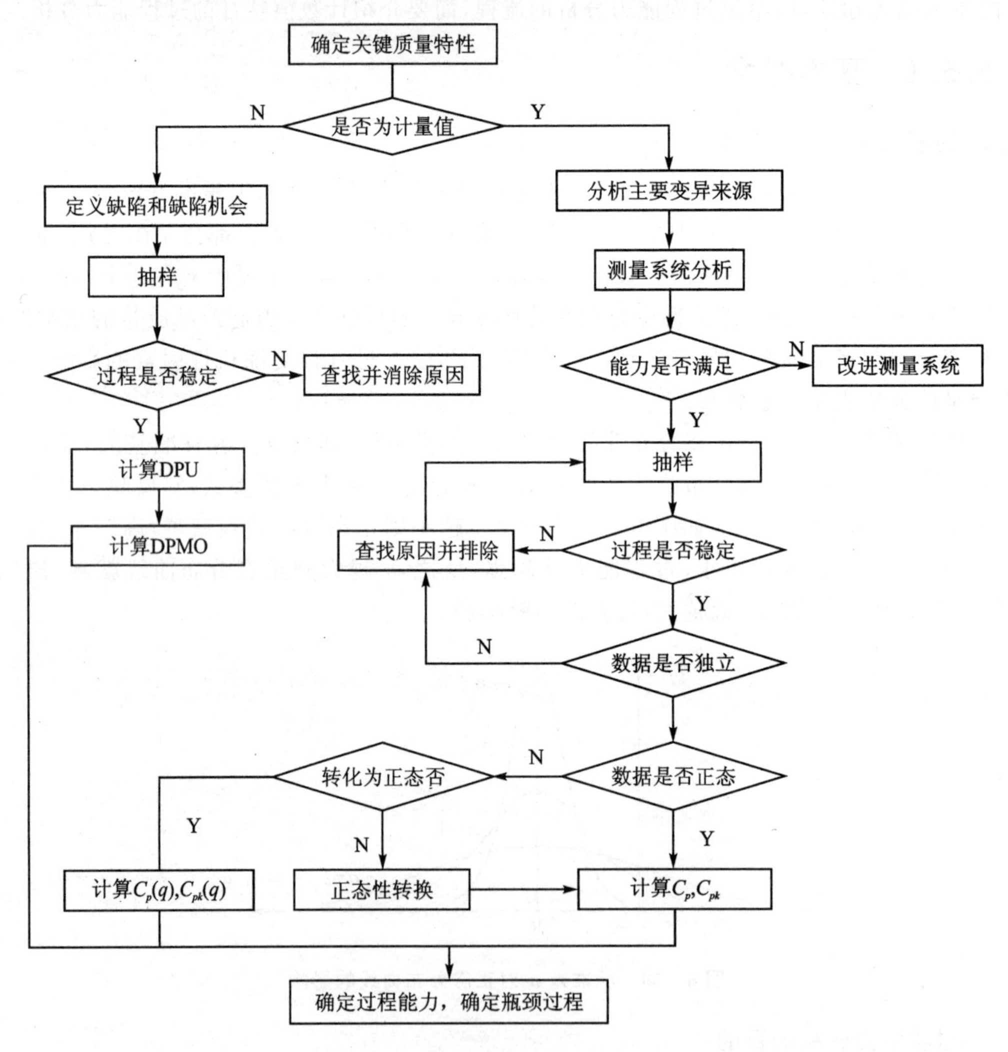

图6-30 过程能力分析的流程图

4. 过程多变异分析试验

通过设计多变异分析试验,收集数据,并进行方差分析和方差估计,可以清楚地了解过程质量变异的主要来源，为改善过程质量或在过程控制中合理抽样指明了方向。这一方法对过程质量分析和控制的意义体现在以下几个方面：

①在进行过程能力分析时，若产品质量特征值存在多种变异，应根据多变异分析结果确定合理的抽样方案。对于短期过程能力分析，一般要求样本数据应包含产品内变异和产品间变异。在长期过程能力分析时，还应考虑时间变异。

②在进行过程控制时，应在选择和设计控制图之前进行多变异分析，明确变异来源，从而选择适宜的控制图和设计合理的抽样方案。

③在进行试验设计时，实验设计的目标往往是为了减少变异，在产品质量特征值存在多变异的情形下，也应事先进行多变异分析找出变异的来源，确定采用重复试验或仿行试验，以及试验数据的测量方法等，从而为合理安排试验设计方案提供依据。

6.5.2　过程能力指数计算

1. 过程能力指数 C_p

如前所述，由于标准差 σ 能反映过程能力的强弱，因此实践中对计量型质量特征值，人们常用 σ 作为基础来表征过程能力。通常，人们使用 $\pm 3\sigma$ 表示过程能力，即 $B=6\sigma$。当过程处于受控状态时，质量特征值落在 $\mu \pm 3\sigma$ 的概率为 99.73%，这一范围基本上表征了过程质量特征值的正常波动范围（见图 6-31）。

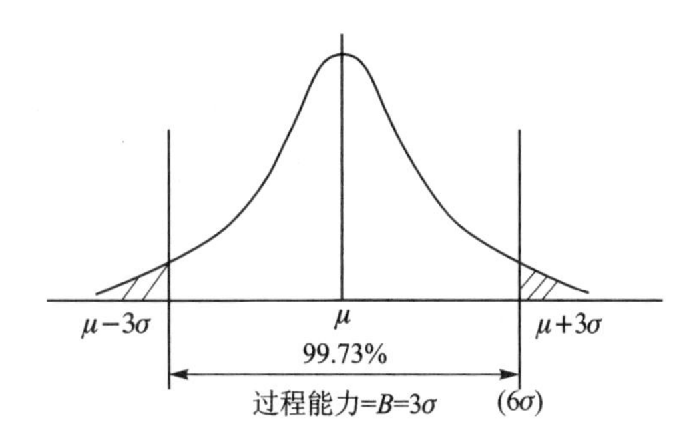

图 6-31　6σ 过程能力

实践中一般用过程能力指数（Procees Capability Index）来衡量过程能力的相对大小。过程能力指数最早是由朱兰博士提出的，他将公差范围与过程质量特征值的波动范围之比定义为过程能力指数，用符号 C_p 表示。过程能力指数的计算必须满足以下 3 个条件：

- 过程处于受控状态，即影响过程能力指数的因素只有随机性变异，没有系统性变异。
- 质量特征值是相互独立的。
- 产品的质量特征值服从正态分布。

过程能力指数 C_p 的计算公式为

$$C_p = \frac{\text{公差范围}}{\text{过程质量特征值的波动范围}}$$

如果公差范围用 T 表示，过程能力用 6σ 描述，则过程能力指数的一般表达式为

$$C_p = \frac{T}{6\sigma}$$

当过程分布中心 μ 与公差中心 M 重合时（见图 6-32），对于双侧规格情况，C_p 的计算公式为

$$C_p = \frac{T}{6\sigma} = \frac{T_U - T_L}{6\sigma}$$

式中，T_U 为公差上限；T_L 为公差下限。

实际上，σ 是未知参数，一般用样本标准差 s 作为对 σ 的估计，即

$$s=\sqrt{\frac{\sum_{i=1}^{n}(x_i-\bar{x})^2}{n-1}}$$

式中 x_i 为第$_i$ 个观测值;n 为样本容量。这样,C_p 的计算式为

$$\hat{C}_p=\frac{T_U-T_L}{6s}$$

从上式中可以看出,C_p 值与公差范围的大小成正比,与标准差的大小成反比。

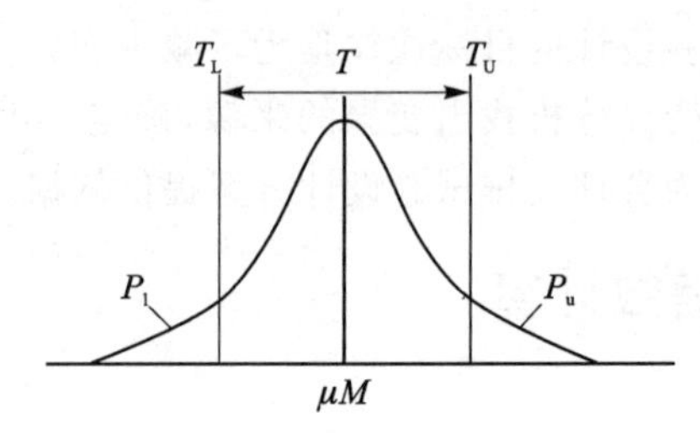

图 6-32 过程分布中心与公差中心重合的情况

对于单侧规格情况,若只有公差上限要求而无下限要求,则过程能力指数计算公式为

$$C_{pu}=\frac{T_U-\mu}{3\sigma}$$

若只有公差下限要求而无上限要求,则过程能力指数计算公式为

$$C_{pl}=\frac{\mu-T_L}{3\sigma}$$

例 6-7:某批零件直径的设计尺寸为(10±0.03) mm,通过随机抽样检验,经计算得知样本的均值与公差中心重合,$s=0.01$,求该过程的过程能力指数 C_p。

解:

$$\hat{C}_p=\frac{T}{6s}=\frac{T_U-T_L}{6s}=\frac{0.03-(-0.03)}{6\times0.01}=1$$

2. 过程能力指数 C_{pk}

由 C_p 计算公式可以看出,C_p 只是反映了过程的潜在能力,因此有人也称其为理想的过程能力指数,由于 C_p 的计算并未考虑均值的大小偏移,故同样的 C_p 值,当均值发生偏移时,即产品质量分布中心 μ 与公差中心 M 不重合时(见图 6-33),过程的不良品率会发生很大的变化。为了弥补 C_p 的不足,又引入另一个过程能力指数 C_{pk},其计算公式为

$$C_{pk}=\min\{C_{pu},C_{pl}\}=\min\left\{\frac{T_U-\mu}{3\sigma},\frac{\mu-T_L}{3\sigma}\right\}=\frac{T_U-T_L-2\Delta}{6\sigma}=(1-k)C_p$$

式中, $\Delta=|\mu-M|=\left|\mu-\frac{T_U+T_L}{2}\right|$ 为分布中心和公差中心的绝对偏移量;μ 为实际过程分布中心;M 为公差中心,$M=(T_U+T_L)/2$;$k=\frac{2\Delta}{T_U-T_L}$为相对偏移系数。

这样,若仅有公差上限要求而无下限要求时,$C_{pk}=C_{pu}$;若只有公差下限要求而无上限要求时,$C_{pk}=C_{pl}$;另外,当 $\mu=M$ 时,$k=0$,$C_{pk}=C_p$,而当 $\mu=T_U$ 或 $\mu=T_L$ 时,$k=1$,$C_{pk}=0$。

这里 $C_{pk}=0$ 表示过程能力由于过程发生漂移而严重不足,需要采取措施加以纠正,当

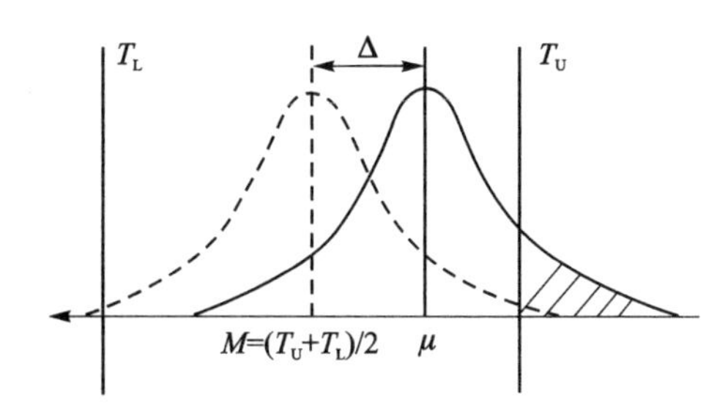

图 6-33　产品质量分布中心与公差中心不重合情况

$\mu \neq M$ 时，$C_{pk} < C_p$。C_{pk} 和 C_p 的差异反映了过程分布中心与公差中心偏离程度的大小，例如：

若 C_p 和 C_{pk} 都较小而两者差别不大时如 $C_p = 0.70$，$C_{pk} = 0.67$，说明过程能力严重不足，过程的主要问题是 σ 太大，改进过程应首先着眼于降低过程的波动。

若 C_p 较大而 C_{pk} 很小时如 $C_p = 1.50$，$C_{pk} = 0.67$，说明过程的主要问题是过程分布中心 μ 偏离公差中心 M 太多，改进过程应首先移动 μ 使之更接近 M。

若 C_p 和 C_{pk} 都较小而两者相差较大时，如 $C_p = 0.80$，$C_{pk} = 0.36$，说明过程的 μ 和 σ 都有问题，解决的办法通常是先移动 μ 使之更接近于 M，然后设法降低过程的波动。

因此考虑问题时要同时考虑 C_p 和 C_{pk} 两个指数，以便对整个过程的状况有较全面的了解。

例 6-8：某批零件孔径设计尺寸的上、下限分别为 $T_U = \Phi 15.02$，$T_L = \Phi 14.98$，通过随机抽样检验并经过计算得知：$\mu = 14.990$，$s = 0.005$，求过程能力指数。

解：

$$\hat{C}_p = \frac{T}{6s} = \frac{T_U - T_L}{6s} = \frac{0.04}{6 \times 0.005} = 1.33$$

$$M = (T_U + T_L)/2 = (15.02 + 14.98)/2 = 15$$

由于 $\mu = 14.990 \neq M$，故公差中心与实际分布中心不重合，则

$$\Delta = |\mu - M| = |14.990 - 15.00| = 0.01$$

$$\hat{C}_{pk} = \frac{T_U - T_L - 2\Delta}{6s} = \frac{15.02 - 14.98 - 2 \times 0.01}{6 \times 0.005} = 0.67$$

3. 过程能力指数与不合格品率的关系

当质量特性 y 的分布呈正态分布时，一定的能力指数与一定的不合格品率相对应。例如当 $C_p = 1$ 时，即 $B = 6\sigma$ 时，质量特性的标准的上下限与 $\pm 3\sigma$ 重合，由正态分布的概率函数可知，此时的不合格品率为 0.27%，如图 6-34 所示。

(1) 重合时

当受控过程的质量特征值 y 服从正态分布 $N(\mu, \sigma^2)$ 时，其不合格品率为 P，其计算公式为

$$P = P_L + P_U = P(y < T_L) + P(y > T_U) = \Phi(\frac{T_L - \mu}{\sigma}) + \left[1 - \Phi\left(\frac{T_U - \mu}{\sigma}\right)\right] \tag{6-1}$$

式中，Φ 为标准正态分布的概率分布函数。

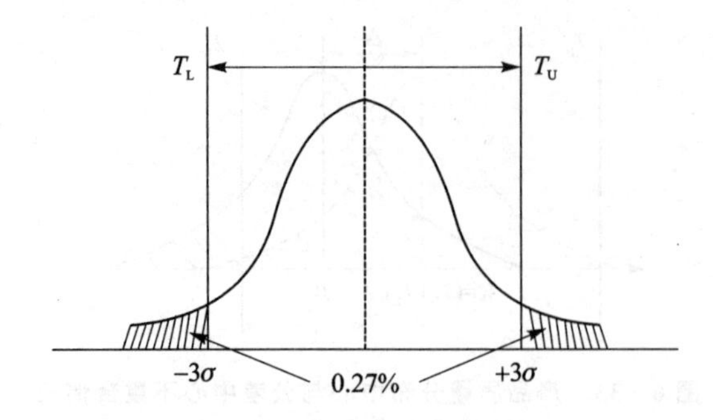

图6-34　当 $C_p=1$ 时，$p=0.27\%$ 示意图

(2) 不重合时

如果过程分布中心 μ 位于公差中心 M 与公差上限 T_U 之间，则

$$C_{pk}=C_{pu}=\frac{T_U-\mu}{3\sigma} \tag{6-2}$$

另外

$$\frac{T_L-\mu}{3\sigma}=\frac{(T_U-\mu)-(T_U-T_L)}{3\sigma}=C_{pk}-2C_p \tag{6-3}$$

把式(6-2)、式(6-3)代入式(6-1)可得

$$P=\Phi[3(C_{pk}-2C_p)]+1-\Phi(3C_{pk})=\Phi[-3(2C_p-C_{pk})]+\Phi[(-3C_{pk})] \tag{6-4}$$

如果过程分布中心 μ 位于公差下限 T_L 与公差中心 M 之间，则同样也可得到式(6-4)，它又可写为

$$P=\Phi[-3(1+k)C_p]+\Phi[-3(1-k)C_p]$$

当 $k=0$ 时

$$P=2\Phi(-3C_p)=2-2\Phi(3C_p)$$

例6-9：求 $C_P=1.0, k=0.2$ 时的不合格品率 P。

解：

$$\begin{aligned}P&=\Phi[-3\times(1+0.2)\times1.0]+\Phi[-3\times(1-0.2)\times1.0]\\&=\Phi(-3.6)+\Phi(-2.40)\\&=1-\Phi(3.60)+1-\Phi(2.40)\\&=2-0.999\,841-0.991\,802\\&=0.008\,357\end{aligned}$$

4. 计数值特征的过程能力分析

这里的计数值只指计点值。某些过程质量特征往往难以用计量值数据来表示，因此只能根据生产过程的单位产品缺陷数 DPU(Defects Per Unit)分析过程质量的高低。当缺陷以随机方式出现时，可以认为单位产品的缺陷服从泊松分布，则单位产品出现 d 个缺陷的概率为

$$P(x=d)=\frac{(DPU)^d\mathrm{e}^{-DPU}}{d!}$$

当 $d=0$ 时，表示产品无缺陷，即 P 表示一次送检合格率。一次送检合格率用 FTY(First Time Yield)表示，则

$$FTY=P(x=0)=\mathrm{e}^{-DPU}$$

DPU 和一次送检合格率的关系可写成

$$DPU=-\ln(FTY)$$

对于某些生产过程，往往没有必要检测出所有缺陷，一旦发现产品质量缺陷即判定不合格（不返修），并可由上述公式近似估计 *DPU*。为了方便计算与交流，*DPU* 还可用 *DPHU*（每百单位产品缺陷数）表示：

$$DPHU=100\times DPU$$

DPU 虽然可以较好地反映过程质量，但不同复杂度产品的 *DPU* 不具备横向可比性。为了使不同复杂度的产品具备横向可比性，这里引入“缺陷机会”的概念，所谓“缺陷机会”，是指在生产过程中由于工人、机器或零部件等的原因可能对产品造成缺陷的机会，一般来讲，过程越多，产品越复杂，产品出错的机会就越多，例如，在 PCB 板上插 10 个插件和 100 个插件，其缺陷机会肯定不同，前者为 10 个缺陷机会，后者为 100 个缺陷机会。百万缺陷机会缺陷数 *DPMO*（Defects Per Million Opportunities）就是考虑到不同复杂度产品缺陷机会后的规范化的指标，它可用于不同复杂度产品间的横向比较。

$$DPMO=\frac{DPU\times 10^6}{\text{单位产品平均缺陷机会数}}$$

DPMO 的公式还可以具体表示成

$$DPMO=\frac{\text{总的缺陷数}}{\text{产品数}\times\text{机会数}}\times 10^6$$

根据 *DPU* 和 *DPMO* 可分析计数值质量特征的过程能力。需要指出的是，有些学者或企业使用 *PPM*（百万分之缺陷率）作为衡量过程质量的指标，实际上 *PPM* 与 *DPMO* 的概念是一致的，但是 *PPM* 经常会使人误解，因此建议使用 *DPMO* 指标。

例 6-10： 检验员小王一天检验了 100 个电路板，每张电路板上有 1 000 个检验点，总共有 80 个错误，计算该过程的 *DPMO*。

解：

$$DPMO=\frac{80}{100\times 1\,000}\times 10^6=800$$

6.5.3　过程能力评价

1. 过程能力判定

当工序能力指数求出后，就可以对工序能力是否充分做出分析和判定，即判断 C_p 值在多少时，才能满足设计要求。

①根据工序能力的计算公式，如果质量特性分布中心与标准中心重合，这时 $K=0$，如果标准界限范围是 $\pm 3\sigma$（即 6σ），这时的工序能力指数 $C_p=1$，可能出现的不良品率为 0.27%，工序能力基本满足设计质量要求。

②如果标准界限范围是 $\pm 4\sigma$（即 8σ），$K=0$，则工序能力指数为 $C_p=1.33$，这时的工序能力不仅能满足设计质量要求，而且有一定的富余能力，这种工序能力状态是比较理想的状态。

③如果标准界限范围是 $\pm 5\sigma$（即 10σ），$K=0$，则工序能力指数为 $C_p=1.67$，这时工序能力有更多的富余，也就是说工序能力非常充分。

④当工序能力指数 $C_p<1$ 时，认为工序能力不足，应采取措施提高工序能力。

根据以上分析，工序能力指数 C_p（或 C_{pk}）值的判断标准如表 6-8 所列，可作参考。

表6-8 工序能力的判断标准

级别 \ 项目	工序能力指数 C_p 或 C_{pk}	对应关系 T 与 σ	不合格品率 P	工序能力分析
特级	$C_p>1.67$	$T>10\sigma$	$P<0.000\,06\%$	工序能力很充分
一级	$1.67\geqslant C_p>1.33$	$10\sigma\geqslant T>8\sigma$	$0.000\,06\%\leqslant P\leqslant 0.006\%$	工序能力充分
二级	$1.33\geqslant C_p>1$	$8\sigma\geqslant T>6\sigma$	$0.006\%\leqslant P\leqslant 0.27\%$	工序能力尚可
三级	$1\geqslant C_p>0.67$	$6\sigma\geqslant T>4\sigma$	$0.27\%\leqslant P\leqslant 4.45\%$	工序能力不足
四级	$C_p\leqslant 0.67$	$T\leqslant 4\sigma$	$P\geqslant 4.45\%$	工序能力严重不足

2. 提高过程能力的对策

(1) $C_p>1.33$

当 $C_p>1.33$ 时,表明工序能力充分,这时就需要控制工序的稳定性,以保持工序能力不发生显著变化。如果认为工序能力过大时,应对标准要求和工艺条件加以分析,一方面可以降低要求,避免设备精度的浪费;另一方面也可以考虑修订标准,提高产品质量水平。

(2) $1.0\leqslant C_p\leqslant 1.33$

当工序能力处于1.0~1.33范围内时,表明工序能力基本满足要求,但不充分。当 C_p 值很接近1时,则会产生超差的危险,应采取措施加强对工序的控制。

(3) $C_p<1.0$

当工序能力小于1时,表明工序能力不足,不能满足标准的需要,应采取改进措施,改变工艺条件,修订标准,或严格进行全数检查等。

3. 提高过程能力指数的途径

在实际的工序能力调查中,工序能力分布中心与标准中心完全重合的情况是很少的,在大多数情况下都存在一定量的偏差,所以在进行工序能力分析时,计算的工序能力指数一般都是修正工序能力指数。从修正工序能力指数的计算公式 $C_{pk}=\dfrac{T-2\varepsilon}{6\sigma}$ 中可以看出,式中有3个影响工序能力指数的变量,即质量标准 T、绝对偏移量 ε、工序质量特性分布的标准差 σ。那么,提高工序能力指数就有3个途径,即减小偏移量、降低标准差以及扩大精度范围。

(1) 调整工序加工的分布中心,减少偏移量

偏移量是工序分布中心与技术标准中心偏移的绝对值,即 $\varepsilon=|M-\mu|$。当工序存在偏移量时,会严重影响工序能力指数。假设在两个中心重合时工序能力指数是充足的,但由于存在偏移量,使工序能力指数下降,故造成工序能力严重不足。

例6-11:某零件尺寸标准要求为 $\Phi 8^{-0.05}_{-0.10}$,随机抽样后计算出的样本特性值为 $\bar{X}=7.945$,$S=0.005\,19$,计算工序能力指数。

解:已知

$$T_L=7.9,\quad T_U=7.95$$

则

$$T=T_U-T_L=7.95-7.9=0.05$$

$$M=\frac{T_U+T_L}{2}=\frac{7.95+7.9}{2}=7.925$$

$$\varepsilon = |\bar{X} - M| = |7.945 - 7.925| = 0.02$$

$$K = \frac{2\varepsilon}{T} = \frac{2 \times 0.02}{0.05} = 0.8$$

$$C_p = \frac{T}{6S} = \frac{0.05}{6 \times 0.00519} = 1.6$$

$$C_{pk} = C_p(1 - K) = 1.6 \times (1 - 0.8) = 0.32$$

由上例看出 $C_p = 1.6$ 是很充足的，但由于存在偏移量，使工序能力指数下降到 0.32，故造成工序能力严重不足。所以调整工序加工的分布中心，消除偏移量，是提高工序能力指数的有效措施。

(2) 提高工序能力，减少分散程度

工序能力是由人、机、物、法、环境 5 个因素所决定的，这是工序固有的分布宽度。当技术标准固定时，工序能力对工序能力指数的影响是十分显著的，由此看出，减少标准差 σ，就可以减小分散程度，提高工序能力，从而满足技术标准的要求程度。一般来说，可以通过以下一些措施减小分散程度：

①修订工艺，改进工艺方法；修订操作规程，优化工艺参数；补充或增添中间工序，推广应用新工艺、新技术。

②改造更新与产品质量标准要求相适应的设备，对设备进行周期点检，按计划进行维护，保证设备的精度。

③提高工具、工艺装备的精度，对大型的工艺装备进行周期点检，加强维护保养，保证工艺装备的精度。

④按产品质量要求和设备精度要求保证环境条件。

⑤加强人员培训，提高操作者的技术水平和质量意识。

⑥加强现场质量控制，设置关键、重点工序的工序管理点，开展 QC 小组活动，使工序处于控制状态。

(3) 修订标准范围

标准范围的大小直接影响对工序能力要求的多少，若降低标准要求或放宽公差范围不致影响产品质量时，就可以修订不切实际的现有公差的要求。这样既可以提高工序能力指数，又可以提高劳动生产率。但必须以切实不影响产品质量、不影响用户使用效果为依据。

习题 6

6-1 判稳的思路是什么？试用简洁的语言加以叙述。

6-2 判异的思路是什么？试用简洁的语言加以叙述。

6-3 前面说过，“点出界就判异”，现在在第②条判稳准则中，若连续 35 点中即使有一点出界也判稳，这是为什么？

6-4 根据第②条判稳准则，数据至少应该取为多少组？

6-5 有了第①条判稳准则，为什么还需要第②、第③条判稳准则？

6-6 判断下列图 6-35 中各个控制图的异常。

6-7 $\bar{X}-R$ 控制图有何优点？

6-8 用 $\bar{X}-R$ 控制图控制产品的质量特性时应遵循怎样的抽样原则?

6-9 利用某工序加工一产品,其计量数据如表6-9所列。做 $\bar{X}-R$ 图并判断该工序是否处于稳定状态。

6-10 假设过程处于稳定状态时的总体标准差已知且为 $\sigma=2.4$,现每小时从过程抽取5个样品,已抽得30组样本的均值 $\bar{X}$ 和极差 R,算得 $\sum_{i=1}^{30}\bar{x}_i=458.4$ 与 $\sum_{i=1}^{30}R_i=127.6$。试计算 $\bar{X}-R$ 图控制界限。

6-11 已知控制图的中心线为95,样本大小为 $n=4$,该过程总体标准差为 $\sigma=6$。如果过程均值从 $\mu_0=95$ 偏移到 $\mu_1=101$,试问偏移后第一组样本就能被检出的概率为多少?

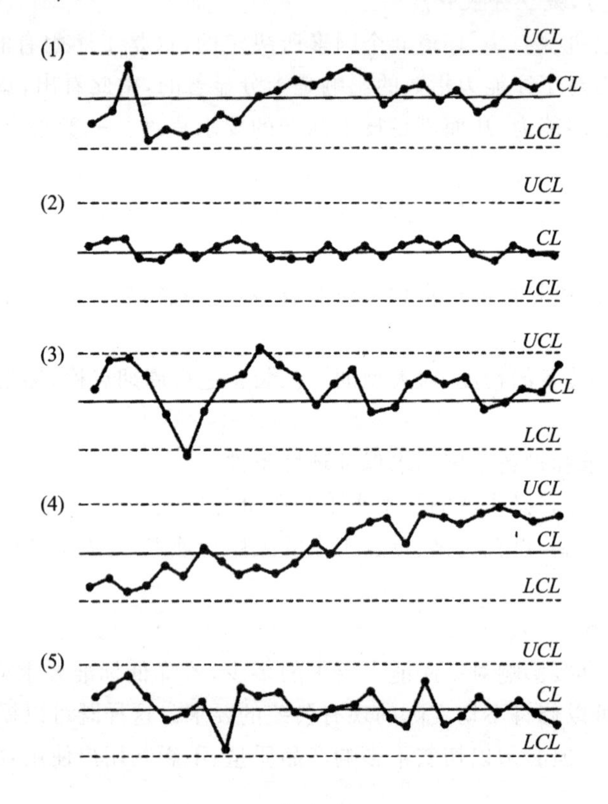

图6-35 控制图(1)~(5)

表6-9 $\bar{X}-R$ 图数据表

样本序号	$J1$	$J2$	$J3$	$J4$	样本序号	$J1$	$J2$	$J3$	$J4$
1	6	9	10	15	16	15	10	11	14
2	10	4	6	11	17	9	8	12	10
3	7	8	10	5	18	15	7	10	11
4	8	9	7	13	19	8	6	9	12
5	9	10	6	14	20	14	15	12	16
6	12	11	10	10	21	9	8	13	12

续表 6-9

样本序号	$J1$	$J2$	$J3$	$J4$	样本序号	$J1$	$J2$	$J3$	$J4$
7	16	10	8	9	22	5	7	10	14
8	7	5	9	4	23	6	10	15	11
9	9	7	10	12	24	8	12	11	10
10	15	16	8	13	25	10	13	9	7
11	8	12	14	16	26	7	14	10	8
12	6	13	9	11	27	5	13	9	12
13	7	13	10	12	28	12	11	10	9
14	7	13	10	12	29	7	13	8	6
15	11	7	10	16	30	4	10	13	9

6-12 从某生产过程定期抽取样本大小为 $n=7$ 的样本。设质量特性服从正态分布，对每一样本中的样品进行测量并计算样本的 $\bar{X}$ 值和 s 值。在抽取了 50 个样本后，有

$$\sum_{i=1}^{50}\bar{X}_i=1\ 000,\qquad \sum_{i=1}^{50}s_i=70$$

试计算 $\bar{X}-S$ 图；如果该过程处于稳定状态，试估计该过程总体标准差 σ。

6-13 在一制造过程中，某直径的检验数据如表 6-10 所列。试做 $X-R$ 图对此过程进行控制。

表 6-10　$X-R$ 图数据表

样本序号	x	样本序号	x	样本序号	x
1	1.01	11	1.05	21	0.98
2	0.98	12	1.02	22	1.01
3	1.04	13	1.05	23	1.03
4	1.06	14	1.00	24	0.96
5	1.03	15	0.97	25	1.01
6	1.03	16	0.99	26	1.04
7	0.99	17	1.03	27	0.99
8	1.01	18	1.01	28	1.05
9	0.98	19	1.07	29	1.02
10	1.02	20	1.02	30	1.01

6-14 某一生产过程生产橡皮垫圈，检查的 30 批产品的数据如表 6-11 所列。(1)试用 p 图与 np_T 图分析过程是否处于控制状态；(2)将 p 图与 np_T 图进行比较。

6-15 为什么 np 图与 c 图不适用于样本大小 n 变化的场合？在这些场合应采用什么方法？

6-16 通用控制图是利用什么方法把常用控制图统一成 $UCL=3, CL=0, LCL=-3$ 的控制图？其关键何在？

6-17 假设建立某 p 图的中心线为 $\bar{p}=0.10$。如果要求当过程不合格品率由 0.10 偏移到 0.16 时，被检出的概率为 0.50，则样本至少为多少？

6-18 如何理解过程能力和过程能力指数？

6-19 已知某零件尺寸要求 $50^{+0.3}_{-0.1}$ mm，取样实际测定后求得 $\bar{X}$ 为 50.05，标准差 S 为 0.061，求过程能力指数及不合格品率。

6-20 某零件图纸尺寸要求长度为(30±0.2) mm，样本标准差为 $S=0.038$，$\bar{X}=\mu=30.1$，其规格上限 $T_{\mu}=30.2$，求过程能力指数，并对过程能力是否充足做出分析。

表6-11 数据表

样本序号	样本大小 n	样本不合格品数 D	样本序号	样本大小 n	样本不合格品数 D
1	2 405	230	16	2 254	331
2	2 614	436	17	2 012	198
3	2 013	221	18	2 517	414
4	2 200	346	19	1 995	131
5	2 306	235	20	2 189	269
6	2 278	327	21	2 099	221
7	2 311	285	22	2 481	401
8	2 460	311	23	2 339	358
9	2 187	342	24	2 477	343
10	2 067	308	25	2 340	246
11	2 153	294	26	2 145	223
12	2 315	267	27	2 027	218
13	2 500	456	28	2 249	234
14	2 443	394	29	2 468	245
15	2 170	285	30	2 538	274

本章参考文献

[1] 林志航.产品设计与制造质量工程[M]. 北京:机械工业出版社,2005.
[2] 孙静.接近零不合格过程的质量控制[M]. 北京:清华大学出版社,2001.
[3] 钟伦燕.统计过程控制(SPC)技术原理和应用[M].北京:电子工业出版社,2001.
[4] 张公绪,孙静.新编质量管理学[M]. 2版.北京:高等教育出版社,2003.
[5] 张根保.质量管理与可靠性[M]. 北京:中国科学技术出版社,2005.
[6] 贾新章.统计过程控制与评价[M]. 北京:电子工业出版社,2004.
[7] 于振凡,孙静,丁文兴.生产过程质量控制[M]. 2版. 北京:中国标准出版社,2013.
[8] 张根保.现代质量工程[M]. 2版. 北京:机械工业出版社,2007.
[9] 伍爱. 质量管理学[M]. 3版. 广州:暨南大学出版社,2006.
[10] 康锐,何益海. 质量工程技术基础[M]. 北京:北京航空航天大学出版社,2012.
[11] Montgomery DC. Introduction to Statistical Quality Control[M]. 7th ed. New Jersey: John Wiley & Sons, Inc., 2013.

第7章　质量检验与抽样技术

7.1　质量检验概述

7.1.1　质量检验的定义

国际标准ISO9000:2000对质量检验的定义是:通过观察和判断,必要时结合测量、试验或度量所进行的符合性评价。对产品而言,质量检验是指根据产品标准或检验规程对原材料、半成品、成品进行观察、测量或试验,并把所得到的特性值和规定值作比较,判定出各个物品或成批产品合格与不合格,以及决定接收还是拒收该产品或零件的技术性检查活动。

质量检验的另外一项功能是,根据检测结果判断工序的质量状况,尽早发现工序异常现象并予以消除。质量检验数据作为重要的质量记录,也是判断质量管理体系是否正常运行的重要依据。

从以上的定义可以看出,质量检验过程实质上是一个观察、测量和分析判定的过程,并根据判定结果实施处理。这里的处理是指放行合格的单个或一批被检物品和给出不合格品返工、报废或拒收的结论。

在产品质量形成过程中,质量检验起着非常重要的作用,它是产品质量管理和质量保证的重要环节,是企业生产经营活动中必不可少的组成部分。任何一种产品,在生产制造完成后,如果未经质量检验,就无法判断其质量的好坏。

7.1.2　质量检验的目的和意义

1. 质量检验的目的

①判断产品质量是否合格。

②确定产品质量等级或产品缺陷的严重性程度,为质量改进提供依据。

③了解生产工人贯彻标准和工艺的情况,督促和检查工艺纪律,监督工序质量。

④收集质量数据,并对数据进行统计、分析和计算,提供产品质量统计考核指标完成的状况,为质量改进和质量管理活动提供依据。

⑤当供需双方因产品质量问题发生纠纷时,实行仲裁检验,以判定质量责任。

2. 质量检验的重要意义

①通过进货质量检验,企业可以获得合格的原材料、外购件及外协件,这对保证企业产品质量特别重要。此外,通过进货检验还可以为企业的索赔提供依据。

②通过过程检验不仅可以使工艺过程处于受控状态,而且还可以确保企业生产出合格的零部件。

③通过最终检验可以确保企业向用户提供合格的产品,不仅可以减少用户的索赔、换货等损失,而且可以得到用户的信赖,不断扩大自己的市场份额。

总之，加强质量检验可以确保不合格原材料不投产，不合格半成品不转序，不合格零部件不装配，不合格产品不出厂，避免由于不合格品投入使用给用户、企业以及社会带来的损失。另外，在质量成本中，检验成本往往占很大的份额，合理确定检验工作量对降低质量成本具有重要意义。

因此，企业的检验工作在任何情况下都是完全必要、不可缺少的。开展质量管理工作绝不意味着可以削弱、合并甚至取消检验机构。恰恰相反，越是深入开展质量管理，就越应充实、完善和加强质量检验工作，充分发挥检验工作的职能作用。

7.1.3　质量检验的职能和工作程序

1. 质量检验的职能

在产品质量的形成过程中，检验是一项重要的质量职能。概括起来说，检验的质量职能就是在正确鉴别的基础上，通过判定把住产品质量关，通过质量信息的报告和反馈，采取纠正和预防措施，从而达到防止质量问题重复发生的目的。

①鉴别职能。检验活动实质上是进行质量鉴别的过程。它是根据产品规范，按规定的程序和方法，对受检对象的质量特性进行度量，并将结果与规定的要求进行比较，对被检查对象合格与否做出判定。这就是检验的质量鉴别职能。

②把关职能。在生产的各个环节，通过质量检验挑选并剔除不合格产品，并对不合格产品做出标记，进行隔离，防止在做出适当处理前不合格产品被误用。通过产品质量形成全过程的检验，层层把住“关口”，保证产品的符合性质量，这就是检验的质量把关职能。

③预防职能。通过检验可获得质量数据和信息，为质量控制提供依据。通过工序质量控制，把影响工序质量的因素管理起来，以实现“预防为主”的目的。

④报告职能。把检验过程中获得的数据和异常情况认真记录下来，及时进行整理、分析和评价，并向有关部门和领导报告企业的产品质量状况和质量管理水平，提供质量改进信息。

⑤监督职能。监督职能是新形势下对质量检验工作提出的新要求，它包括：参与企业对产品质量实施的经济责任制考核，为考核提供数据和建议；对不合格产品的原材料、半成品、成品以及包装实施跟踪监督；对产品包装的标志和出、入库等情况进行监督管理；对不合格品的返工处理及产品降级后更改产品包装等级标志进行监督；配合工艺部门对生产过程中违反工艺纪律的现象进行监督等。

2. 质量检验的工作程序

①熟悉和掌握技术标准，制定质量检验计划。首先，把有关的技术标准转换成具体、明确的质量要求和检验方法，通过标准的具体化，使有关人员熟练掌握产品的合格标准。

②测量。测量就是采用各种计量器具、检验设备以及理化分析仪器，对产品的质量特性进行定量或定性的测量，以获取所需信息。

③比较。比较就是把检验结果与质量标准进行对比，观察质量特性值是否符合规定的标准。

④判定。根据比较的结果，判定被检验对象是否合格。

⑤处理。处理阶段包括以下内容：对合格产品予以放行，使其及时转入下道工序；对不合格产品给出返修、降级使用或报废的决定；对不合格品进行跟踪管理；对批量产品（包括外协配

套件、原材料等)根据产品批质量情况和检验判定结果,分别给出接受、拒收、筛选或复检等结论,并向有关部门和领导报告。

7.1.4 质量检验的分类及特点

1. 按生产过程划分

(1) 进货检验

进货检验是由企业的检验部门对进厂的物品,如原材料、辅料、外购件、外协件等进行入库前的检验。进货检验分为首批检验和成批检验两种。所谓首批检验,就是对满足下列条件的进厂物品进行严格检验:

①首次交货。

②产品结构和原材料成分有较大的改变。

③制造方法有较大的变化。

④该物品在停产较长时间后又恢复生产等。

首批检验的目的是了解物品的质量水平,以便建立明确具体的验收标准,在以后成批验收物品时,就以这批货物的质量水平为标准。所谓成批检验,就是对批量进厂的物品进行检验。其目的是防止由于不合格物品入厂而降低产品质量,破坏正常的生产秩序。在进货检验中,对关键物品一般采用全数检验,对次重要物品或无法全检的重要物品进行抽样检验;对于一般物品可进行少量的抽检或只查合格证。

(2) 过程检验

过程检验是对零件或产品在工序过程中进行的检验。其目的是确保不合格品不流入下道工序,并防止产品成批不合格的现象。此外,过程检验的结果可以作为判断工序是否处于受控状态的依据。过程检验可分为逐道工序检验和集中检验两种。逐道工序检验是指对零部件生产的每个工序都进行检验,逐道工序检验对保证产品质量、预防不合格产品的产生具有良好的效果,但检验工作量大,花费高,因此只在重要工序上采用。集中检验就不是每个工序都进行检验,而是在几道工序完成后集中进行检验。如果产品质量比较稳定,而又不便于进行逐道工序检验时,可以在几道工序完毕后集中进行检验。过程检验的重点是首件检验,如果首件检验不合格,应立即采取措施对工序进行调整。进行首件检验的条件是:

①交接班后生产的第一件产品。

②调整设备后生产的第一件产品。

③调整或更换工装后加工的第一件产品。

④改变工艺参数和加工方法后生产的第一件产品。

⑤改变原材料、毛坯、半成品后加工出来的第一件产品。

(3) 零件完工检验

零件完工检验是对已经全部加工结束后的成品零件进行的检验。应着重检验以下几个方面:

①应加工的工序是否全部完成。

②是否符合质量的要求。

③外观是否有磕、碰、刮伤等表面缺陷。

④零件的编号是否齐全和清楚等。

完工检验是保证不合格件不出车间、不出厂的重要工作内容。

（4）成品检验

所谓成品检验，是指对组装成的产品在准备入库或出厂前所进行的检验。由于成品检验是在成品入库或出厂前所进行的最后一次检验，故对防止不合格品出厂至关重要，因此必须予以重视。成品检验的内容包括：

①按照技术要求逐条、逐项进行产品性能检验。

②对产品的外观进行检验。

③对产品的安全性进行检验。

④对备用件进行检查。

⑤认真做好记录。

2. 按检验地点划分

（1）固定地点检验

在固定地点设置检验站，由生产工人或搬运工将产品送到检验站进行检验。固定地点检验适用于检验设备不便移动或检验设备频繁使用的情况。检验地点的选择应使搬运路线最短，当然还应考虑检验设备对环境的要求。

（2）流动检验

流动检验又可分为巡回检验和派出检验两种。巡回检验是由检验人员到生产现场进行的定期或随机性检验。巡回检验的优点是：

①能及时发现质量问题，充分发挥检验的预防作用，特别是可以预防成批质量问题的发生。

②有利于对操作工人进行技术指导，帮助做好质量分析工作，并监督工序质量控制工作。

③减少零件的搬运工作量，并避免搬运中的磕、碰、刮伤等现象。

④节省操作工人等待检验的辅助时间。

⑤可以指导操作工人正确地进行自检和互检，正确使用量具，也可以将检验结果随时标注在控制图上，有利于改进和提高产品质量。

但必须指出的是，巡回检验提高了对检验工人的要求，如检验工人应熟悉工艺过程，应有丰富的实际工作经验、较高的技术水平以及较强的责任心，要敢于打破情面，坚持原则等。

（3）派出检验

派出检验是把检验工人派到用户单位和供货单位进行的检验，对于重要产品和长期供货的产品，常采用这种检验方式。但派出检验方式不能取代企业的正常检验，只能作为一种辅助措施。

3. 按检验目的划分

（1）生产检验

生产检验是在工作过程中进行的检验。其目的是及时发现问题，使工序处于受控状态，也可以防止不合格品流向下道工序。

（2）验收检验

验收检验的目的是检查产品是否合格，以决定是否出厂（对生产者而言）、是否接受（对接收方而言）。另外，通过验收检验还可分清质量责任，避免质量纠纷。

（3）复查检验

复查检验是对已检查过的零部件和产品进行抽检，以考核检验工人的工作质量。

4. 按检验数量划分

(1) 全数检验

全数检验是对一批产品中的所有个体逐一进行检验,以判断其是否合格。全数检验适用于下列情况:零件的检验是非破坏性的;需要检验的质量特性的数量允许全部检验;关键件的关键项目必须确保质量;如果不全数检验就不能保证产品质量。

(2) 抽样检验

抽样检验是按数理统计的方法,从待检的一批产品中随机抽取一定数量的样本,并对样本进行检验,然后根据样本的合格情况推算这批产品的质量状况。

5. 按检验的后果性质划分

(1) 非破坏性检验

在检验时产品不会受到破坏,检验后受检产品应保持完好。

(2) 破坏性检验

在检验时产品受到一定程度的损坏,检验后产品可能完全无法使用或使用价值降低。破坏性检验常采用抽样检验方法。

6. 按检验人员划分

(1) 自　检

由生产工人自己对零部件或产品质量进行检验。自检是随时发现问题,提高工人积极性和责任心的重要手段之一。

(2) 互　检

互检是指生产工人之间对工序过程中的产品进行相互检验。互检的方式包括:同班组之间进行互检;同机床倒班者之间的交接互检;下道工序对上道工序的交接检验;生产班组所设的兼职质量员对本组工人加工质量的抽检;同工序间生产工人的"结对"互检等。

(3) 专　检

专检是指由专职检验人员进行的质量检验活动,具有权威性。

以上的自检、互检以及专检被称为"三检制"。在实行三检制时,应做好以下几方面的工作:

①根据企业的生产特点、员工素质以及其他情况,合理地确定专检、自检以及互检的职责范围,明确各自的任务和所负的责任。一般来讲,专职检验人员应负责原材料入库、半成品流转、成品包装出厂等检验工作;而生产过程中的工序检验应强调自检和互检相结合,同时辅以专检人员巡检的方式。

②对于自检的生产工人,应明确规定岗位责任和质量责任制。

③应向生产工人提供必要的条件和检验手段,并进行必要的培训。

④健全原始记录,完善统计报表。

⑤采取必要的激励措施。

7. 按检验方法划分

(1) 感官检验

依靠人的感觉器官(皮肤、眼、耳、鼻、嘴等)进行产品质量的评价和判定被称为感官检验。感官检验常用于对产品外观的颜色、伤痕、锈蚀,物体的温度、粗糙度、噪声、振动、气味等进行检验。感官检验结果的表达方式有以下三种：

①评分法。根据人的感觉直接给出被检对象的分数，以区别其质量的高低。表 7－1 所列为一种评分标准。

表 7－1　评分标准

非常好	相当好	略微好	正　常	略微差	相当差	非常差
+5	+3	+1	0	−1	−3	−5

②排队法。将被检对象按质量特性的好坏排列出顺序。当然，在给出排列顺序时也可给出相应的分数。

③比较法。比较法是感官检验中常用的一种方法，其特点是把被检产品与标准样品进行比较(如粗糙度、色彩图片等)，以确定被检物的等级。

(2) 器具检验

器具检验是指利用计量仪器和量具，应用物理和化学方法对产品质量特性进行的检验。如利用成分分析仪对材料的化学成分进行检验，利用噪声计对噪声进行检测，利用硬度计对表面硬度进行检测，利用坐标测量仪对形位公差进行检测等均属于器具检验。利用计量器具进行检验有结果准确、客观性强等特点。表 7－2 所列为感官检验与器具检验特点的比较。

表 7－2　感官检验与器具检验的比较

名　称	感官检验	器具检验
测定过程	生理的、心理的	物理的、化学的
输出	通过人的语言表达，精确性差	输出的是物理量数值
误差	与人的性格、性别、年龄、习惯、教育、训练等关系很大，所得结果差别也很大	误差小，重复度高
校正	即使同样的刺激，也可能得到不同的结果，所以难以比较	易于进行比较
环境的影响	大	小

(3) 试用性检验

试用性检验是把产品交给用户或其他人试用，在试用一段时间后再收集试用者的反馈，以此来判定产品的性能质量。在开发新产品(特别是汽车)、新材料、新工艺时常采用这种方法。在采用这种方法时，一定要求试用者做出详尽的记录，以便为产品鉴定提供可靠的依据。

7.1.5　质量检验的依据

在制定检验计划、实施检验、评定检验结果时，都必须有一定的客观依据。常用的检验依据有：国家质量法律和法规、各种技术标准、质量承诺、产品图样、工艺文件以及技术协议等。

①国家质量法律和法规。长期以来，党和政府非常重视质量立法工作，逐步形成了以《产品质量法》为基础，以其他配套法规、特殊产品专门立法、标准与计量立法、产品质量监督管理立法等为辅的质量立法体系。与此同时，有关部门还颁布了有关质量工作的法律、规章以及决定等。在质量检验工作中，要认真学习，贯彻法律、规章以及决定的有关规定，做到不折不扣地执行。另外，企业也要善于利用法律、规章以及决定作为武器维护自己的合法权益。

②技术标准。标准是以科学、技术以及实践经验的综合成果为基础,经有关方面协商一致,由主管部门批准,并以特定的程序和特定的形式发布,作为共同遵守的准则和依据。标准分为技术标准和管理标准两大类。技术标准又可分为基础标准、产品标准、方法标准、安全和环境保护标准四大类,我国的技术标准体系如图7-1所示。在选用标准时,应优先选择国家标准,其次是行业标准,最后才是地方标准和企业标准。在选用国际标准时,应结合我国国情,可以采用等同采用、等效采用以及参照采用等方式。

③质量承诺。质量承诺是生产者或销售者对产品或服务质量作出的书面保证或承诺。它可以作为质量检验的依据。

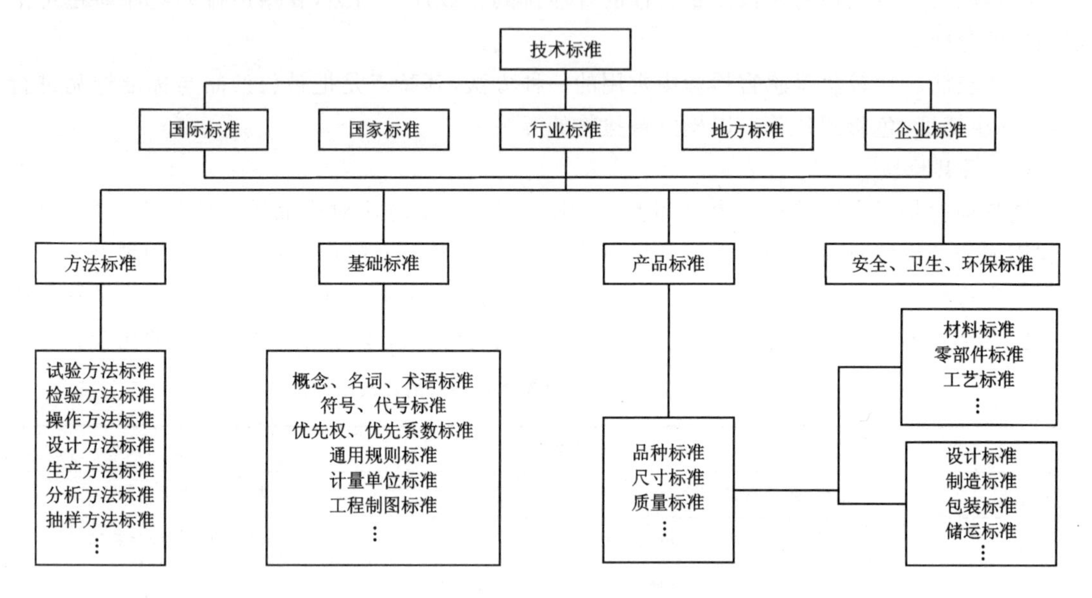

图7-1 质量检验技术标准体系

④产品图样。产品图样是企业组织生产和加工制造的最基本的技术文件。图样中标注的尺寸、公差、表面粗糙度、材质、数量、加工技术要求、装配技术要求以及检验技术要求都是质量检验的重要依据。

⑤工艺文件。工艺文件是指导生产工人操作和进行生产、检验、管理的主要依据之一。工艺文件对工序质量控制至关重要,工艺文件的质量检验卡是过程质量检验的重要文件。

⑥技术协议。企业在生产制造过程中,外购件往往占很大的比重,为了保证外购件的质量,应签定合同和技术协议书。技术协议书中必须明确质量指标、交货方式和地点、包装方式、数量、验收标准、随机数量等内容,这些都是进货验收时的重要依据。

7.1.6 检验状态的标识与管理

1. 质量检验状态概述

产品或零部件是否已经得到检验,检验的结论如何,对检验结果如何进行处理,这些称为检验状态。对检验状态进行标识和管理,是质量检验工作的一项重要内容。

质量检验状态一般可以有4种:待检品、待判定品、合格品、不合格品。应对处于这四种检验状态的产品采取隔离和标识措施。

2. 隔离区及标识

根据检验的 4 种状态，一般应划出 4 个区域，分别存放不同检验状态的物品。待检品放在具有“待检”标识的待检区；对于已经进行过检验，但等待判定结论的物品应存放在具有“待判定区”标识的临时性区域；对于判定为合格的物品，应填写合格证并做好合格性标志后放在“合格品区”等待登账入库；对于不合格品，应做出不合格标识，并存放在“不合格品区”等待处理。

检验状态的标识可采用标记、标签、印章、合格证等方式。在存放和搬运的过程中，要特别注意保护标识，使标识总是与物品在一起。标识中一般应明确以下内容：物品名称、型号规格、生产日期、入厂及入库日期和数量、检验人员姓名及编号、检验时间、检验结论等。

3. 不合格品管理

在企业的生产制造过程中，由于人、机、料、法、环、测等因素的影响，不合格品的出现往往是不可避免的。为此，应加强对不合格品的管理，不仅要做到不合格原材料、外购件、外协件、配套件不进厂，不合格制品不转工序，不合格零部件不装配，不合格产品不出厂，而且还要通过对不合格品的管理，找出造成不合格的原因，并采取措施防止后续不合格品的产生。

(1) 不合格品的分类

不合格品根据其可用状态可分成废品、次品以及返修品 3 种。

①废品。废品是指零件的质量严重不满足标准的要求，无法使用，但又不能修复的产品。废品的出现给企业造成的损失是巨大的，因此应采取一切措施避免废品的产生。

②次品。次品(又称疵品)是指零件的质量特性轻微地不满足标准的要求，但不影响产品的使用性能、寿命、安全性、可靠性等指标，也不会引起用户的强烈不满。在经过充足的分析论证，并按规定的手续审批后，打上明显的“次品”标记，允许出厂或转入下一道工序。对次品的使用有时称为“让步使用”。

③返修品。返修品是指那些不符合质量标准，但通过返修可以达到合格标准的产品或零件。

(2) 不合格品的标识和记录

在检验过程中，一旦发现不合格品，就应立即进行标识，并做详细记录。对于不同类型的不合格品，应采用区别明显的标识(例如不同颜色的油漆)。在用标签标识时，必须使标签牢固地拴在不合格品上，以免相互分离。

(3) 不合格品的隔离

对已经做了记录和标识的不合格品，应按其性质进行隔离放置，等待进一步处理。因此，在检验区应设置专门放置不合格品的隔离区。未经允许，任何人不得随意搬动处于隔离区的不合格品。此外，应尽量缩短不合格品在隔离区的存放时间，及时进行后续处理。

(4) 不合格品的处理

经检验确定的不合格品，必须根据适当的程序进行处理，处理程序(参考)如图 7-2 所示。

不合格品处理的内容主要包括：废品处理、次品处理以及返修品处理。

①废品处理。对废品的处理比较简单，如果是外购物品，在隔离后等待退货处理；如果是本企业生产的不合格品，就按报废处理程序进行报废处理。对废品应做出明显的标识，将之存放在“废品隔离区”，并填写废品通知单。

②次品处理。在判定不合格品为次品后，首先应由有关人员组成评审小组进行评审。如

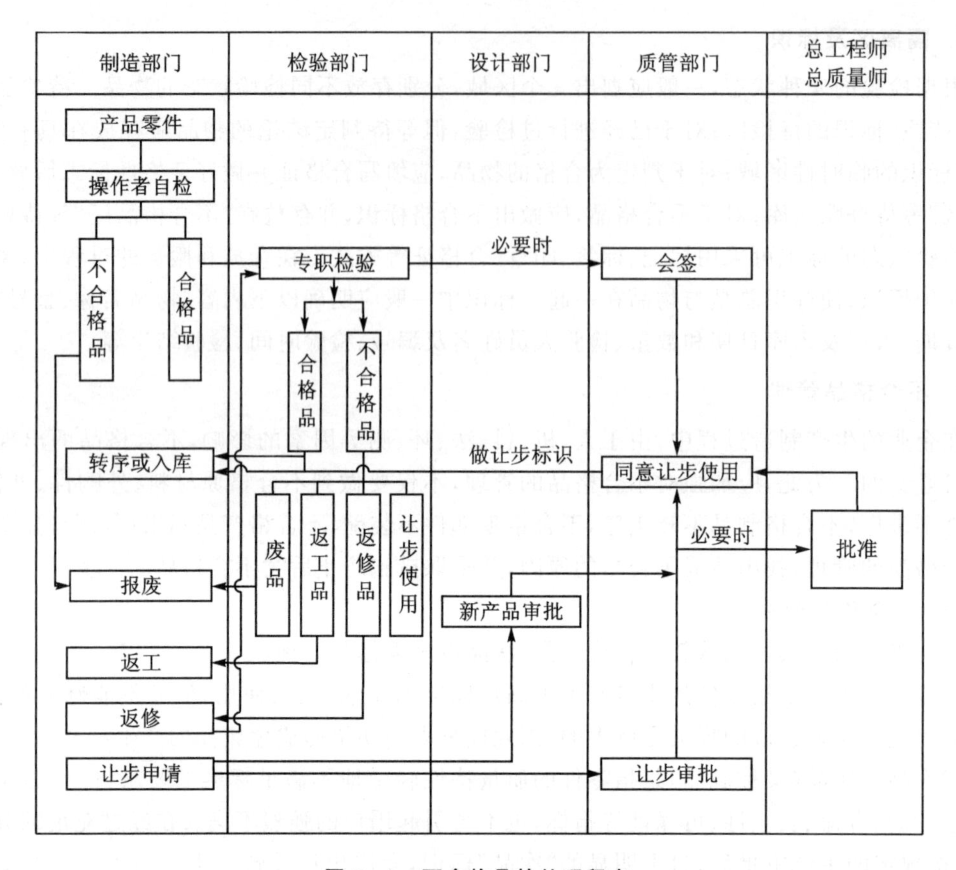

图 7-2 不合格品的处理程序

果认为次品的应用不会影响产品功能、性能、安全性和可靠性，同时不会触犯有关产品责任方面的法律，也不会影响企业的信誉，则可确定其为"回用品"。这时，应由责任单位提出回用申请，并填写"产品回用单"，说明回用的理由及采取的措施，经有关部门批准后打上"回用品"标记，然后登记入库。对外购物品的回用，还应向供货方提出赔偿要求。对次品的处理有以下3种情况：a. 对产生轻微缺陷的非成批次品，可由质量管理部门负责人直接处理。b. 对产生一般缺陷或成批存在轻微缺陷的次品，由责任单位提出申请，再由质量管理部门会同检验、设计、工艺和生产等部门共同进行处理。c. 对产生严重缺陷但不影响产品使用的次品，由责任单位提出申请，企业质量管理部门会同设计、工艺、检验和生产等部门研究提出处理意见后，最后由总工程师作出处理决定。

③返修品处理。如果不合格品是返修品，在经过返工处理后即可达到规定的质量标准，这时应由检验工人做好标识后隔离存放，再由有关部门进行研究，在确认返修的费用是可以接受的后，再填写《返修通知单》，由责任者或责任单位进行返修。返修后再进行检验，确认合格后再登记入库或转入下道工序。必要时，还应由技术部门编写返修工艺规程，再按规程进行返修。

根据质量责任制的规定，产生不合格品的责任人或责任单位应承担一定的经济责任。

7.2　全数检验

全数检验适用于:非破坏性检验;检验费用少;影响产品质量的重要特性项目;生产中尚不够稳定的比较重要的特性项目;单件、小批量的产品;昂贵、高精度或重型产品;有特殊要求的产品;检验数量、项目较少;能够应用自动检验方法的产品。

全数检验的优点是判定比较可靠,能够提供更完整的检验数据,获得更充分可靠的质量信息。要得到百分之百是合格品的结论,唯一的办法就是全检,甚至通过一次以上的全检。缺点是检验工作量大、周期长、成本高,需要更多检验人员和检验设备,由于检验工具磨损快,检验人员易疲劳,故会导致较大错检率和漏检率(当产品批量大、不合格品率低,检验工作单调,检验工具使用方法复杂,检验人员水平低、责任心不强时,全检的错误就会增加)。

全数检验和抽样检验的重要差别如下:

①全数检验与抽样检验的判定的过程不同,可用图 7-3 和图 7-4 来说明。

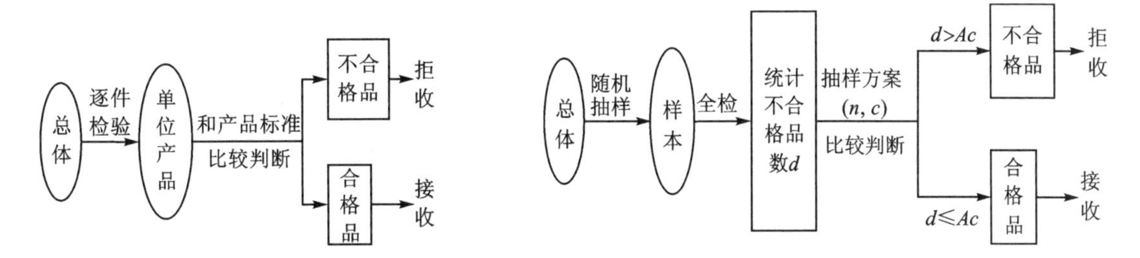

图 7-3　全数检验的判定过程

图 7-4　抽样检验的判定过程

②全检判定对象是单位产品(单件产品),抽检判定对象是产品批。

③全检如果检验本身不出现差错,则检验剔除不合格品后接收的产品批只存在合格品;抽检判定合格的产品批中仍含有不合格品,同样,抽检为不合格的产品批中仍含有合格品。但要注意的是,全检在实践中不可能完全无差错,甚至某些情况下还会大于抽检判定差错(主要包括检测差错的判定差错和漏检)。

④全检判不合格是拒收少量产品;抽检判不合格是拒收整个产品批,能产生较大压力,促进生产者提高产品质量。

7.3　抽样检验基本原理

为了弥补全数检验的缺点,抽样检验就是利用所抽样的样本对产品或过程进行的检验,这样既提高了效率,又降低了成本。如果抽样检验的目的是想通过检验所抽取的样本对这批产品的质量进行估计,以便对这批产品做出合格与否、能否接收的判断,那么就称这种抽样检验为抽样验收。因此,本书中的抽样检验与抽样验收可以视为同一概念。

经过抽样检验判为合格的产品批,不等于产品批中每个产品都合格;经过抽样检验判为不合格的产品批,不等于产品批中全部产品都不合格。

抽样检验一般用于下列情况:

①破坏性检验,如产品的可靠性试验、产品寿命试验、材料的疲劳试验、零件的强度检验等;

②测量对象是流程性材料,如钢水、铁水化验,整卷钢板的检验等;

③希望节省单位检验费用和时间。

7.3.1 名词术语

现从抽样检验的常用名词术语中择其主要的介绍如下:

计数检验:是指根据给定的技术标准,将单位产品简单地分成合格品或不合格品的检验;或是统计出单位产品中不合格品数的检验。前一种检验又被称为计件检验;后一种检验又被称为计点检验。

计量检验:是指根据给定的技术标准,用连续尺度测量出单位产品质量特性(如重量、长度、强度等)的具体数值,并将其与标准对比的检验。

单位产品:即为实施抽样检验而划分的单位体。对于按件制造的产品来说,一件产品就是一个单位产品,如一个螺母、一台机床、一台电视机。但是,有些产品的单位产品的划分是不明确的,如钢水、布匹等,这时必须人为地规定一个单位量,如1 m布、1 kg大米、1 m^2 玻璃等。

检验批:它是作为检验对象而汇集起来的一批产品,有时也称交检批。一个检验批应由制造条件基本相同、一定时间内制造出的同种单位产品构成。

批量:它是指检验批中单位产品的数量。常用符号 N 来表示。

缺陷:质量特性未满足预期的使用要求即构成缺陷(Defect)。

不合格:不合格是指单位产品的任何一项质量特性都不满足规定要求。

不合格品:具有一项或一项以上质量特性不合格的单位产品被称为不合格品(Nonconforming Unit)。

抽样方案:它规定了每批应检验的单位产品数(样本量或系列样本量)和有关批接收准则(包括接收数、拒收数、接受常数以及判断准则等)的组合。

抽样计划:它是一组严格度不同的抽样方案和转移规则的组合。

7.3.2 产品批质量的表示方法

计数抽样检验常用的批质量表示方法有如下几类:

1. 批不合格品率 p

批的不合格品数 D 除以批量 N,即

$$p=\frac{D}{N} \tag{7-1}$$

2. 批不合格品百分数

批的不合格品数 D 除以批量 N,再乘以100,即

$$100p=\frac{D}{N}\times 100 \tag{7-2}$$

这两种表示方法常用于计件抽样检验。

3. 批每百单位产品不合格数

批的不合格数 C 除以批量 N,再乘以100,即

$$100p=\frac{C}{N}\times 100 \tag{7-3}$$

这种表示方法常用于计点检验。

7.3.3 随机抽样方法

1. 简单随机抽样法

这种方法就是通常所说的随机抽样法，之所以称为简单随机抽样法，就是指总体中的每一个个体被抽到的机会是相同的。为实现抽样的随机化，可采用抽签（或抓阄）、查随机数表（见附表Ⅱ），或掷随机数骰子等方法。例如，要从100件产品中随机抽取10件组成样本，可把这100件产品从1开始编号一直编到100，然后用抽签（或抓阄）的方法，任意抽出10张，假如抽到的编号是3、7、15、18、23、35、46、51、72、89，于是就把这10个编号的产品拿出来组成样本。也可以利用查随机数表的办法来产生这10件产品，具体操作方法是：先随机确定表中的一个方块（比如，第3行第2列的方块），然后将在这方块中自左至右（或自右至左，或自上而下，或自下而上）读到的前10个两位数所对应的10件编号产品拿出来组成样本，即将编号为44、17、16、58、09、84、16、07、54、99的10件产品组成样本，这就是简单随机抽样法。这种方法的优点是抽样误差小，缺点是抽样手续比较烦琐。在实际工作中，真正做到总体中的每个个体被抽到的机会完全一样是不容易的，这往往是由各种客观条件和主观心理等许多因素综合影响造成的。

2. 系统抽样法

系统抽样法又叫等距抽样法或机械抽样法。例如，要从100件产品中抽取10件组成样本，首先应将100件产品按1，2，3，…，100的顺序编号；然后用抽签或查随机数表的方法确定1～10号中的哪一件产品入选样本（此处假定是3号）；再确定其余依次入选样本的产品编号是：13、23、33、43、53、63、73、83、93；最后由编号为3、13、23、33、43、53、63、73、83、93的10件产品组成样本。

由于系统抽样法操作简便，实施起来不易出差错，故在生产现场人们乐于使用它。比如在某道工序上定时去抽一件产品进行检验，就可以将它看作是系统抽样的例子。

由于系统抽样的抽样起点一旦被确定后（如抽到了第3号），整个样本也就完全被确定，故这种抽样方法容易出现大的偏差。比如，一台织布机出了大毛病，恰好是每隔50 m（周期性）出现一段疵布，而检验人员又正好是每隔50 m抽一段进行检查，抽样的起点正好碰到有瑕疵的布段，这样一来，以后抽查的每一段都有瑕疵，进而就会对整匹布甚至整个工序的质量得出错误的结论。总之，当总体含有一种周期性的变化，而抽样间隔又同这个周期相吻合时，就会得到一个偏差很大的样本。因此，在总体会发生周期性变化的场合，不宜使用这样的抽样方法。

3. 分层抽样法

分层抽样法也叫类型抽样法，它是从一个可以分成几个子总体（或称为层）的总体中，按规定的比例从不同层中随机抽取样品（个体）的方法。比如，有甲、乙、丙三个工人在同一台机器设备上倒班加工同一种零件，他们加工完了的零件分别堆放在三个地方，如果现在要求抽取15个零件组成样本，采用分层抽样法，应从堆放零件的三个地方分别随机抽取5个零件，合起来一共15个零件组成样本。这种抽样方法的优点是,样本的代表性比较好,抽样误差比较小。缺点是抽样手续比简单随机抽样还要烦琐。这个方法常用于产品质量验收。

4. 整群抽样法

整群抽样法又叫集团抽样法。这种方法是将总体分成许多群,每个群由个体按一定方式结合而成,然后随机抽取若干群,并由这些群中的所有个体组成样本。这种抽样法的背景是:有时为了实施上的方便,常以群体(公司、工厂、车间、班组、工序或一段时间内生产的一批零件等)为单位进行抽样,凡抽到的群体就全面检查、仔细研究。比如,对某种产品来说,每隔20 h抽出其中1 h的产量组成样本;或者是每隔一定时间(如30 min、1 h、4 h、8 h等)一次抽取若干个(几个、十几个、几十个等)产品组成样本。这种抽样方法的优点是抽样实施方便。缺点是由于样本只来自个别几个群体,而不能均匀地分布在总体中,故代表性差,抽样误差大。这种方法常用在工序控制中。

下面举一个例子来说明上述4种抽样方法的运用。

假设有某种成品零件分别装在20个零件箱中,每箱各装50个,总共是1 000个。如果想从中取100个零件组成样本进行测试研究,那么应该怎样运用上述4种抽样方法呢?

①将20箱零件倒在一起,混合均匀,并将零件从1~1 000一一编号,然后用查随机数表或抽签的方法从中抽出编号毫无规律的100个零件组成样本,这就是简单随机抽样。

②将20箱零件倒在一起,混合均匀,并将零件从1~1 000逐一编号,然后用查随机数表或抽签的方法先决定起始编号,比如16号,那么其他入选样本的零件编号依次为26,36,46,56,…,906,916,926,…,996,6。于是就由这样100个零件组成样本,这就是系统抽样。

③对所有20箱零件,每箱随机抽出5个零件,共100件组成样本,这就是分层抽样。

④先从20箱零件随机抽出2箱,然后对这2箱零件进行全数检查,即把这2箱零件看成是整群,由它们组成样本,这就是整群抽样。

7.3.4 产品批质量的抽样验收判断过程

为了对提交检验的产品批实施抽样验收,必须先科学合理地制订一个抽样方案。

在最简单的计数型抽样方案中通常要确定两个参数:一个是抽取的样本量n;一个是对样本进行检验时,判断批合格与否的合格判定数A。有了这两个参数后,就能够容易地进行抽样检验并评定产品批是否合格。于是,对于计数抽样检验来说,批质量的验收判断过程是:从批量N中随机抽取容量为n的一个样本,检验测量样本中全部产品,记下其中的不合格品数(或不合格数)d。如果$d \leqslant A$,则认为该批产品质量合格,予以接收;如果$d \geqslant R$(不合格判定数或拒收数,一般$R = A+1$),则认为该批产品质量不合格,予以拒收。其判断程序如图7-5所示。

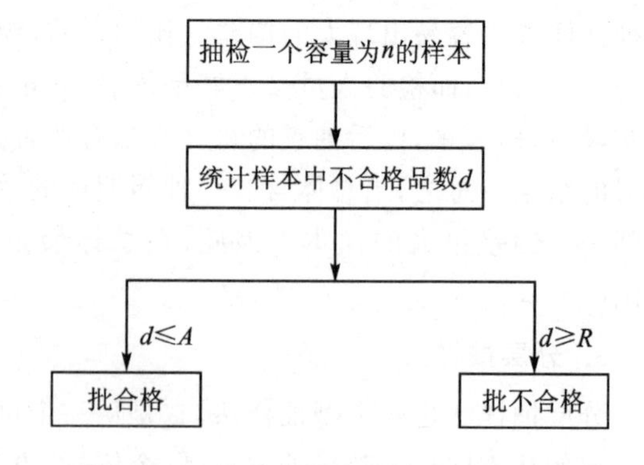

图7-5 一次抽样批合格性判断程序框图

7.3.5　接收概率与 OC 曲线

1. 接收概率

接收概率是指当使用一个确定的抽样方案时，具有给定质量水平的批或过程被接收的概率，在我国国家标准中称之为合格概率。一般可以这样去理解：用给定的抽样方案(n,A)（n——样本量；A——批合格判定数）去验收批量 N 和批质量已知的连续检验批时，把检验批判断为合格而接收的概率记为 $L(p)$，接收概率是批不合格品率 p 的函数，所以 $L(p)$又被称为抽样方案(n,A)的抽检特性函数。

计数抽样检验的接收概率有三种计算方法：

①超几何分布计算法。其公式如下：

$$L(p)=\sum_{d=0}^{A}\frac{\binom{Np}{d}\binom{N-Np}{n-d}}{\binom{N}{n}}=\sum_{d=0}^{A}H(d;n,p,N) \tag{7-4}$$

式中：$\binom{Np}{d}$——从批的不合格品数 Np 中抽取 d 个不合格品的全部组合数；

$\binom{N-Np}{n-d}$——从批的合格品数 $N-Np$ 中抽取 $n-d$ 个合格品的全部组合数；

$\binom{N}{n}$——从批量 N 的一批产品中抽取 n 个单位产品的全部组合数。

公式(7－4)是在有限总体计件抽检时计算接收概率的公式。

例 7－1：今对批量为 50 的外购产品批做抽样验收，采用的抽样方案为(5,1)，问：批不合格品率 $p=5\%$时的接收概率 $L(p)$是多少？

解：

$$L(p)=L(5\%)=\sum_{d=0}^{1}\frac{\binom{3}{d}\binom{50-3}{5-d}}{\binom{50}{5}}=\frac{\binom{3}{0}\binom{47}{5}}{\binom{50}{5}}+\frac{\binom{3}{1}\binom{47}{4}}{\binom{50}{5}}$$

$$=\frac{\frac{3!}{0!\ 3!}\times\frac{47!}{5!\ 42!}}{\frac{50!}{5!\ 45!}}+\frac{\frac{3!}{1!\ 2!}\times\frac{47!}{4!\ 43!}}{\frac{50!}{5!\ 45!}}$$

$$=0.724+0.253$$

$$=0.977$$

当 $N\leqslant 100$ 时，也可以利用超几何概率分布表直接查得 $H(d;n,p,N)$值；当 $N>100$ 时，应利用阶乘对数表计算 $H(d;n,p,N)$值。

②二项分布计算法。其公式如下：

$$L(p)=\sum_{d=0}^{A}B(d;n,p)=\sum_{d=0}^{A}\binom{n}{d}p^{d}(1-p)^{n-d} \tag{7-5}$$

式中：$\binom{n}{d}$——从样本量 n 中抽取 d 个不合格品的全部组合数；

p——批不合格品率。

公式(7-5)是在无限总体计件抽检时计算接收概率的公式。

当有限总体$\frac{n}{N}\leqslant 0.1$时,可以用二项概率去近似超几何概率,于是公式(7-5)也可以代替公式(7-4)做接收概率的近似计算。

另外,当$0.0005\leqslant p\leqslant 0.50$,$n\leqslant 50$时,也可以查GB/T 4086.5—1983的二项分布函数表得到$B(d;n,p)$累积值。

例7-2: 已知$N=3\ 000$的一批产品被提交做外观检验,若用(30,1)的抽样方案,当$p=1\%$时,$L(p)$是多少?

解:

$$
\begin{aligned}
L(p)=L(1\%) &= \sum_{d=0}^{1}\binom{n}{d}p^{d}(1-p)^{n-d} \\
&= \binom{30}{0}(0.01)^{0}(0.99)^{30}+\binom{30}{1}(0.01)^{1}(0.99)^{29} \\
&= 0.7397+0.2242 \\
&= 0.9639
\end{aligned}
$$

③泊松分布计算法。其公式如下:

$$
L(p)=\sum_{d=0}^{A}\frac{(np)^{d}}{d!}\mathrm{e}^{-np}=\sum_{d=0}^{A}P(d;np)(\mathrm{e}=2.7182\cdots) \tag{7-6}
$$

公式(7-6)是在计点抽检时计算接收概率的公式。

当有限总体$\frac{n}{N}\leqslant 0.1$且$p\leqslant 0.1$时,公式(7-6)可以代替公式(7-4)做接收概率的近似计算。另外,$0.005\leqslant np\leqslant 15$时,也可以查GB 4086.8—83泊松分布函数表得到$P(d;np)$累积值。

例7-3: 有一批轴承用的钢球10万个需要进行外观检验,如果采用(100,15)的抽检方案,当$p=10\%$时的批接收概率$L(p)$是多少?

解:

$$
\begin{aligned}
L(p)=L(10\%) &= \sum_{d=0}^{A}P(d;np)=\sum_{d=0}^{15}\frac{(np)^{d}}{d!}\mathrm{e}^{-np} \\
&= \frac{(10)^{0}}{0!}\mathrm{e}^{-10}+\frac{(10)^{1}}{1!}\mathrm{e}^{-10}+\frac{(10)^{2}}{2!}\mathrm{e}^{-10}+\cdots+\frac{(10)^{15}}{15!}\mathrm{e}^{-10} \\
&= 0.951
\end{aligned}
$$

2. *OC* 曲线

批接收概率$L(p)$随批质量p变化的曲线被称为抽检特性曲线或*OC*曲线。

有一个抽样方案,就一定能绘出一条与之相对应的*OC*曲线。*OC*曲线表述了一个抽样方案对一个产品的批质量的判别能力。

例7-4: 已知$N=1\ 000$,今用抽样方案(50,1)去反复检验$p=0.005,0.007,0.01,0.02,0.03,0.04,0.05,0.06,0.07,0.076,0.08,0.10,0.20,\cdots,1.00$的连续交检批时,可以得到如表7-3所列的结果。

表 7－3　用抽样方案(50,1)检验 N＝1 000、p 取不同值时的结果

p	0.000	0.005	0.007	0.010	0.020	0.030	0.040	0.050
$L(p)$	1.000	0.973 9	0.951 9	0.910 6	0.735 8	0.553 3	0.400 5	0.279 4
p	0.060	0.070	0.076	0.080	0.100	0.200	…	1.00
$L(p)$	0.190 0	0.126 5	0.098 2	0.082 7	0.033 7	0.000 2	…	0.000

解：今以 p 为横坐标，$L(p)$为纵坐标，将表 7－3 的数据描绘在平面上，得到如图 7－6 所示的曲线。这条曲线为抽样方案(50,1)的抽检特性曲线(OC 曲线)。

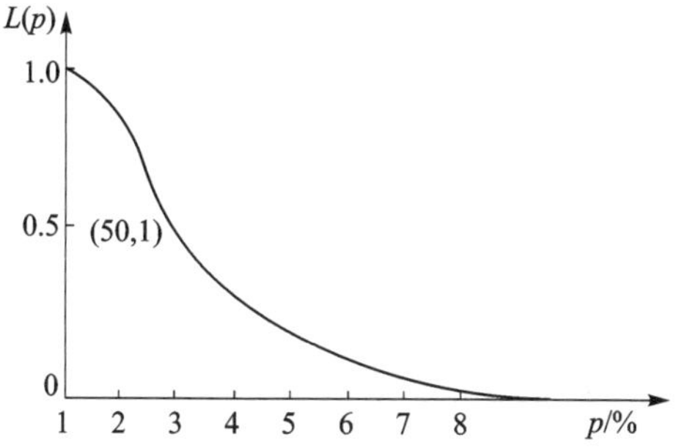

图 7－6　抽样方案(50,1)的 OC 曲线

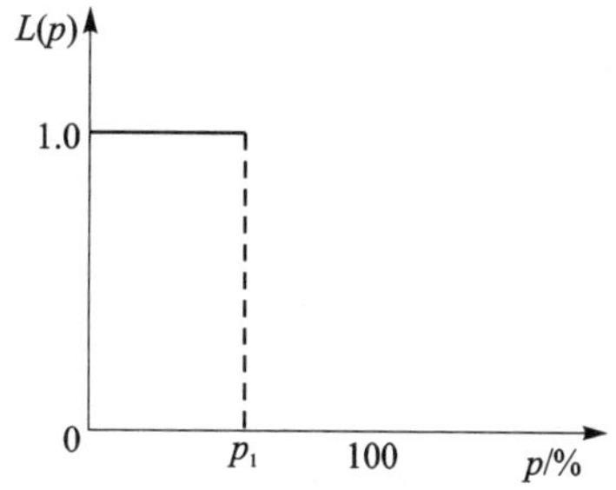

图 7－7　理想抽样方案的 OC 曲线

OC 曲线的类型有：

①理想的 OC 曲线。理想的 OC 曲线如图 7－7 所示，它是由两段直线组成的。它代表这样一种抽样方案：当 $p \leqslant p_t$ 时，接收概率 $L(p)=1$；当 $p > p_t$ 时，接收概率 $L(p)=0$。

但是由于抽样中存在着两类错误，这样的理想方案实际上是不存在的，就是采用百分之百的全数检验，也会有错检和漏检，故也不能肯定地得到理想的抽样方案。

②单线型 OC 曲线。设有一批产品，批量 $N=10$，采用抽样方案(1,0)来验收这批产品。也就是说，从这批 10 个产品中随机抽取 1 个产品进行检验，如果它是合格品，则判断这批产品合格，予以接收；如果它是不合格品，则判断这批产品不合格，予以拒收。这样很容易得到如表 7－4 所列的结果。

表 7－4　用抽样方案(1,0)检验 N＝10 的结果

批中不合格品数 D	批不合格品率 p/%	接收概率 $L(p)$	批中不合格品数 D	批不合格品率 p/%	接收概率 $L(p)$
0	0	1.00	6	60	0.4
1	10	0.90	7	70	0.3
2	20	0.80	8	80	0.2
3	30	0.70	9	90	0.1
4	40	0.60	10	100	0.00
5	50	0.50			

在这个例子中，显然当 $p=0.5$ 时，接收概率仍有 50%，也就是说，当这批产品的质量已经

低到含有一半的不合格品时,两批中仍有一批可被接收。可见,这种抽检方案对批质量的判别能力和对用户的质量保证都是很差的。其抽检特性曲线如图7-8所示,这是一条很不理想的抽检特性曲线。

③$A=0$ 的 OC 曲线。$A=0$ 的 OC 曲线如图7-9所示。这种 OC 曲线的不足之处是:当 p 较小时,$L(p)$ 值不高,不能很好地保护供方的利益。

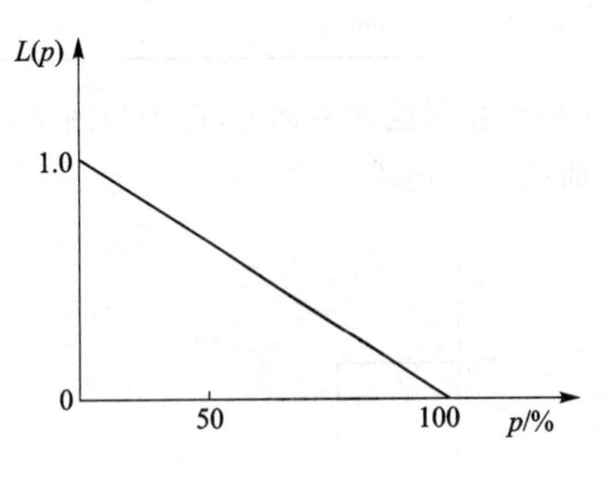

图7-8　不理想抽检方案的 *OC* 曲线

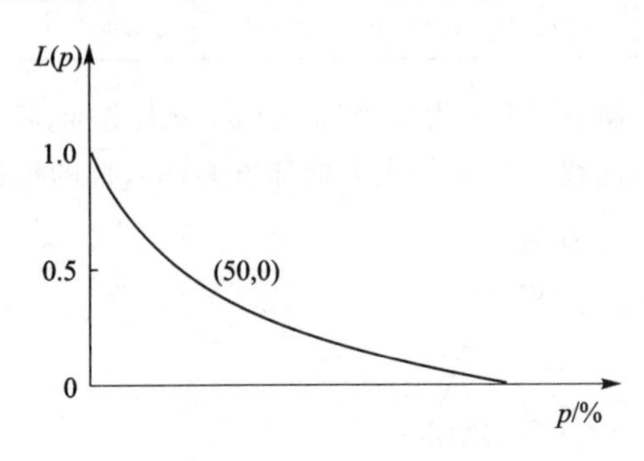

图7-9　A=0的 *OC* 曲线

④$A\neq0$ 的 OC 曲线。如图7-10所示,这种 OC 曲线能弥补 $A=0$ 的 OC 曲线的缺陷,起到保护供方利益的作用。

抽样检验时,人们常以为要求样本中一个不合格品都不出现的抽样方案是个好方案,即认为采用 $A=0$ 的抽样方案最严格、最让人放心,但其实并不是这样,现在来研究下面3个抽样方案:

$$N=1\,000,\quad n=100,\quad A=0$$
$$N=1\,000,\quad n=170,\quad A=1$$
$$N=1\,000,\quad n=240,\quad A=2$$

这3个抽样方案的 OC 曲线如图7-11所示。

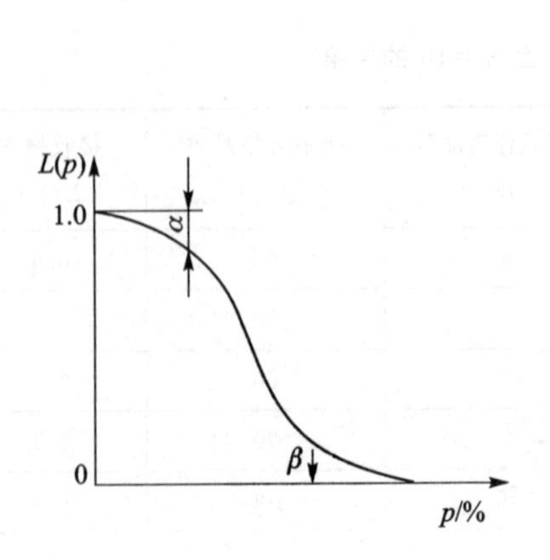

图7-10　抽样方案(30,3)的 *OC* 曲线

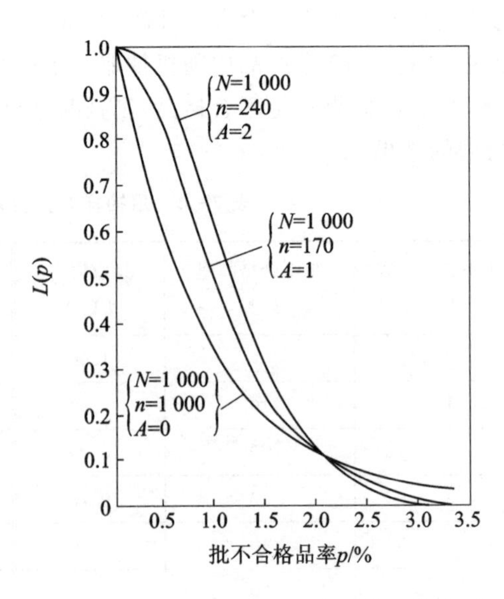

图7-11　A=0同A=1,2的抽样方案比较

从图7-11的OC曲线可以看出，不论哪种抽样方案，不合格品率$p=2.2\%$时的接收概率基本上在0.10左右。但对$A=0$的方案来说，表面上看，p只要比0稍大一些，$L(p)$就迅速降低，实际上对比之下，增加n后的$L(p)$值仍低于同样优质条件下$A=1$、$A=2$时被判为合格的概率。可见，在实际操作中，如能增大n，则采用增大n的同时也增大$A(A\neq 0)$的抽样方案，这样比单纯采用$A=0$的抽样方案更能在保证批质量的同时保护生产方。

综上所述，任何一条OC曲线都代表一个抽样方案的抽检特性，它对一批产品的质量都能起到一定的保证作用。接近于理想的OC曲线对批质量的保证作用大；反之，对批质量的保证作用小。

3. N、n、A对OC曲线的影响分析

①n、A固定，N变化对OC曲线的影响。固定$n=20$，$A=2$，设$N=60$、80、100、200、400、600、1 000、∞，计算出它们的接收概率$L(p)$，如表7-5所列。

表7-5 $n=20$，$A=2$，N为不同取值时的$L(p)$计算结果

N	60	80	100	200	400	600	1 000	∞
N/n	3	4	5	10	20	30	50	/
$L(p=5\%)$	0.966	0.954	0.947	0.935	0.929	0.928	0.927	0.925
$L(p=15\%)$	0.362	0.375	0.378	0.394	0.400	0.401	0.403	0.405
$L(p=25\%)$	0.053	0.063	0.069	0.080	0.085	0.068	0.089	0.091

从表7-5中，取$N=60$、400、∞，画出各自的OC曲线，如图7-12所示。

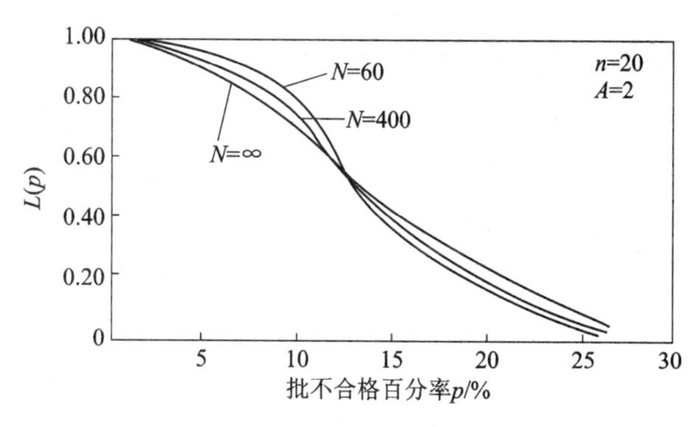

图7-12 N变化对OC曲线的影响

从图中可见，N变化对OC曲线的斜率影响不大，一般当N比较大且$N\geqslant 10n$时，可以把批量N看作无限。这时可以认为抽样检验方案的设计与N无关，因此一般只用(n,A)来表示抽样方案。但是不能由此认为，既然N对OC曲线的影响不大，而N越大，单位产品中分摊的检验费用越小，那么可以任意加大N值。应当认识到，N取得太大，若一批产品不合格，则不论对生产方还是对使用方造成的经济损失都是巨大的。

②N、A固定，n变化对OC曲线的影响。固定$N=1\ 000$，$A=1$，设$n=5$、10、20、30、50，画出它们的OC曲线，如图7-13所示。

可见，当N、A固定，n增加，OC曲线急剧倾斜，越来越陡峭，致使生产方的风险率α变大，而使用方风险率β显著减少。因此，大样本的抽样方案，对于区分优质批和劣质批的能力是比较强的,即使用方接收劣质批和拒收优质批的概率都比较小。

③N、n 固定,A 变化对 OC 曲线的影响。固定 $N=2\ 000$,$n=50$,设 $A=0$、2、4,画出它们的 OC 曲线,如图 7-14 所示。

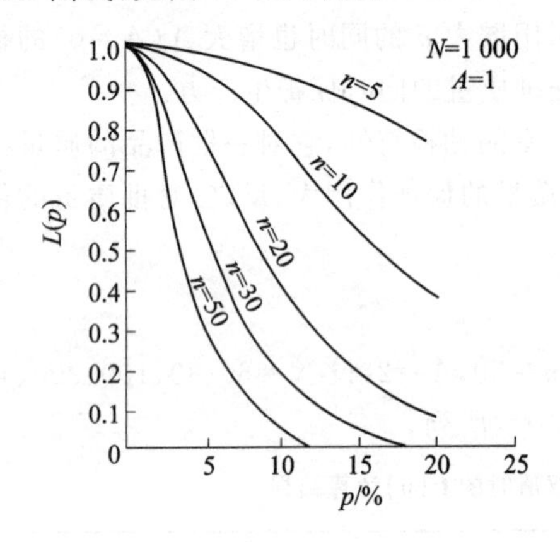

图 7-13　n 变化对 OC 曲线的影响

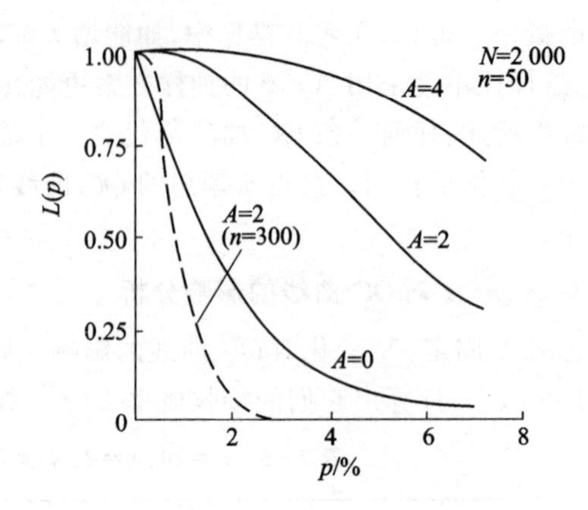

图 7-14　A 变化对 OC 曲线的影响

可见 A 越大,OC 曲线越平缓,接收概率变化越小;A 越小,OC 曲线越陡峭。这样,容易得出结论:值得采用 $A=0$ 的抽样方案。其实这是一种误解,因为只要 n 适当地取大些,即使 $A\neq0$,亦可使 OC 曲线变得比 $A=0$ 的 OC 曲线还要陡峭,如图 7-14 中虚线所示。另外,许多生产方和使用方对于样本中只有 1 个不合格品就遭到拒收的抽样方案(即 $A=0$ 的抽样方案)较反感。因此,通常认为,采用较大的样本量 n 和较大的合格判定数 A 是比较好的。

7.3.6　抽样检验中的两类错误

只要采用抽样检验方法,就可能产生两种错误的判断,即可能将合格批判断为不合格批,也可能将不合格批判断为合格批。前者被称为第一类错误判断,后者被称为第二类错误判断。

现以图 7-6 为例来进行分析,假定 $p_0=0.7\%$,$p_1=8\%$。也就是说,当 $p\leqslant0.7\%(p_0)$ 时,认为这批产品的质量是好的,应当以 100% 的概率接收,但由于是抽样检验,仍然有 0.048 的概率把这批产品判为不合格而拒收。同样,当 $p\geqslant8\%(p_1)$ 时,可以认为这批产品的质量是很差的,应 100% 地拒收,但由于是抽样检验,仍然有将近 0.10 的概率把这批产品判为合格而接收。本例中,前面的 0.048 值被称为第一类错判概率,习惯记为 α;后面的 0.10 值被称为第二类错判概率,习惯记为 β。

可见,当一批产品质量比较好时,如果采用抽样检验,只能要求以高概率接收,而不能要求一定接收,因为还有小概率拒收这批产品。这个小概率就叫作第一类错判概率,它反映了把质量较好的批错判为不合格批的可能性的大小。正是因为这种错判的结果会对生产方带来经济上的损失,所以又称它为生产方的风险概率。

另一方面,当采用抽样检验时,即使批不合格品百分率 $p\geqslant p_t$,也不能肯定 100% 地拒收,还会有一定的小概率接收它。这个小概率就叫作第二错判概率 β,它反映了把质量差的批错判为合格批的可能性的大小。因为这种错判的结果使用户蒙受经济损失,所以又称它为使用方的风险概率。

通常将第一类错判概率和第二类错判概率取为0.01、0.05或0.10等数值。

p_0、p_1、α、β之间的关系如式(7-7)和式(7-8)所示。

$$\alpha = 1 - L(p_0) = 1 - \sum_{d=0}^{A} H(d; n, p_0, N) \tag{7-7}$$

式中，p_0为与α对应的批不合格品率。

$$\beta = L(p_1) = \sum_{d=0}^{A} H(d; n, p_1, N) \tag{7-8}$$

式中，p_1为与β对应的批不合格品率。

7.3.7　对百分比抽样方案的评价

什么叫百分比抽样方案？就是不论产品的批量N如何，均按同一百分比抽取样品，而在样品中可允许的不合格品数(合格判定数A)都是一样的，一般设$A=0$。例如，按5%的比率抽样，当$N=2\ 000$时，抽100个样品，当$N=100$时，只抽5个样品，并且规定不允许有1个不合格品($A=0$)。显然，若两批的不合格品率相等，则前一批100个样品中包含的不合格品的概率大于后一批5个样品中包含的不合格品的概率。

现假定有批量不同的3批产品交检，它们都按10%抽取样品，于是有下列3种抽样方案：

$$N=900,\quad n=90,\quad A=0$$

$$N=300,\quad n=30,\quad A=0$$

$$N=90,\quad n=9,\quad A=0$$

表面上看，这种百分比抽样方案似乎很公平合理，其实是一种错觉。因为当这3批产品的不合格品率均相同时，则有：

$$L_{(90,0)}(p) = \binom{90}{0} p^0 (1-p)^{90-0} = (1-p)^{90}$$

$$L_{(30,0)}(p) = \binom{30}{0} p^0 (1-p)^{30-0} = (1-p)^{30}$$

$$L_{(9,0)}(p) = \binom{9}{0} p^0 (1-p)^{9-0} = (1-p)^{9}$$

式中，$L_{(90,0)}(p)$为抽样方案(90,0)的接收概率，其余类推。

因为$1 \geqslant 1-p \geqslant 0$，所以

$$L_{(90,0)}(p) \leqslant L_{(30,0)}(p) \leqslant L_{(9,0)}(p)$$

这3个方案的OC曲线如图7-15所示。

由图7-15可知，当$p=5\%$时：

$$L_{(90,0)}(p=0.05)=2\%$$

$$L_{(30,0)}(p=0.05)=22\%$$

$$L_{(9,0)}(p=0.05)=63\%$$

可见，在不合格品率相同的情况下，批量N越大，方案越严，批量越小，方案越松。这等于对批量大的交检批提高了验收标准，而对批量小的交检批降低了验收标准。因此，百分比抽样方案是不合理的，不应当在我国的工厂企业中继续使用。

为了克服上述百分比抽样方案的不合理性，有些产品的计数标准中规定采用双百分比抽

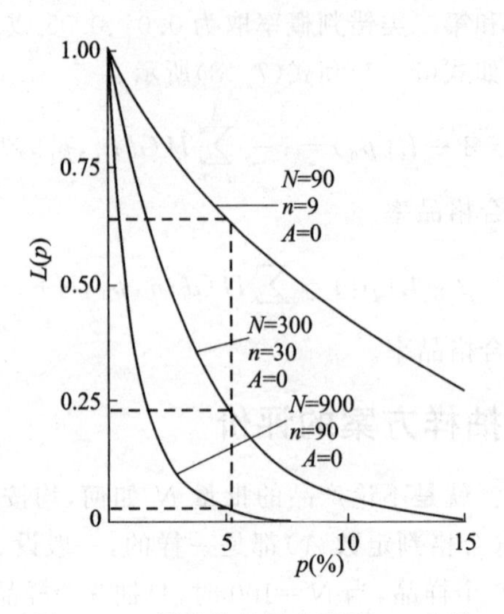

图 7-15　百分比抽样方案的 *OC* 曲线

样,即让合格判定数随样本量的变化而成比例地变化。今假设 $n=a_1N$,$A=a_2N$,$p\leqslant 0.1$,则双百分比抽样方案的抽检特性函数可表达为

$$L(p)=\sum_{d=0}^{a_1a_2N}\frac{(a_1Np)^d}{d!}e^{-a_1Np} \tag{7-9}$$

式中,α_1、α_2 为指定的百分数。

然而,根据式(7-9),很容易验证双百分比抽样方案仍然未克服百分比抽样的缺点:对大批量的交检批过严,对小批量的交检批过宽。因此双百分比抽样也是不合理的。

7.4　计数标准型抽样检验

7.4.1　计数标准型抽样检验方案的概念和特点

计数标准型抽检方案是最基本的抽检方案。所谓标准型,就是同时严格控制生产方与使用方的风险,按供需双方共同制订的 *OC* 曲线的抽检方案抽检。它能同时满足生产方和使用方的质量保护要求。对生产方的保护,是通过限定不合格品率为 P_0 的优质批的拒收概率来进行,即错判合格批为不合格批的概率限定为 α。对使用方的保护则通过确定不合格品率为 $P_1(P_1>0)$的不优质批的接收概率来进行,即错判不合格批为合格批的概率定为 β。常取 $\alpha=0.05$,$\beta=0.10$,于是标准型抽检方案 *OC* 曲线要通过两个点,这两个点是$[P_0,L(P_0)=1-\alpha]$和$[P_1,L(P_1)=\beta]$,这就是标准型抽样检验方案 *OC* 曲线的特征。

标准型抽样检验方案可用于任何供检验的产品批,它不要求提供检验批制造过程的平均不合格品率,因此,它适合于对孤立批的验收。

7.4.2　标准型抽检方案的构成

标准型抽检方案的 *OC* 曲线图如图 7-16 所示。

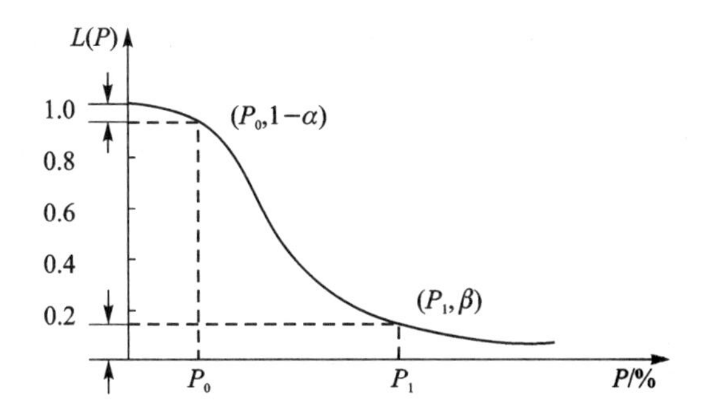

图 7-16　标准型抽检方案 OC 曲线

通过选择适当大小的α、β值，来对生产方和使用方同时提供保护，即

$$\begin{cases} L(P) \geqslant 1-\alpha, & P \leqslant P_0 \\ L(P) \leqslant \beta, & P \geqslant P_1 \end{cases}$$

由此可得

$$\begin{cases} L(P_0) = 1-\alpha \\ L(P_1) = \beta \end{cases}$$

标准型抽检方案的 OC 曲线应通过$(P_0, 1-\alpha)$和(P_1, β)两点，解联立方程可解出样本大小 n 和合格判定数 A。在实际工作中采用查表方法得到抽检方案(n, A)。

下面以日本工业标准 JIS Z9002 检查表为例，介绍标准型一次抽检表的用法。

JIS Z9002 抽检表包括计数标准型一次抽样检验表（见表 7-6）和抽检设计辅助表（见表 7-7）。只要给定批不合格品率 P_0 和 P_1，就可以利用表 7-6 求出样本大小 n 和合格判定数 A，从而得到了满足生产方和使用方要求的标准型抽检方案。

表 7-6 中的 P_0（表中左边或右边纵栏内）范围为 0.090%～11.2%，共分 21 组，第一组为 0.090%～0.112%，第二组为 0.113%～0.140%…第 21 组为 9.01%～11.2%；P_1（表中上边或下边的横行内）的范围为 0.71%～35.5%，共分 17 组，第一组为 0.71%～0.90%，第二组为 0.91%～1.12%…第 17 组为 28.1%～35.5%。

表中各栏数值是抽样方案的 n，A 值，栏内左边是 n 值，右边是 A 值。与 P_0 对应的 α 值，与 P_1 对应的 β 值，基本上都控制在 $\alpha=0.03\sim0.07$，$\beta=0.04\sim0.13$ 的范围内，其中心值为 $\alpha=0.05$，$\beta=0.10$。

表 7-6 是用二项分布计算出来的，所以适用于样本大小远小于批量 N 的情况，即 $n/N \leqslant 0.1$，如果 $n/N > 0.1$，则抽检方案最好用超几何分布计算。当在表 7-6 中遇到 * 时，就用表 7-7 抽检设计辅助表，该表是用泊松分布计算出来的，使用时按 P_1/P_0 的值求抽检方案 n，A，α 和 β 的值仍是 $\alpha=0.05$，$\beta=0.10$，此表只适用于 $P_1<10\%$，$n/N<0.10$ 的场合。

表7-6 计数标准型一次抽样检验表

栏内左边数字为 n,右边数字为 A, $\alpha\approx 0.05,\beta\approx 0.10$

P_1(%) / P_0(%)	0.71~0.90	0.91~1.12	1.13~1.40	1.41~1.80	1.81~2.24	2.25~2.80	2.81~3.35	3.36~4.50	4.51~5.60	5.61~7.10	7.11~9.00	9.01~11.2	11.3~14.0	14.1~18.0	18.1~22.4	22.5~28.0	28.1~35.5	P_1(%) / P_0(%)
0.090~0.112	*	400.1	↓	←	↓	→	60.0	50.0	←	↓	↓	←	↓	↓	↓	↓	↓	0.090~0.112
0.113~0.140	*	↓	300.1	↓	←	↓	→	↓	40.0	←	↓	↓	←	↓	↓	↓	↓	0.113~0.140
0.141~0.180	*	500.2	↓	250.1	↓	←	↓	→	↑	30.0	←	↓	↓	←	↓	↓	↓	0.141~0.180
0.181~0.224	*	*	400.2	↓	200.1	↓	←	↓	→	↑	25.0	←	↓	↓	←	↓	↓	0.181~0.224
0.225~0.280	*	*	500.3	300.2	↓	150.1	↓	←	↓	→	↑	20.0	←	↓	↓	←	↓	0.225~0.280
0.281~0.355	*	*	*	400.3	250.2	↓	120.1	↓	←	↓	→	↑	15.0	←	↓	↓	←	0.281~0.355
0.356~0.450	*	*	*	500.4	300.3	200.2	↓	100.1	↓	←	↓	→	↑	15.0	←	↓	↓	0.356~0.450
0.451~0.560	*	*	*	*	400.4	250.3	150.2	↓	80.1	↓	←	↓	→	↑	10.0	←	↓	0.451~0.560
0.581~0.710	*	*	*	*	500.6	300.4	200.3	120.2	↓	60.1	↓	←	↓	→	↑	7.0	←	0.581~0.710
0.711~0.900	*	*	*	*	*	400.6	250.4	150.3	100.2	↓	50.1	↓	←	↓	→	↑	5.0	0.711~0.900
0.901~1.12		*	*	*	*	*	300.6	200.4	120.3	80.2	↓	40.1	↓	←	↓	↑	↑	0.901~1.12
1.10~1.40			*	*	*	*	######	250.6	150.4	100.3	60.2	↓	30.1	↓	←	↑	↑	1.10~1.40
1.41~1.80				*	*	*	*	######	200.6	120.4	80.3	50.2	↓	25.1	↓	←	↑	1.41~1.80
1.81~2.24					*	*	*	*	######	150.6	100.4	60.3	40.2	↓	20.1	↓	←	1.81~2.24
2.25~2.80						*	*	*	*	######	120.6	70.4	50.3	30.2	↓	15.1	↓	2.25~2.80
2.81~3.55							*	*	*	*	######	100.6	60.4	40.3	25.2	↓	10.1	2.81~3.55
3.56~4.50								*	*	*	*	######	80.6	50.4	30.3	20.2	↓	3.56~4.50
4.51~5.60									*	*	*	*	######	60.6	40.4	25.3	15.2	4.51~5.60
5.61~7.10										*	*	*	*	######	50.6	30.4	20.3	5.61~7.10
7.11~9.00											*	*	*	*	70.10	40.6	25.4	7.11~9.00
9.01~11.2												*	*	*	*	60.10	30.6	9.01~11.2
P_0(%) / P_1(%)	0.71~0.90	0.91~1.12	1.13~1.40	1.41~1.80	1.81~2.24	2.25~2.80	2.81~3.35	3.36~4.50	4.51~5.60	5.61~7.10	7.11~9.00	9.01~11.2	11.3~14.0	14.1~18.0	18.1~22.4	22.5~28.0	28.1~35.5	P_1(%) / P_0(%)

表 7-7　抽检设计辅助表

P_1/P_0	A	n
17 以上	0	$2.56/P_0+115/P_1$
16～7.9	1	$17.8/P_0+194/P_1$
7.8～5.6	2	$40.9/P_0+266/P_1$
5.5～4.4	3	$68.3/P_0+334/P_1$
4.3～3.6	4	$98.5/P_0+400/P_1$
3.5～2.8	6	$164/P_0+527/P_1$
2.7～2.3	10	$308/P_0+770/P_1$
2.2～2.0	15	$502/P_0+1\,065/P_1$
1.99～1.86	20	$704/P_0+1\,350/P_1$

注：求得 n 值不是整数时，应取其近似的整数。

7.4.3　标准型抽检步骤

1. 指定 P_0 和 P_1 的值

P_0 和 P_1 需由生产方和接收方协商确定。作为限定 P_0 和 P_1 的依据，通常取生产方风险 $\alpha=0.05$，接收方风险 $\beta=0.10$。

决定 P_0 和 P_1，要综合考虑生产能力、制造成本、质量要求，以及检验的费用等因素。接收方是希望将允许的批量最大不合格品率定为 P_1，对应的接收概率为 $\beta=0.10$，生产方是希望尽可能将判定批合格的不合格品率定为 P_0，对应的接收概率为 0.95，误判率为 $\alpha=0.05$。

P_1/P_0 最好大于 3，通常多数取 $P_1=(4\sim10)P_0$，但也不能太大，太大会增加接收方的风险率。

2. 划分检验批

划分检验批的原则是同一批内的产品，应是在同一制造条件下生产出来的。通常的生产批、交验批或按包装条件及贸易习惯组成的批不能直接作为检验批。如果生产批量过大，须将生产批划分成几个检验批来处理。

3. 确定抽检方案(n,A)

根据给定的 P_0 和 P_1 值，在表 7-6 中找到 P_0 所在的行和 P_1 所在的列，行列相交栏里的数字就是 n 和 A。相交栏是箭头时，应沿箭头指向找到出现数字为止。遇到 * 号用表 7-7 计算 n 和 A。表 7-6 的左下方是空栏表示没有抽检方案，这是因为抽检要求 $P_0<P_1$，而空栏则满足不了这个条件。

下面通过一些实例来说明抽检方案(n,A)的确定过程。

例 7-5： 给定 $P_0=2\%$，$P_1=12\%$，求出抽检方案(n,A)。

解： 查表 7-6，P_0 所在的行为[1.81%～2.24%]，P_1 所在的列为[11.3%～14.0%]，行与列相交栏中，左侧数字是 40，右侧数字是 2，故得样本大小 $n=40$，合格判定数 $A=2$，抽检方案为(40,2)。

例7-6：求 $P_0=0.5\%$，$P_1=10\%$所对应的抽检方案(n,A)。

解：查表7-6，P_0 所在的行为[0.451%～0.560%]，P_1 所在的列为[9.01%～11.2%]，行与列相交栏为↓号，沿箭头指向看下面一栏，见符号←，再沿箭头指向看左边一栏，见符号↓，继续沿箭头方向看下面一栏，得到数值[50，1]，则得 $n=50$，$A=1$，抽检方案为(50，1)。

例7-7：求 $P_0=0.4\%$，$P_1=1.2\%$所对应的抽检方案(n,A)。

解：查表7-6，P_0 所在的行为[0.356%～0.450%]，P_1 所在的列为[1.13%～1.40%]，行与列相交栏为*号，应采用表7-7计算 n 和 A。

先求出 P_1/P_0 值，$P_1/P_0=1.2/0.4=3.0$，然后在表7-7中找到 $P_1/P_0=3.0$ 的行为[3.5～2.8]，该行所对应的 $A=6$，$n=164/P_0+527/P_1=164/0.4+527/1.2=850$，最后得到抽检方案(850，6)。

7.5 计数调整型抽样检验

7.5.1 计数调整型抽检方案

前一节谈到的计数标准型抽样检验方案是针对孤立的单批产品的验收，验收时不必考虑产品与验收质量的历史情况。调整型抽检方案则要根据生产过程的稳定性来调整检验的宽严程度。当生产方提供的产品批质量较好时，可以放宽检验；如果生产方提供的产品批质量下降，则可以加严检验。这样可以鼓励生产方加强质量管理，提高产品质量的稳定性，这是调整型抽样检验方案的主要特点。计数调整型抽样检验方案主要适用于大量的连续批的检验，是目前使用最广泛、理论上研究得最多的一种抽样检验方法。

1974年，国际标准化组织(ISO)在美国军用标准 MIL-STD-105D 的基础上制定、颁发了计数调整型抽样检验的国际标准，代号为 ISO 2859。我国在1981年颁发了 GB 2828-81《逐批检查计数抽样程序及抽样表》和 GB 2829-81《周期检查计数抽样程序及抽样表》两个计数抽样的国家标准。

ISO 2859 是国际公认较好的一个计数型抽样方案，已为各国采用。该方案是由一套抽样方案组成，其中包括正常抽样方案、加严抽样方案以及放宽抽样方案，该方案通过一组转换规则将这3个方案联系起来，形成一个方案系统。

下面主要介绍 ISO 2859 抽样方案的基本内容。

7.5.2 可接收的质量水平(AQL)

1. AQL 的含义和作用

可以接受的质量水平 (Acceptable Quality Level，AQL)就是生产方和接收方共同认为满意的不合格品率(或每百单位的缺陷数)的上限，它是控制最大过程平均不合格品率的界限，是 ISO 2859 抽样方案的设计基础。

过程平均不合格品率用 $\bar{P}$ 表示，是指若干批产品初次(不包括第一次不合格经过返修再次提交检验的批次)检验的不合格品率的平均值，计算公式为

$$\bar{P}=\frac{D_1+D_2+\cdots+D_k}{N_1+N_2+\cdots+N_k}\times 100\%$$

其中，N_i 和 D_i 分别是第 i 批的批量和不合格品数，k 为批数。

AQL是可接收和不可接收的过程平均不合格品率的界限。当生产方提供的产品批过程平均不合格品率 $\bar{P}$ 优于AQL值时，抽样方案则以高概率接收产品批；如果交验批的 $\bar{P}$ 稍劣于AQL时，则转换用加严检查；若拒收比例继续增加则要停止检查验收。当然，只规定AQL并不能完全保证接收方不接收比AQL质量坏的产品批，因为AQL是平均质量水平。该抽样方案是通过转换抽检方案的措施来保护接收方利益的。

2. AQL的确定

①按用户要求的质量来确定。当用户根据使用的技术、经济条件提出了必须保证的质量水平时，则应将该质量要求定为AQL。

②根据过程平均来确定。此种方法大多用于少品种、大批量，而且质量信息充分的场合，AQL值一般确定得稍高于过程平均。

③按缺陷类别和产品等级指定。对于不同的缺陷类别及产品等级，分别规定不同的AQL值。越是重要的项目，验收后的不合格品造成的损失越大，AQL值就越小。这种方法多用于小批量生产和产品质量信息不充分的场合。

④考虑检验项目来决定。同一类检验项目有多个(如同属严重缺陷的检验项目有3个)时，AQL的取值应比只有一个检验项目时的取值要适当大一些。

⑤同供应者协商决定。为使用户要求的质量同供应者的生产能力协调，双方共同协商合理确定AQL值，这样可减少由AQL值引起的一些纠纷，这种方法多用于质量信息不充分(如新产品)的场合。

3. AQL在抽检表中的设计

AQL在抽检表中是这样设计的：AQL在10%以下时，可表示为不合格品率，如10%，6.5%，4.0%等，也可以表示每百单位缺陷数，但在10%以上时，它只表示每百单位缺陷数，所以在抽检表的设计中，不合格品率是0.015%～10%，共分16级；每百单位缺陷数则是0.010～1 000，共分26级。在确定AQL时，应从这些级中找其近似值。批中每百单位缺陷数可按公式 $P=\dfrac{100c}{N}$ 计算。

7.5.3 检验水平

ISO 2859规定了7个检验水平，有一般检验水平Ⅰ、Ⅱ、Ⅲ和特殊检验水平S－1、S－2、S－3、S－4。检查水平与检查宽严程度无关。

检查水平级别反映了批量与样本大小之间的关系。ISO 2859的原则是，如果批量增大，样本大小也随之增大，但不是成比例地增大，而是大批量中样本大小的比例比小批量中样本大小的比例要小，表7－8给出了一般水平的批量与样本大小之间的关系。

一般检查水平中，Ⅱ级为正常检查水平；检查水平Ⅰ适合于检查费用较高的情况；检查水平Ⅲ适合于检查费用较低的情况。

特殊检查水平一般用于破坏性检查或费用较高的检查。因为特殊检查所抽取的样本大小较少，所以又被称为小样本检查。

一般检验水平判别能力大于特殊检验水平判别能力。

表7-8 检查水平的批量与样本大小的关系(一次正常检查)

n/N(%)	水平Ⅰ	水平Ⅱ	水平Ⅲ
	N	N	N
≤50	≥4	≥4	≥10
≤30	≥7	≥27	≥167
≤20	≥10	≥160	≥625
≤10	≥50	≥1 250	≥2 000
≤5	≥640	≥4 000	≥6 300
≤1	≥2 500	≥50 000	≥80 000

7.5.4 抽样表的构成

ISO 2859主要由抽样样本字码表(附表Ⅶ-1)、标准抽样方案表(附表Ⅶ-2～Ⅶ-4和附表Ⅶ-5～Ⅶ-7)、放宽抽样界限表(附表Ⅶ-8)以及转换规则所组成。抽样方案中,凡AQL>10%的适用于每百单位缺陷数的检查,AQL≤10%的抽样方案,既适用于不合格品率的检查,也适用于每百单位缺陷数的检查。

样本字码表的用途是,当已经知道批量大小并确定了检查水平时,由样本字码表给出相应的字码,然后按样本字码和AQL值,从抽样方案表中查得正常、加严以及放宽的抽样方案。

ISO 2859的抽样方案包括一次、两次以及多次抽检表,它所对应的正常、放宽以及加严抽样方案也是由多个抽样方案所组成。这里以一次和两次抽样方案为例来介绍该抽样表的应用。

7.5.5 抽样方案的确定

确定抽样方案就是选定 n(样本量,Number),Ac(接收数,Accept)和 Re(拒收数,Reject)。进行步骤如下:

(1) 根据批量 N 确定样本字码

利用附表Ⅶ-1找到批量大小 N 所在的行,指定检查水平所在的列,行列相交栏可得样本字码。

(2) 选定主检表

如表7-9所列。

表7-9 主检表

抽检形式	检查的宽严度	主检查表
一次抽检	正常检查	附表Ⅶ-2
	加严检查	附表Ⅶ-3
	放宽检查	附表Ⅶ-4
二次抽检	正常检查	附表Ⅶ-5
	加严检查	附表Ⅶ-6
	放宽检查	附表Ⅶ-7

(3) 选取抽样方案

①一次抽样。利用主检查表(附表Ⅶ-2、Ⅶ-3、Ⅶ-4),按样本字码确定对应的样本大小

n，再从样本字码所在的行与AQL所在列的相交栏，找到合格判定数Ac和不合格判定数Re。

②二次抽样。利用主检查表(附表Ⅶ-5、Ⅶ-6、Ⅶ-7)，按样本字码确定对应的第一样本大小n_1和第二样本大小n_2，再从样本字码所在的行与AQL所在列的相交栏，找到第一合格判定数Ac_1，第一不合格判定数Re_1，第二合格判定数Ac_2，第二不合格判定数Re_2。

例7-8：采用ISO 2859对某产品进行抽样验收，按条件：AQL值为1.5%，$N=1\ 500$，检查水平为Ⅱ，确定一次正常、加严以及放宽抽样方案。

解：

步骤如下：

第1步，正常检查方案的确定。从附表Ⅶ-1中找到包含批量大小$N=1\ 500$的行是1 201～3 200，从这一行与检查水平Ⅱ所在列的相交栏，找到样本字码为K。因为是一次正常抽检，所以用附表Ⅶ-2的检查表。查表可知K对应的样本大小$n=125$，该行与AQL=1.5%列的相交栏为$Ac=5$，$Re=6$，由此得抽样方案：$N=1500$，$n=125$，$Ac=5$，$Re=6$。

检验过程是：从1 500个产品中随机抽取125个产品为样本进行测试，如果不合格品数$d \leqslant Ac=5$，则接收该产品批；如果$d \geqslant 6$，则拒收该产品批。

如果用每百单位缺陷数来衡量质量的好坏，那就将样本中的缺陷数(一个不合格品可能不只有一个缺陷)与Ac及Re进行比较。

第2步，加严检查和放宽检查方案的确定。这两个方案除所用的主检表与正常检查不同外，其他步骤和正常检查方案的确定过程一样。

加严检查用附表Ⅶ-3查得抽样方案结果为：$n=125$，$Ac=3$，$Re=4$。

放宽检查用附表Ⅶ-4查得抽样方案结果为：$n=50$，$Ac=2$，$Re=5$。

对于放宽检查有个特殊情况，就是当样本中的不合格数$Ac<d<Re$时，(如本例$d=3$或4时)仍可判该批合格。但从下一批起就恢复正常检查，并称此批为附条件合格。

例7-9：试求与上例同样条件的二次正常、加严以及放宽检查方案。

解：二次正常、加严及放宽检查方案的确定是分别利用附表Ⅶ-5、Ⅶ-6、Ⅶ-7进行的，步骤和上例的检查步骤一样。

$N=1\ 500$，水平Ⅱ，字母为K，二次正常查附表Ⅶ-5，$n=80$，AQL值为1.5%，$Ac_1=2$，$Re_1=5$，$Ac_2=6$，$Re_2=7$。加严检查和放宽检查的判定过程和正常检查一样，只是判定标准不同而已。

二次抽样方案如表7-10所列。

表7-10　二次抽样方案

检查类型	批量N	样　本	样本大小n	累计样本大小	合格判定数Ac	不合格判定数Re
正常检查	1 500	第1	80	80	2	5
		第2	80	160	6	7
加严检查	1500	第1	80	80	1	4
		第2	80	160	4	5
放宽检查	1500	第1	32	32	0	4
		第2	32	64	3	6

二次正常检查判定过程如图7-17所示，二次放宽检查判定过程如图7-18所示。

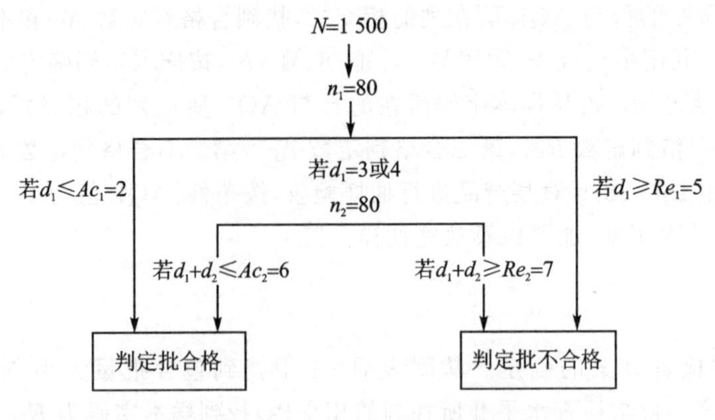

图 7-17　二次正常检查判定过程

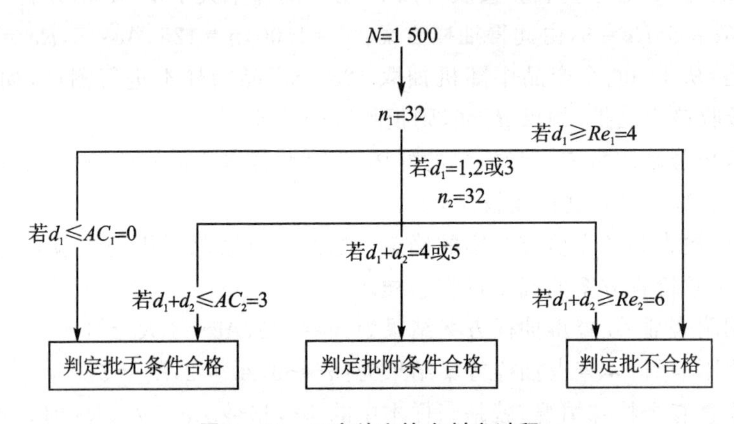

图 7-18　二次放宽检查判定过程

7.5.6　转移规则

ISO 2859 属于调整型抽样检查，它是通过检查的宽严程度，要求供货方提供符合规定质量要求的产品批，ISO 2859 的抽样方案与转移规则必须一起使用，两者是不可分割的有机整体。

ISO 2859 规定可以采用 3 种不同的抽样方案：当一批批产品不合格品率处在 AQL(可接收质量水平)时，采用正常检验；当一批批产品的不合格品率高于 AQL 时，希望很快转移到加严检验；当一批批产品的不合格品率低于 AQL 时，则以适当的速度转移到放宽检验。每种检验所对应的抽样方案不同，所谓“加严”主要是使样本大小加大，或者使样本中合格判定数减少。为了实施满足上述要求的转移，ISO 2859 采用了如下一些转移规则：

(1) 正常转加严

当进行正常检验时，如果不多于连续 5 批中有 2 批经初次检验(不包括再次提交检验批)不合格，则从下一批检验转到加严检验。例如，若检验批是用自然数顺序连续编号的，并开始执行正常检验，在检验过程中，发现第 i 批不合格，之后又发现第 j 批不合格，若 $j-i<5$，则从第 $j+1$ 批开始执行加严检验。

(2) 加严转正常

当进行加严检验时，如果连续 5 批经初次检验(不包括再次提交检验批)合格，则从下一批检验转到正常检验。

(3) 正常转放宽

当进行正常检验时，如果下列 4 个条件同时得到满足：①连续 10 批(不包括再次提交检验批)正常检验合格；②在此连续 10 批或要求多于连续 10 批所抽取的样本中，不合格品(或缺陷)总数小于或等于放宽检验的界限数表所列的界限数(附表Ⅶ-8)；③生产正常；④质量部门同意，则转到放宽检验。

(4) 放宽转正常

在进行放宽检验时，如果出现下列 4 种情况之一，则从下一批检验转到正常检验：①有一批放宽检验不合格；②有一批附条件合格；③生产不正常；④质量部门认为有必要回到正常检验。

(5) 加严转暂停检验

加严检验开始后，如果接连 10 批进行加严检验仍不能转回正常检验，则暂时停止按本标准进行的检验。

(6) 暂停检验转加严

暂停检验后，如果质量确有改进，质量部门认为可以恢复到加严检验。

7.5.7 ISO 2859 与 GB 2828 的主要区别

GB 2828 主要是参照 ISO 2859 而制定的，但对有些内容做了合理修改。这些修改的内容，部分已得到国际上的认可，部分还有待于实践中进一步验证，现将 ISO 2859 与 GB 2828 的主要区别分述如下：

(1) 适用范围

ISO 2859 适用于连续提交检验批，也可用于孤立提交检验批，但在后一种情况，使用者应仔细分析抽检特性曲线，找出具有要求的保护能力的方案。

GB 2828 只适用于连续提交检验批，不适用于孤立提交检验批的检验。

(2) 抽样方案

①正常抽样方案。ISO 2859 与 GB 2828 的二次正常抽样方案有两列判断数组不一样，与 ISO 2859 的 $\begin{bmatrix}1 & 4\\4 & 5\end{bmatrix}$，$\begin{bmatrix}3 & 7\\8 & 8\end{bmatrix}$ 相对应，GB 2828 分别改为 $\begin{bmatrix}1 & 3\\4 & 5\end{bmatrix}$，$\begin{bmatrix}3 & 6\\9 & 10\end{bmatrix}$。

②加严抽样方案。ISO 2859 与 GB 2828 的二次加严抽样方案有两列判断数组不一样，与 ISO 2859 的 $\begin{bmatrix}1 & 4\\4 & 5\end{bmatrix}$，$\begin{bmatrix}3 & 7\\8 & 9\end{bmatrix}$ 相对应，GB 2828 分别改为 $\begin{bmatrix}1 & 3\\4 & 5\end{bmatrix}$，$\begin{bmatrix}4 & 7\\10 & 11\end{bmatrix}$。

③放宽检验方案。ISO 2859 只有一个放宽检验方案表，它含有无条件和附条件检验两部分。

GB 2828 放宽检验方法表将 ISO 2859 放宽检验方案表一分为二，增设了特宽检验的抽样方案，即由放宽检验方案表和特宽检验方案表组成，它分别与 ISO 2859 的无条件和附条件放宽检验抽样方案相对应。

④多次抽样方案。ISO 2859 的多次抽样方案为 7 次，GB 2828 的多次抽样方案为 5 次。

(3) 转移规则

①加严检验到暂停检验的规则。ISO 2859 的规则为“连续 10 批停留在加严检查”，GB

2828的规则为“加严检验后累计5批不合格”。

②放宽检验界限数法。放宽检验抽样方案是为刺激生产方而设计的，它对保证产品质量并无积极作用，特别对于我国目前的产品质量现状更是如此。使用放宽检验并非强制性的，必须采取慎重态度。比较ISO 2859与GB 2828放宽检验界限表，GB 2828的放宽检验界限数比较严格，这符合我国的实际情况。

GB 2828对放宽检验界限表的使用条件也与ISO 2859不同。GB 2828规定转入放宽检验中的一个条件为“在此连续10批或多于10批所抽取的样本中不合格品总数要小于或等于放宽检验界限数表所列的界限数”，这比ISO 2859规定的增加了“多于连续10批”这几个字。

(4) 抽样特性曲线(*OC* 曲线)

ISO 2859的*OC*曲线是按样本字码为序，按正常检验每个AQL给出*OC*曲线，横坐标n，P表示。

GB 2828的OC曲线是按合格判定数表示的，均以质量比K_p($=p/$AQL)为横坐标，并与正常检验相对应的加严、放宽、特宽抽样特性曲线在一起。

(5) 计算接收概率$L(p)$

ISO 2859在AQL$\leqslant$10%，$n\leqslant 80$范围内采用二项分布公式计算$L(p)$，其余情况采用泊松分布计算$L(p)$。GB 2828在所有范围内都采用泊松分布计算$L(p)$。

7.6 计量型抽样检验

7.6.1 计量抽样检验概述

计量抽样检验是指按规定的抽样方案从批中随机的抽取部分单位产品进行计量检验，并判断该批产品是否接收的过程。

计量抽样检验与前面介绍的计数抽样检验的根本区别在于计数抽样检验只将抽取到的产品划分为合格品与不合格品，或者只计算产品的不合格数，因而计数抽样检验得到的信息量较少，往往要检验较大的样本量才能对检验批的可接受性作出判断。而计量抽样检验是以样本中各单位产品的计量质量特性数据作为依据，因而它比计数抽样检验能够提供更多、更详细的产品质量信息，当产品质量下降的时候，计量抽样检验会更早地发出警告。同时，在同样的质量保护下，计量抽样检验的样本量比计数抽样检验要小得多。总之，与计数抽样检验相比，计量抽样检验具有如下特点：

①从难易程度来讲，计数抽样检验较简单，计量抽样检验较复杂；

②从取得的信息来看，计量抽样检验能获得更多的更精密的信息，能指出产品的质量状况，一旦质量下降能及时提出警告；

③计量抽样检验的可靠性比计数抽样检验更大，这是因为对每批产品的某种质量特性进行严格的计量检验要比对每批产品的质量仅仅区别其合格与否的计数检验更为确切；

④与计数抽样检验相比，在同样的质量保护下，计量抽样检验的样本量可以减少30%，因此当检验过程的费用比较大的时候，计量抽样检验显示出其巨大的优越性。

⑤计数抽样检验较易被接受和理解，计量抽样检验却并非如此。例如，使用计量抽样检验时有可能会出现在样本中没有发现不合格品而检验批被拒收的情况；

⑥计量抽样检验的局限性是要求被检质量特性必须服从或近似服从正态分布，因为设计计量抽样检验方案的依据是正态分布理论。

我国最新颁布的计量型抽样检验的标准是《计量标准型一次抽样检验程序及表》GB/T 8054－2008，该标准规定了以均值和不合格品率为质量指标的计量标准型一次抽样检验的程序与实施方法。

7.6.2　计量标准型抽样原理

计量标准型抽样方法主要包括如下的 σ 法与 S 法。

①σ 法是在批标准差已知时，利用样本均值与批标准差来判断批能否接收的方法。抽样原理如表 7－11 所列。

表 7－11　σ 法抽样原理

工作步骤	工作内容	检验方式		
		上规格限	下规格限	双侧规格限
①	规定质量要求	μ_{0U}，μ_{1U}	μ_{0L}，μ_{1L}	μ_{0U}，μ_{1U}；μ_{0L}，μ_{1L}
②	确定 σ 值	根据批历史数据，参照 GB/T 8054－2008 标准估计 σ		
③	计算	$\dfrac{\mu_{1U}-\mu_{0U}}{\sigma}$	$\dfrac{\mu_{0L}-\mu_{1L}}{\sigma}$	$\dfrac{\mu_{1U}-\mu_{0U}}{\sigma}$ 或 $\dfrac{\mu_{0L}-\mu_{1L}}{\sigma}$
④	确定抽样方案	$n=\sigma^2\left[\dfrac{\Phi^{-1}(\alpha)+\Phi^{-1}(\beta)}{\mu_1-\mu_0}\right]^2$ $k=\dfrac{\mu_1\Phi^{-1}(\alpha)+\mu_0\Phi^{-1}(\beta)}{\Phi^{-1}(\alpha)+\Phi^{-1}(\beta)}$	查 GB/T 8054－2008 标准，确定 n，k	查 GB/T 8054－2008 标准，确定 n，k

②S 法是在批标准差未知时，利用样本均值与样本标准差来判断批能否接收的方法。抽样原理如表 HL 所列。

表 7－12　S 法抽样原理

工作步骤	工作内容	检验方式		
		上规格限	下规格限	双侧规格限
①	规定质量要求	μ_{0U}，μ_{1U}	μ_{0L}，μ_{1L}	μ_{0U}，μ_{1U}；μ_{0L}，μ_{1L}
②	估计 σ 值	根据批历史数据，计算样本标准差 S		
③	计算	$\dfrac{\mu_{1U}-\mu_{0U}}{\hat{\sigma}}$	$\dfrac{\mu_{0L}-\mu_{1L}}{\hat{\sigma}}$	$\dfrac{\mu_{1U}-\mu_{0U}}{\hat{\sigma}}$ 或 $\dfrac{\mu_{0L}-\mu_{1L}}{\hat{\sigma}}$
④	确定抽样方案	查 GB/T 8054－2008 标准，确定 n，k		查 GB/T 8054－2008 标准，确定 n，k

例 7－10：一批钢材，其硬度越小越好。已知 $\sigma^2=4$，规定 $\mu_0=70$，$\mu_1=72$，$\alpha=0.05$，$\beta=0.10$，试求：

①满足要求的计量一次抽样方案；

②当 $\mu=71$ 时的接受概率。

解：

查附录Ⅰ表得：

$$\Phi^{-1}(0.05)=-1.64,\quad \Phi^{-1}(0.1)=-1.28$$

$$n=\sigma^2\left[\frac{\Phi^{-1}(\alpha)+\Phi^{-1}(\beta)}{\mu_1-\mu_0}\right]^2=4\left(\frac{-1.64-1.28}{72-70}\right)^2=8.53$$

$$k=\frac{\mu_1\Phi^{-1}(\alpha)+\mu_0\Phi^{-1}(\beta)}{\Phi^{-1}(\alpha)+\Phi^{-1}(\beta)}=\frac{72(-1.64)+70(-1.28)}{-1.64-1.28}=71.12$$

因此，抽样方案为(8.53,71.12)，即从批中随机抽取9个单位产品，测试并计算样本的硬度均值，若样本的硬度均值不超过71.12，则接收此批产品，否则拒收该批产品。

当$\mu=71$时的接收概率为

$$L(\mu)=P(\bar{x}\leqslant k)=P(\frac{\bar{x}-\mu}{\sigma/\sqrt{n}}\leqslant\frac{k-\mu}{\sigma/\sqrt{n}})=\Phi(\frac{k-\mu}{\sigma/\sqrt{n}})=\Phi(\frac{71.12-71}{2/\sqrt{9}})=\Phi(0.18)=0.5714$$

习题7

7-1 质量检验在质量管理中起什么作用?

7-2 简述质量检验的分类特点。

7-3 有人说，随着质量控制手段的加强，可以取消质量检验，你认为正确吗？为什么？

7-4 为什么要进行抽样检验？与全数检验相比，抽样检验有什么优点？

7-5 什么是可接受的质量管理水平(AQL)？克劳斯比说，设定AQL是错误的，你同意他的观点吗？试论述之。

7-6 在什么情况下，可根据抽样检验的结果来判断总体的质量水平？

7-7 试述质量检验的含义及衡量产品质量的方法。

7-8 什么是抽样检验，抽样检验适用于什么情况？

7-9 什么是抽样特性曲线(*OC*曲线)，它与抽检方案有什么关系？

7-10 甲、乙双方商定$P_0=0.30\%$，$P_1=4.4\%$，求抽检方案n、A。

7-11 甲、乙双方商定$P_0=2.5\%$，$P_1=5.7\%$，求抽检方案n、A。

7-12 在购入产品检查中，指定AQL为2.5%，批量大小$N=7\ 300$，检查水平Ⅱ，根据ISO 2859采用一次抽样检查时求正常、放宽、加严3个抽样方案。

7-13 某厂购入某产品，采用ISO 2859二次抽样方案，指定批量的大小$N=1\ 000$，AQL=5%，试求检查水平Ⅱ的正常、加严、放宽3个抽样方案。

7-14 设有一批产品，其批量$N=100$，不合格品率$p=0.05$，试分别用超几何分布、二项分布以及泊松分布计算采用抽样方案(6,1)验收这批产品的接收概率$L(p)$。

7-15 设有一批产品，批量为1 000件，假定该批的不合格品率为1%，求采用抽样方案(140,1)验收该批产品时的接收概率。

7-16 已知抽样方案为[2 000,20,1]，试分别计算交验批不合格品率为0%、5%、10%、15%、20%、25%、50%、100%时的接收概率，并绘制该抽样方案的*OC*曲线。

7-17 某发动机厂每天用A厂供应的轴套零件1 000件，其轴套外径尺寸为$\varphi100^{0}_{-0.02}$，内径尺寸为$\phi92^{+0.03}_{0}$，长为30 mm。A厂信誉好，轴套零件质量稳定，每天按时送1 000件给发动机厂。为保证产品质量,发动机厂每天对送来的轴套进行检验验收,考虑到批量大,决定用抽样检验,试设计抽样方案。

7-18 一批钢材,其硬度越小越好,已知 $\sigma^2=9$,规定 $\mu_0=90$,$\mu_1=92$,$\alpha=0.05$,$\beta=0.10$,试求:

①满足要求的计量一次抽样方案;

②当 $\mu=91$ 时的接收概率。

本章参考文献

[1] 张根保. 现代质量工程[M]. 2 版. 北京:机械工业出版社,2009.

[2] 张根保. 质量管理与可靠性[M]. 北京:中国科学技术出版社,2006.

[3] 张公绪. 新编质量管理学[M]. 2 版. 北京:高等教育出版社,2003.

[4] 伍爱. 质量管理学[M]. 3 版. 北京:暨南大学出版社,2006.

[5] 信海红. 抽样检验技术[M]. 北京:中国计量出版社,2005.

[6] 国家标准化管理委员会. 计量标准型一次抽样检验程序及表:GB/T 8054—2008[S]. 北京:中国标准出版社. 2008.

[7] 康锐,何益海. 质量工程技术基础[M]. 北京:北京航空航天大学出版社,2012.

[8] Krishnamoorthi, K. S. A First Course in Quality Engineering : Integrating Statistical and Management Methods of Quality[M]. Boca Rorton: CRC Press, 2011.

第8章　质量分析与改进基础方法

8.1　质量分析与改进基础

8.1.1　概　述

在质量管理与质量工程大量实践过程中，管理者和工程师需要通过质量数据分析对产品质量情况做出决策，有效的决策是建立在大量数据和信息分析的基础上的，质量分析工具与方法正是便于决策者从质量数据中获取相关结论的技术方法，适用于对产品研制过程中的质量问题开展科学的分析与改进，实现“基于数据的质量管理决策”这一基本质量管理原则。

根据质量分析与改进基础方法的性质，可以将其分为如下2类：

①定量分析与改进方法。定量分析与改进方法利用统计学等数学分析方法处理质量数据，通过分析质量数据的频次、均值等统计指标来分析质量发展趋势，或采用回归分析与方差分析等统计技术来分析多个质量特性之间的函数依赖关系等，为质量改进提供客观的依据。一般来说，定量分析与改进方法以诞生于20世纪60年代的统计质量控制时期的质量分析工具为主，包括直方图、排列图、散布图、分层法、矩阵数据分析法、调查表法和偏差流理论等。

②定性分析与改进方法。定性分析与改进方法在系统工程思想的指导下，利用事理逻辑来分析质量问题数据，建立起众多质量影响因素的关系图，为质量改进提供可能的技术措施。一般来说，定性分析与改进方法以诞生于20世纪70年代末的全面质量管理时期的质量管理工具为主，包括因果图法(网络图)、关联图、KJ法(亲和图)、系统图、PDPC法、矩阵图等。在本章中介绍最为常用的因果图与关联图。

需要说明的是质量分析、质量评价和质量改进是密不可分的质量管理活动，质量分析是微观的质量活动，质量评价是宏观的质量活动，质量分析与评价为质量改进提供必要的支撑和基础。质量分析的结果一般作为质量评价和质量改进的基础，没有科学的分析，就无法得到客观和准确的质量评价与改进。开展一项质量评价与改进活动，首先要选定评价对象，制订科学的评价质量指标体系，然后采用科学的评价方法得出评价结果，最后是对评价结果进行分析，给出持续的改进措施。

8.1.2　质量数据

1. 质量数据概述

质量一词含义丰富，既可以指产品质量，又可以指工作质量，因而质量数据的覆盖范围极广。一般来说，狭义的质量数据主要指描述产品质量的有关数据，如不良品数、合格率、直通率、返修率等；广义的质量数据则泛指能反映各项工作质量的数据，如质量成本损失、生产批量、库存积压、无效作业时间等。进一步，按其性质和使用目的，质量数据又可分为计量值和计数值两大类。计量值数据是可以取连续值，或者说可以用测量工具具体测出小数点以下数值的这类数据，如长度，压力，温度等。计数值数据是不能连续取值，只能以个数计算的数据，如不合格品数，缺陷数等。无论狭义还是广义、计量还是计数，上述质量数据均可以成为质量改进的研究对象，为全面质量管理提供定量支持。本节专注于产品质量数据的描述。

随着大数据背景的深化，质量数据的种类和数量都在不断增加，质量数据的产生和采集逐渐贯穿于产品生命周期全过程(Life Cycle) 中的各个环节。其中，最能描述产品质量演化趋势的质量数据主要来源于设计阶段、制造阶段以及使用阶段。这些数据主要可以分为两部分：直接描述产品各阶段质量元素的数据(原生质量数据)和相关的评估、分析、更改等活动产生的数据(派生质量数据)。

具体而言，在产品设计阶段，原生设计质量数据主要指由给定的产品需求转化形成的产品设计蓝图及其分解结果，如产品整体与各组件的可靠性等关键设计指标、零部件加工图纸中的精度要求，派生设计质量数据则指设计质量评审的结果，如设计评审平均问题数等指标。制造过程是将原材料与毛坯加工成为成品的过程，因此其原生数据不仅应包括零部件加工偏差数据、工艺环节能力水平等描述加工能力和质量的数据，还应包括原材料批合格率等辅助数据，其派生数据一般指生产过程中不符合质量保证要求的款项数。在使用阶段，使用质量数据反映了产品真实性能和故障信息，其原生数据主要由用户主动反馈与企业定期上门维修得到的数据组成，包括产品故障类型、故障前症候与故障频率等，对产品故障开展的分析报告等信息则构成了派生数据。

2. 质量数据的基本概念

在质量工程实践过程中，将检测和分析得到的质量特性值用数字记录下来，这些数字被称为质量数据。目前，利用质量数据进行科学决策已成为现代质量工程的基本特征。

质量数据是描述质量特性满足质量要求程度的数据，产品的质量特性有定性的和定量的两种。对于定性的质量特性，一般是用文字进行说明，通常不规定具体的质量特性值，比如产品的外形是否美观、操作是否方便等，主要靠人的感觉来判断。对于定量的质量特性，通常都规定有具体的质量特性值，比如尺寸精度、表面粗糙度、硬度、噪声等。在现代质量工程中，定量质量指标与定性质量指标相比更易于比较，更易于判断产品质量是否合格或确定产品的质量水平。

根据定量数据的表达形式，定量质量数据又可以分成两大类：计量值数据和计数值数据。

①计量值数据是指可以用仪器测量的连续性数据，如长度、强度、温度、硬度、重量、压力、时间、成分等。

②计数值数据是指不能连续取值的，只能用自然数表示的数据，如合格品件数、废品数、疵点数等。

对于计数值数据，还可进一步细分为计件值数据和计点值数据。计件值数据是按产品个数计数的数据，如合格品件数、废品件数等；计点值数据是按点计数的数据，如铸件表面的缺陷数、气孔数等。

3. 质量数据的统计规律性

质量数据的分散性和集中性统称为数据的统计规律性。在产品生产过程中，如果掌握了质量数据的统计规律性并将其应用于质量工程中，就可以经济地控制产品的质量。

实践表明，在生产过程中，即使同一名工人在同一台设备上，用同一种原材料，采用相同的加工方法加工出的同一批产品，其质量数据也并非完全相同。例如，同一批机械加工零件的几何尺寸不可能完全相同,同一批材料的力学性能也不完全一样。这些事实说明,质量数据具有分散的基本属性,通常称之为质量数据的分散性。质量数据的分散性是由于生产条件和原材料的内部性质发生变化所造成的。

另一方面,当收集的质量数据足够多时,会发现这些质量数据在一定范围内围绕在一个中心值周围,越靠近中心值,数据越多;越偏离中心值,数据越少。这反映出质量数据具有集中的属性,通常称之为质量数据的集中性。

4. 收集数据的目的

为了取得高质量的数据,首先要目的明确。搜集数据的目的很多,主要包括:

①控制生产线。例如,产品尺寸的波动有多大?在装配过程中出现了多少不合格品?药品不纯度达到什么程度?机器出现了多少次故障?打字员出现多少个差错等。

②分析质量。例如,为了调查纱线的不均匀度与纺织机器的测量仪表有什么关系,需要制定试验设计进行试验,对取得的数据加以分析,然后将分析结果写入操作规范和管理规章制度中。

③改进质量。例如,对于干燥室的温度进行观测,"温度过高调低些,过低则调高些",这些就是进行调节温度的数据。规定的数据有测定时间、调节界限、调节量等,通常都在操作规范和管理规章制度中提出要求。

④合格判定。例如,逐个测量产品的特性值,把测量结果与规格对比,判定产品中的合格品与不合格品,这就是用于检查的数据。此外,为了判定批量产品合格与不合格,可从从批量产品中随机抽取样本,再对样本进行测定,这就是抽样检查的数据。这类检查数据可以反馈给有关部门进行分析和管理。

8.1.3 质量波动

1. 波动概念

在任何一个制造过程中生产的产品,其质量特征总存在着一定的差异,这种差异就被称为产品质量特性的波动特性。产生这种差异是因为生产过程中的六大要素,即操作者、设备、材料、工艺方法、测量、环境存在着波动,它们对产品质量的作用是一个极其复杂的过程。质量控制就是要通过搜集数据、整理数据,找出质量波动的规律,把正常的波动控制在最低限度,将造成不正常波动的各种原因消除,采用一定的控制技术与策略将产品质量特征值控制在要求的范围之内。

2. 质量波动性分类

产品的质量波动可分正常波动和异常波动两类。

(1) 正常波动

产品质量的正常波动又被称为随机波动,它是由生产过程中的随机因素或偶然因素引起的。如设备的微小振动,原材料的质量波动,环境温度变化等,它们的来源和表现形式多种多样,对产品质量的影响都比较小。随机因素在加工过程中是不可避免的,在生产过程中只存在随机因素影响的状态被称为稳定状态或统计控制状态。

(2) 异常波动

产品的异常波动又被称为系统波动,它是由生产过程中的系统性因素引起的。系统性因素的特点是对产品质量变异影响的程度很大，并且质量变异的方向确定，但在过程中出现的时间是不确定的。如混入了不同规格的原材料，设备调整不准确等。在生产过程中存在系统性因素影响的状态被称为非稳定状态或非统计控制状态。

3. 波动原因分类

影响质量的原因被称为质量因素。按照不同来源可以把质量因素分为操作人员（Man）、设备（Machine）、原材料（Material）、操作方法（Method）、环境（Environment），简称 4M1E，有的还把测量（Measurement）加上，简称 5M1E。

质量因素按影响大小与作用性质，可以分为随机因素与异常因素：

（1）随机因素

随机因素具有 4 个特点：①影响微小，即对产品质量的影响微小。②始终存在。也就是说，只要一生产，这些因素就始终在起作用。③逐件不同。由于这些因素是随机变化的，所以每件产品受到随机因素的影响是不同的。④不易消除。指在技术上有困难或在经济上不允许。随机因素的例子很多，例如，机床开动时轻微振动，原材料的微小差异，操作的微小差别等。

（2）异常因素

异常因素又被称为系统因素。与上述随机因素相对应，异常因素也有 4 个特点：①影响较大，即对产品质量的影响大。②有时存在。就是说，它是由某种原因产生的，不是在生产过程中始终存在的。③一系列产品受到同一方向的影响。指加工件质量指标受到的影响是都变大或都变小。④易于消除或削弱。指这类因素在技术上不难识别和消除，而在经济上也往往是允许的。异常因素的例子有很多，例如，由于固定螺母松动造成机床的较大振动，刀具的严重磨损，违反规程的错误操作等。

随着科学的进步，有些随机因素的影响可以设法减少，甚至基本消除。但从随机因素的整体来看，随机因素是不可能被完全消除的。因此，随机因素引起产品质量的随机波动是不可避免的，故对于随机因素不必予以特别处理。

异常因素则不然，它对于产品质量影响较大，造成质量过大的异常波动，以致产品质量不合格，同时它也不难加以消除。因此，在生产过程中异常因素是注意的对象，一旦发现产品质量有异常波动，就应尽快找出其异常因素，加以排除，并采取措施使之不再出现。

8.1.4　质量改进基本原理

持续改进（Continuous Improvement）是质量管理的基本要求，为此，质量改进活动是质量管理活动中重要的一部分，它致力于增强满足质量要求的能力，消除系统性的问题，对现有的质量水平在得到控制和保证的基础上加以提高，使质量达到一个新水平、新高度。开展质量改进的基本原理包括朱兰（Juran）质量管理三部曲、戴明（Deming）PDCA 环、六西格玛 DMAIC 流程。

如图 8 - 1 所示，朱兰质量管理三部曲将质量管理过程分为三个步骤，即质量策划、质量控制、质量改进。质量策划主要任务是建立有能力满足质量标准化的工作程序；质量控制主要任务是为确定何时采取必要措施纠正质量问题提供参考和依据；质量改进主要任务是通过分析发现更合理和有效的质量管理方式。

如图 8 - 2 所示，戴明（Deming）PDCA 环将质量管理工作分解为一系列闭环的计划

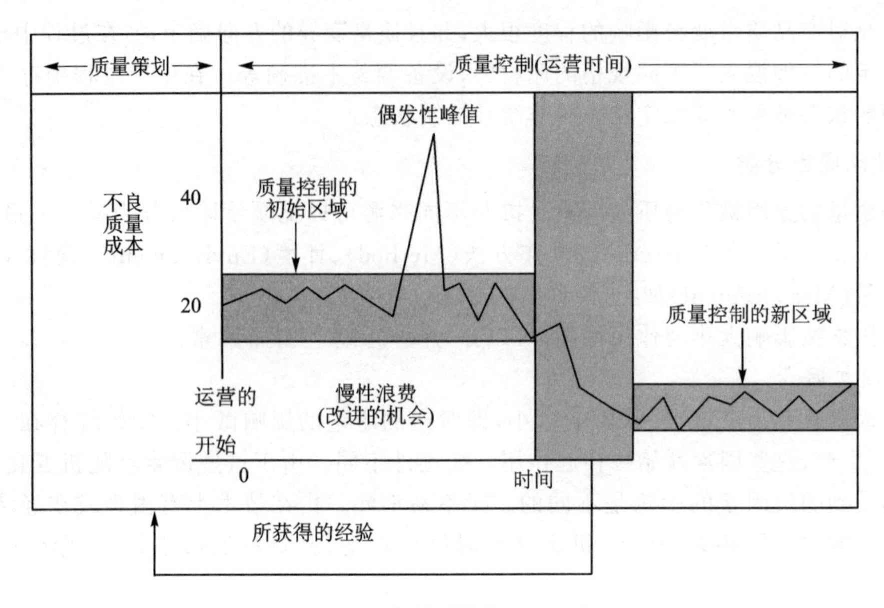

图8-1 朱兰质量管理三部曲

(Plan)、实施(Do)、审查(Check)和改进(Action),从而实现产品质量的阶梯式进步。计划P主要任务是确定包括质量目标的一系列计划;实施D主要任务是执行制定的计划;审查C的主要任务是检查质量活动的效果,发现问题;改进A的主要任务是消除发现的问题,并设定更高的质量目标。

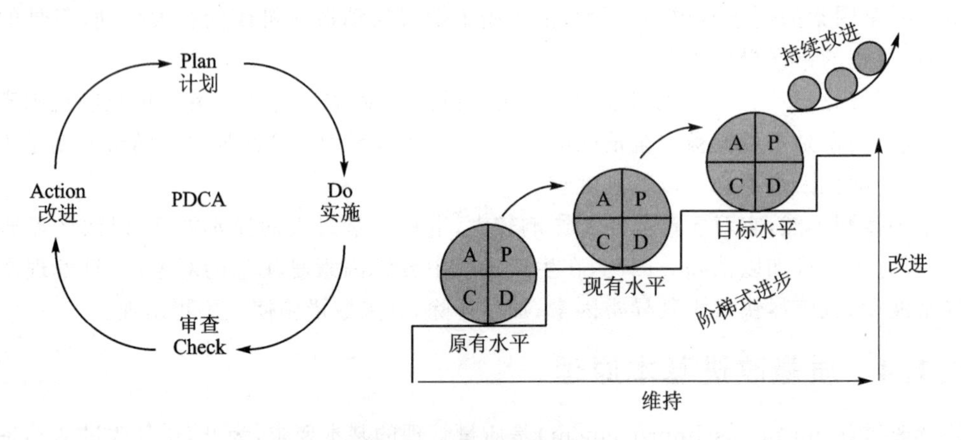

图8-2 戴明PDCA环

如表8-1所列,六西格玛DMAIC流程是六西格玛质量管理(Six Sigma)理论中用于改进现有流程的重要工具,包括制造过程、服务过程以及工作过程等,它将质量水平提升过程分为定义(Define)、测量(Measure)、分析(Analyze)、改进(Improve)和控制(Control)等活动。定义D主要任务是确定质量改进目标及参数;测量M主要任务是通过测量获取和质量目标相关的质量数据;分析A的主要任务是通过数据分析确定出关键质量特性(Critical Quality Characteristics,CTQs);改进I的主要任务是优化识别到的CTQs;控制C的主要任务是通过控制图等监测技术对改进后的CTQs的观测指标稳定性进行监测和控制。

表 8-1　六西格玛 DMAIC 流程

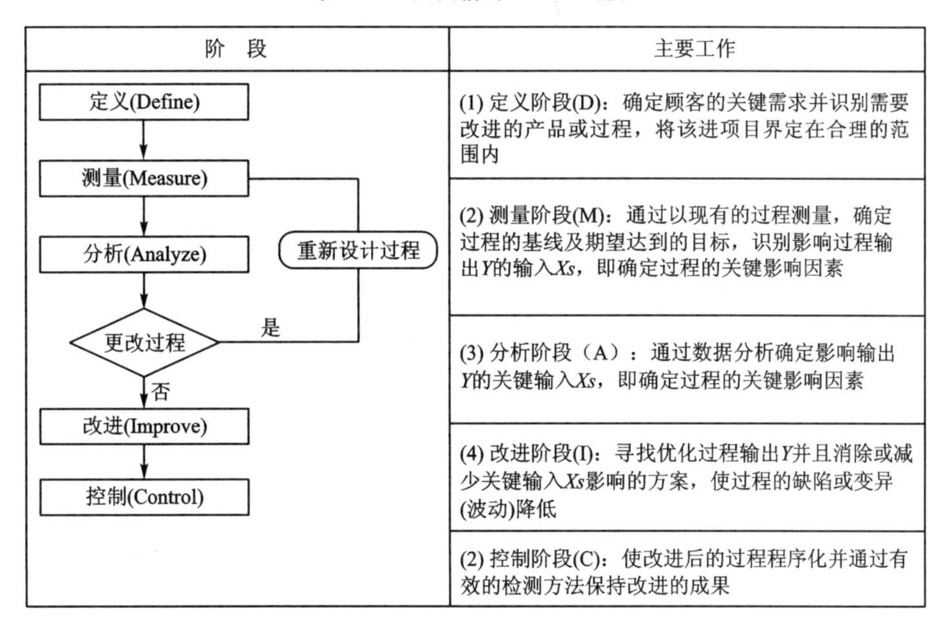

阶　段	主要工作
定义(Define)	(1) 定义阶段(D)：确定顾客的关键需求并识别需要改进的产品或过程，将该进项目界定在合理的范围内
测量(Measure)	(2) 测量阶段(M)：通过以现有的过程测量，确定过程的基线及期望达到的目标，识别影响过程输出Y的输入Xs，即确定过程的关键影响因素
分析(Analyze)	(3) 分析阶段（A）：通过数据分析确定影响输出Y的关键输入Xs，即确定过程的关键影响因素
改进(Improve)	(4) 改进阶段(I)：寻找优化过程输出Y并且消除或减少关键输入Xs影响的方案，使过程的缺陷或变异(波动)降低
控制(Control)	(2) 控制阶段(C)：使改进后的过程程序化并通过有效的检测方法保持改进的成果

8.2　定量分析与改进方法

8.2.1　直方图

1. 直方图的概念

直方图又称质量分布图，是通过对测定或收集来的数据加以整理，来判断和预测生产过程质量和不合格品率的一种常用工具。

直方图法适用于对大量计量值数据进行整理加工，找出其统计规律，分析数据分布的形态，以便对其总体的分布特征进行分析。直方图的基本图形为直角坐标系下若干依照顺序排列的矩形，各矩形的底边相等被称为数据区间，矩形的高为数据落入各相应区间的频数。

在生产实践中，尽管收集到的各种数据含义不同、种类有别，但都具有这样一个基本特征：它们毫无例外的都具有分散性，即它们之间参差不齐。例如同一批机加工零件的几何尺寸不可能完全相等；同一批材料的机械性能各有差异；同一根金属软管各段的疲劳寿命互不相同等。数据的分散性乃产品质量本身的差异所致，是由生产过程中条件变化和各种误差造成的，即使条件相同、原料均匀、操作谨慎，生产出来的产品质量数据也不会完全一致，但是这仅是数据特征的一个方面。另一方面，如果收集数据的方法恰当，收集的数据又足够得多，经过仔细观察或适当整理，可以看出这些数据并不是杂乱无章的，而是呈现出一定的规律性。要找出数据的这种规律性，最好的办法就是通过整理数据做出直方图来了解产品质量的分布状况、平均水平以及分散程度。这有助于判断生产过程是否稳定正常，分析产生产品质量问题的原因，预测产品的不合格品率，提出提高质量的改进措施。

2. 直方图的作图步骤

(1) 收集数据

收集数据就是随机抽取50个以上的质量特性数据,而且数据越多直方图的效果越好。表8-2是收集到的某产品的质量特性数据,其样本大小为$n=100$。

表8-2 质量特性实测数据表

61	55	58	39	49	55	50	55	55	50
44	38	50	48	53	50	50	50	50	52
48	52	52	52	48	55	45	49	50	54
45	50	55	51	48	54	53	55	60	55
56	43	47	50	50	50	57	47	40	43
54	53	45	43	48	43	45	43	53	53
49	47	48	40	48	45	47	52	48	50
47	48	54	50	47	49	50	55	51	43
45	54	55	55	47	63	50	49	55	60
45	52	47	55	55	56	50	46	45	47

(2) 找出数据中的最大值、最小值并计算极差值

数据中的最大值用$x_{\max}$表示,最小值用$x_{\min}$表示,极差用R表示。根据表8-2中的数据可知,$x_{\max}=63$,$x_{\min}=38$,$R=x_{\max}-x_{\min}=25$。

(3) 确定组数和组距

组数一般用k表示,组距一般用h表示。根据数据的个数进行分组,分组多少的一般原则是数据在50以内的分5~7组,50—100分7~10组,100—250分10~20组。一般情况下,由于正态分布为对称形,故常取k为奇数,本例可分9组,即$k=9$。

组距就是组与组之间的间隔,等于极差除以组数,即

$$h=\frac{x_{\max}-x_{\min}}{k}=\frac{63-38}{9}=2.78\approx 3$$

(4) 确定组限值

组的上、下界限值称为组限值。从全部数据的下端开始,每加一次组距就可以构成一个组的界限,第一组的上限值就是第二组的下限值,第二组的下限值加上组距就是第二组的上限值。在划分组限前,必须明确端点的归属,故在决定组限前,只要比原始数据中的有效数字的位数多取一位,则不存在端点数据的归属问题。本例最小值为38,则第一组的组限值应该为(37.5, 40.5),以后每组的组限值依次类推。

(5) 计算各组的组中值

组中值就是处于各组中心位置的数值,其计算公式为

$$组中值=(组下限+组上限)/2$$

比如,第一组的组中值为(37.5+40.5) /2=39,依次类推。

(6) 统计各组频数及频率

频数就是实测数据中处在各组中的个数,频率就是各组频数占样本大小的比重。统计结

果如表 8－3 所列。

表 8－3　频数统计表

组　号	组界限	组中值	频　数	累计频数	累计频率/%
1	37.5—40.5	39	3	3	3
2	40.5—43.5	42	7	10	10
3	43.5—46.5	45	10	20	20
4	46.5—49.5	48	23	43	43
5	49.5—52.5	51	25	68	68
6	52.5—55.5	54	24	92	92
7	55.5—58.5	57	4	96	96
8	58.5—61.5	60	3	99	99
9	61.5—64.5	63	1	100	100

（7）画直方图

以各组序号为横坐标，频数为纵坐标，组成直角坐标系，以各组的频数多少为高度作一系列直方形，如图 8－3 所示。

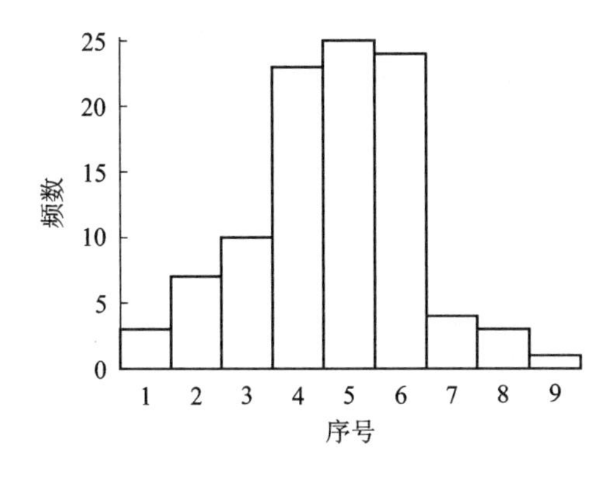

图 8－3　直方图

3. 直方图的几种典型形状

直方图能比较形象、直观、清晰地反映产品质量分布情况。观察直方图时，应该着眼于整个图形的形态，对于局部的参差不齐不必计较。根据形状判断它是正常型还是异常型，如果是异常型，还要进一步判断它是哪种类型，以便分析原因，采取措施。常见的直方图形状大体有 8 种，如图 8－4 所示。

①对称形，如图 8－4(a)所示。对称形直方图是中间高、两边低、左右基本对称，符合正态分布。这是从稳定正常的工序中得到的数据做成的直方图，这说明过程处于稳定状态(统计控制状态)。

②折齿形，如图 8－4(b)所示。折齿形直方图像折了齿的梳子，出现凹凸不平的形状，这多数是因为测量方法或读数有问题，也可能是作图时数据分组不当引起的。

③陡壁形，如图 8－4(c)、(d)所示。陡壁形直方图像高山陡壁，向一边倾斜，一般在产品质量较差时，为得到符合标准的产品，需要进行全数检验来剔除不合格品。当用剔除了不合格

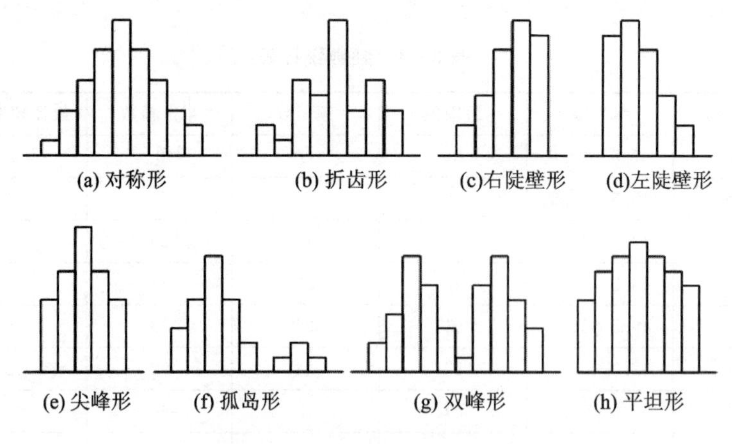

图8-4 直方图的典型形状

品后的产品数据作直方图时,容易产生这种类型。

④尖峰形,如图8-4(e)所示。尖峰形直方图的形状与对称形差不多,只是整体形状比较单薄,这种直方图也是从稳定正常的工序中得到的数据做成的直方图,这说明过程处于稳定状态。

⑤孤岛形,如图8-4(f)所示。孤岛形直方图旁边有孤立的小岛出现,原材料发生变化、刀具严重磨损、测量仪器出现系统偏差、短期内由不熟练工人替班等原因容易导致这种情况的出现。

⑥双峰形,如图8-4(g)所示。双峰形直方图中出现了两个峰,这往往是由于将不同原料、不同机床、不同工人、不同操作方法等加工的产品混在一起所造成的,此时应进行分层。

⑦平坦形,如图8-4(h)所示。平坦形直方图没有突出的顶峰,顶部近乎平顶,这可能是由于多种分布混在一起,或生产过程中某种缓慢的倾向在起作用,如工具的磨损、操作者疲劳的影响,质量指标在某个区间中均匀变化。

4. 直方图与标准界限比较

将直方图和公差来对比观察,可以将直方图大致分为以下几种情况,如图8-5所示。

①直方图的分布范围B位于标准范围T内且略有余量,直方图的分布中心(平均值)与公差中心近似重合,这是一种理想的直方图。此时,全部产品合格,工序处于控制状态,如图8-5(a)所示。

②直方图的分布范围B虽然也位于公差T内,且也是略有余量,但是分布中心偏移标准中心。此时,如果工序状态稍有变化,产品就可能超差,出现不合格品。因此,需要采取措施,使得分布中心尽量与标准中心重合,如图8-5(b)、(c)所示。

③直方图的分布范围B位于公差T范围之内,中心也重合,但是完全没有余地,此时平均值稍有偏移便会出现不合格品,应及时采取措施减少分散,如图8-5(d)所示。

④直方图的分布范围B偏离公差T中心,并且过分地偏离公差范围,已明显看出超差,此时应该调整分布中心,使其接近标准中心,如图8-5(e)所示。

⑤直方图的分布范围B超出公差T,两边产生了超差,此时已出现不合格品,应该采取技术措施,提高加工精度,缩小产品质量分散,如属于标准定得不合理,又为质量要求所允许,可以放宽标准范围以减少经济损失,如图8-5(f)所示。

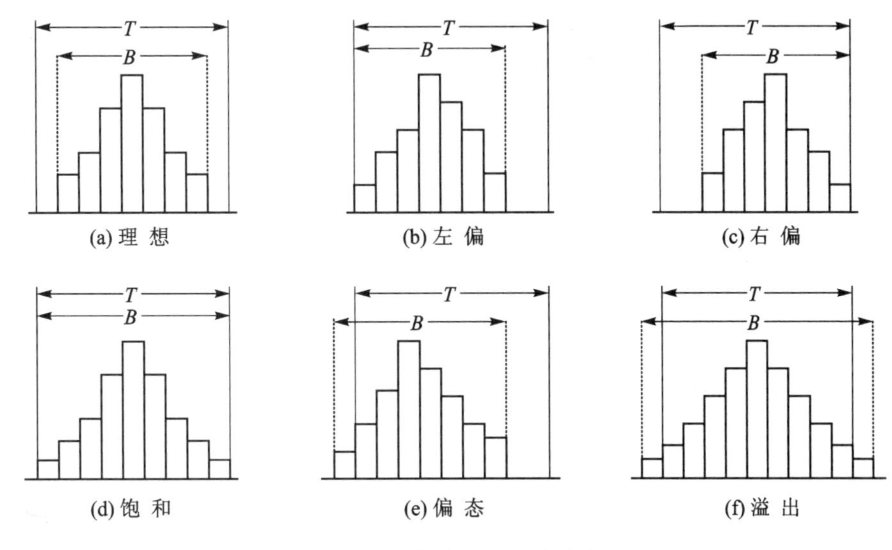

图8-5　直方图与公差对比

另外，还可能有一种情况，直方图的分布范围 B 位于公差 T 范围之内，且中心重合，但是如果两者相差太多，也不是很适宜。此时，可以对原材料、设备、工艺等适当放宽要求或缩小公差范围，以提高生产速度，降低生产成本。

8.2.2　排列图

1. 概　念

排列图(Pareto chart)又叫帕累托(Pareto)图，排列图的全称是主次因素分析图，它是将质量改进项目从最重要到最次要进行排列而采用的一种简单的图示技术。排列图建立在帕累托原理的基础上，帕累托原理是19世纪意大利经济学家在分析社会财富的分布状况时发现的：国家财富的80%掌握在20%的人手中，这种80%-20%的关系，即是帕累托原理。帕累托原理可以从生活中的许多事件得到印证：生产线上80%的故障，发生在20%的机器上；企业中由员工引起的问题当中，80%的问题是由20%的员工引起的；80%的结果，归结于20%的原因。如果能够知道产生80%收益的究竟是哪20%的关键付出，那么就能事半功倍了，这就是所谓的"关键的少数和次要的多数"关系。

后来，美国质量管理专家朱兰(Juran)把帕累托的这种关系应用到质量管理中，发现尽管影响产品质量的因素有许许多多，但关键的因素往往只是少数几项，它们造成的不合格品占总数的绝大多数。在质量管理中运用排列图，就是根据"关键的少数和次要的多数"的原理，对有关产品质量的数据进行分类排列，用图形表明影响产品质量的关键所在，从而便可知道哪个因素对质量的影响最大，改善质量的工作应从哪里入手解决问题最为有效、经济效果最好。

2. 绘图步骤

排列图由两个纵坐标，一个横坐标，几个直方图和一条曲线组成。如图8-6所示，左边的纵坐标表示频数，右边的纵坐标表示累计百分数，横坐标表示影响产品质量的各个因素，按影响程度的大小从左至右排列；直方形的高度表示某个因素影响的大小；曲线表示各因素影响大小的累计百分数，这条曲线称为帕累托曲线。通常将累计百分数分为三个等级，累计百分数在

0～80%的因素为A类,显然它是主要因素;累计百分数在80%～90%的因素为B类,是次要因素;累计百分数在90%～100%的为C类,在这一区间的因素为一般因素。

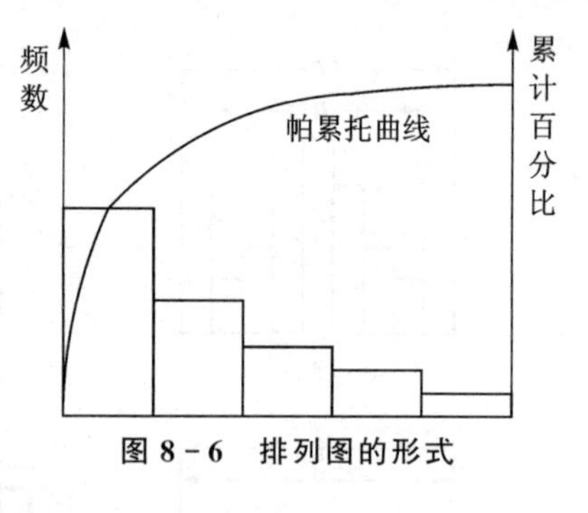

图8-6 排列图的形式

下面通过举例来说明排列图。

例8-1:对某产品进行质量检验,并对其中的不合格品进行原因分析,共检查了7批,对每一件不合格品分析原因后列在表8-4中:

表8-4 不合格原因调查表

批 号	检查数	不合格品数	产生不合格品的原因					
			操 作	设 备	工 具	工 艺	材 料	其 他
1	5 000	16	7	6	0	3	0	0
2	5 000	88	36	8	16	14	9	5
3	5 000	71	25	11	21	4	8	2
4	5 000	12	9	3	0	0	0	0
5	5 000	17	13	1	1	1	1	0
6	5 000	23	9	6	5	1	0	2
7	5 000	19	6	0	13	0	0	0
合 计	频 数	246	105	35	56	23	18	9
	频 率	1.000	0.427	0.142	0.228	0.093	0.073	0.037

解:从表8-4中给出的数据可以看出各种原因造成的不合格品的比例。为了找出产生不合格品的主要原因,需要通过排列图进行分析,具体步骤如下:

①列频数统计表。

将表8-4中的数据按频数或频率大小顺序重新进行排列,最大的排在最上面,其他依次排在下面,"其他"排在最后,然后再加上一列"累积频率"便得到频数统计表,如表8-5所列。

表8-5 排序后频数统计表

原 因	频 数	频 率	累积频率
操 作	105	0.427	0.427
工 具	56	0.228	0.655
设 备	35	0.142	0.797
工 艺	23	0.093	0.890
材 料	18	0.073	0.963
其 他	9	0.037	1.000
合 计	246	1.000	

②画排列图。

在坐标系的横轴上从左到右依次标出各个原因，“其他”这一项放在最后，在坐标系上设置两条纵坐标轴，在左边的纵坐标轴上标上频数，在右边的纵坐标轴的相应位置上标出频率的累计百分比。然后在图上每个原因项的上方画一个矩形，其高度等于相应的频数，宽度相等。然后在每一矩形的上方中间位置上点上一个点，其高度为到该原因为止的累积频数，并从原点开始把这些点连成一条折线，称这条折线为累积频率折线，也叫帕累托曲线，如图 8－7 所示。

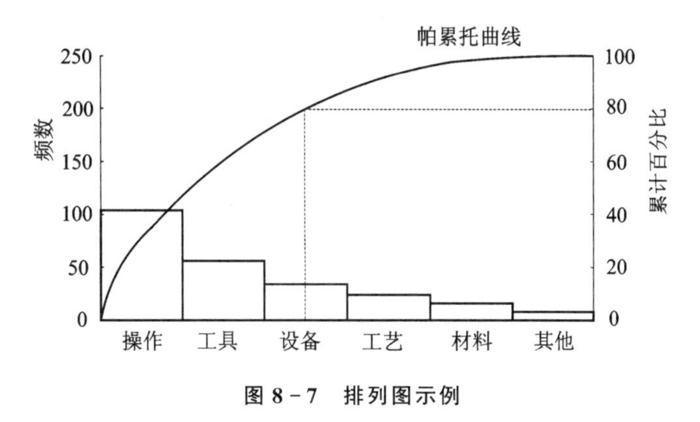

图 8－7　排列图示例

③确定主要原因。

根据累积频率在 0～80％之间的因素为主要因素的原则，可以在频率为 80％处画一条水平线，在该水平线以下的折线部分对应的原因便是主要因素。从图 8－7 可以看出，造成不合格品的主要原因是操作、工具以及设备，要减少不合格品应该从这 3 个方面着手。

3. 应　用

排列图不仅可以用来分析产品质量问题的原因，也可以用排列图解决其他问题。例如，排列图可以用来分析产品的主要缺陷形式，在成本分析时确定经济损失的主次关系等。

8.2.3　散布图

1. 散布图的概念

两种对应数据之间有无相关性、相关性程度多大，只从数据表中观察很难得出正确的结论。如果借助于图形就能直观地反映数据之间的关系，散布图就有这种功能。

散布图，又称相关图，是描绘两种质量特性值之间相关关系的分布状态的图形，即将一对数据看成直角坐标系中的一个点，由多对数据得到的多个点组成的图形即为散布图，如图 8－8 所示。

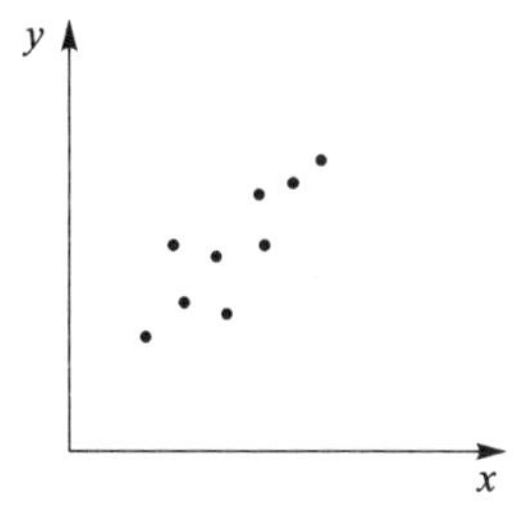

图 8－8　散布图

2. 相关关系

一切客观事物总是相互联系的，每一事物都与它周围的其他事物相互联系，互相影响。产品质量特性与影响质量特性的诸因素之间，一种特性与另一种特性之间也是相互联系、相互制约的。反映到数量上，就是变量之间存在着一定的关系，这种关系一般说来可分为确定性关系和非确定性关系。

所谓确定性关系，是指变量之间的关系可以用数学公式确切地表示出来,也就是由一个自变量可以确切地计算出唯一的一个因变量,这种关系就是确定性关系。比如电子学中欧姆定律就是确定性关系 $V=I\times R$(V—电压,R—电阻,I—电流),如果电路中电阻值 R 一定,要求该电路必须保证电压在一定范围,此时,可以不直接测量电压 V,只要测量电流 I 并加以控制就可以达到目的。

但是,在另外一些情况下,变量之间的关系并没有这么简单。例如,人的体重与身高之间有一定的关系。不同身高的人有不同的体重,但即使是相同身高的人,体重也不尽相同,因为身高与体重还受年龄、性别、体质等因素的制约,它们之间不存在确定的函数关系。质量特性与因素之间的关系几乎都有类似的情形,例如炼钢时,钢液含碳量与冶炼时间这两个变量之间就不存在确定性关系。对于相同的含碳量,在不同的炉次中,冶炼的时间并不一样。同样,冶炼时间相同的两炉钢,初始的含碳量一般也不相同。这是因为冶炼时间并不单由初始含碳量一个因素决定,钢水温度还有各种工艺因素都可以使冶炼时间延长或缩短。

在实际中,由于影响一个量的因素通常是很多的,其中有些是人们一时还没有认识或掌握的,再加上随机误差的存在,故这些因素的综合作用就造成了变量之间关系的不确定性。通常,产品特性与工艺条件之间、试验结果与试验条件之间也都存在非确定性关系。变量之间这种既有关,但又不能由一个或几个变量去完全或唯一确定另一个变量的关系被称为相关关系。

3. 散布图的画法

①选定对象。可以选择质量特性值与因素之间的关系,也可以选择质量特性与质量特性值之间的关系,或者是因素与因素之间的关系。

②收集数据。一般需要收集成对的数据30组以上。数据必须是一一对应的,没有对应关系的数据不能用来做相关图。

③画出横坐标 x 与纵坐标 y,填上特性值标度。一般横坐标表示原因特性,纵坐标表示结果特性。进行坐标轴的分计标度时,应先求出数据 x 与 y 的各自最大值与最小值。划分间距的原则是:应使 x 最小值至最大值(在 x 轴上的)的距离大致等于 y 最小值至最大值(在 y 轴上的)的距离。其目的是为了防止判断的错误。

④根据每一对数据的数值逐个画出各组数据的坐标点。

4. 散布图的类型

区分散布图的类型主要是根据点的分布状态判断自变量 x 与因变量 y 有无相关性。两个变量之间的散布图的图形形状多种多样,归纳起来有6种类型,如图8-9所示。

①强正相关的散布图,如图8-9(a)所示,其特点是 x 增加,导致 y 明显增加。说明 x 是影响 y 的显著因素,x,y 相关关系明显。

②弱正相关的散布图,如图8-9(b)所示,其特点是 x 增加,也导致 y 增加,但不显著。说明 x 是影响 y 的因素,但不是唯一因素,x,y 之间有一定的相关关系。

③不相关的散布图,如图8-9(c)所示,其特点是 x,y 之间不存在相关关系,说明 x 不是影响 y 的因素,要控制 y,应寻求其他因素。

④强负相关的散布图,如图8-9(d)所示,其特点是 x 增加,导致 y 减少,说明 x 是影响 y 的显著因素,x,y 之间相关关系明显。

⑤弱负相关的散布图,如图8-9(e)所示,其特点是 x 增加,也导致 y 减少,但不显著。说明 x 是影响 y 的因素,但不是唯一因素,x,y 之间有一定的相关关系。

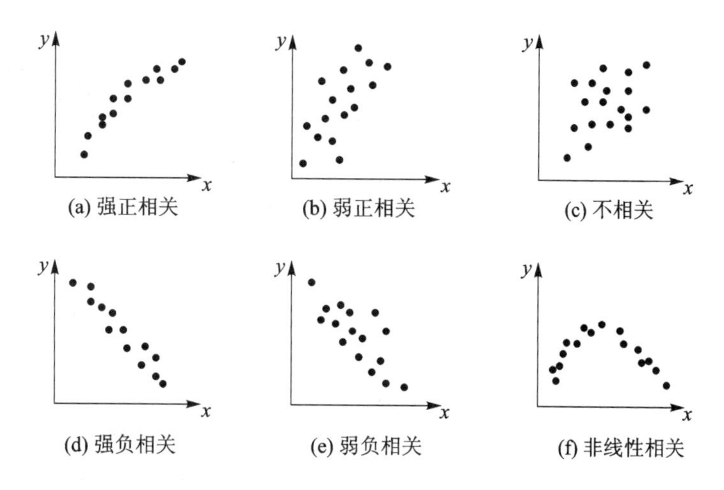

图 8-9　散布图的几种典型形状

⑥非线性相关的散布图，如图 8-9(f)所示，其特点是 x，y 之间虽然没有通常所指的那种线性关系，却存在着某种非线性关系。图形说明 x 仍是影响 y 的显著因素。

5. 散布图的相关性检验

两个变量是否存在着线性相关关系，通过画散布图，大致可以做出初步的估计。但实际工作中，由于数据较多，常常会做出误判，故还需要相应的检验判断方法。通常采用中值法和相关系数法进行检验。

(1) 中值法

中值法的具体步骤如下：

①作中值线。在相关图上分别作出两条中值线 A 和 B，使得中值线 A 左右两侧的点数相同，使中值线 B 上下两侧的点数相同，中值线将相关图上的点子划分成了 4 个区间Ⅰ、Ⅱ、Ⅲ、Ⅳ，如图 8-10 所示。

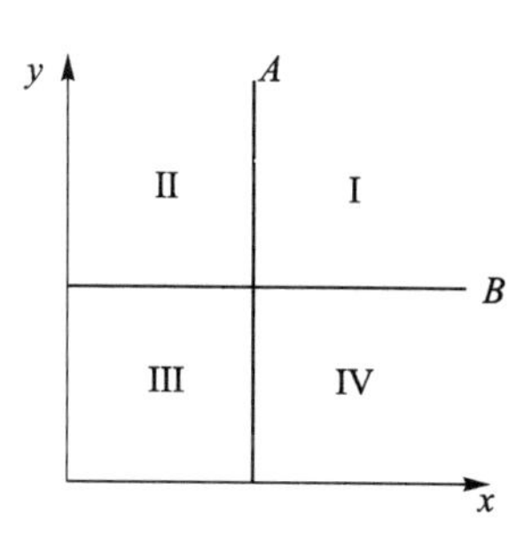

图 8-10　区间划分

②数点。数出各个区间及线上的点数。例如有一个用 $N=50$ 组数据做成的散布图，各个区间及线上的点数如表 8-6 所列。

表 8-6　频次统计

区　间	Ⅰ	Ⅱ	Ⅲ	Ⅳ	线　上	合　计
点　数	19	4	20	5	2	50

③计算。分别计算两个对角区间的点数和，然后找出两者之间的最小值作为判定值。

$$n_1+n_3=39$$

$$n_2+n_4=9$$

因此判定值为 9。

④查表判定。将计算结果与检定表比较，如果判定值小于临界值，应判为相关，否则为无关。相关检定表如表 8-7 所列。

表8-7 相关检定表

N	临界值		N	临界值	
	1%	5%		1%	5%
⋮	⋮	⋮	51	15	18
40	11	13	52	16	18
41	11	13	53	16	18
42	12	14	54	17	19
43	12	14	55	17	19
44	13	15	56	17	20
45	13	15	57	18	20
46	13	15	58	18	21
47	14	16	59	19	21
48	14	16	60	19	21
49	15	17	61	20	22
50	15	17	⋮	⋮	⋮

本例中,由于 $N=50$,落在线上2点,因此查 $N=48$ 时的临界值,当显著性为1%时临界值为14,显著性为5%时临界值为16。上面计算得出的判定值均小于临界值,因此判定为两个变量具有相关关系。

(2) 相关系数检验法

①相关系数的概念。

相关系数是衡量变量之间相关性的特定指标,用 r 表示,它是一个绝对值在0~1范围内的系数,其值大小反映了两个变量相关的密切程度。相关系数有正负号,正号表示正相关,负号表示负相关。

当 x 增加 y 亦随之增加时,$r>0$,是正相关;在 x 增加 y 随之减少时,$r<0$,是负相关。当 r 的绝对值愈接近于1时,表明 x 与 y 愈接近线性关系。如果 r 接近于0甚至等于0,只能认为 x 与 y 之间没有线性关系,不能确定 x 与 y 之间是否存在其他关系。

②相关系数的计算公式。

$$r=\frac{\sum(x-\bar{x})(y-\bar{y})}{\sqrt{\sum(x-\bar{x})^2\sum(y-\bar{y})^2}}$$

可以分别令

$$L_{xx}=\sum(x-\bar{x})^2=\sum x^2-\frac{1}{n}\left(\sum x\right)^2$$

$$L_{yy}=\sum(y-\bar{y})^2=\sum y^2-\frac{1}{n}\left(\sum y\right)^2$$

$$L_{xy}=\sum(x-\bar{x})(y-\bar{y})=\sum xy-\frac{1}{n}\left(\sum x\right)\left(\sum y\right)$$

则相关系数 r 的简化计算公式为

$$r=\frac{L_{xy}}{\sqrt{L_{xx}L_{yy}}}$$

例 8-2：有数据如表 8-8 所列，试计算相关系数。

表 8-8　数据表

序　号	x	y	x^2	y^2	xy
1	49.2	16.7	2 420.64	278.89	821.64
2	50.0	17.0	2 500.00	289.00	850.00
3	49.3	16.8	2 430.49	282.24	828.24
4	49.0	16.6	2 401.00	275.56	831.40
5	49.0	16.7	2 401.00	278.89	818.30
6	49.5	16.8	2 450.25	282.24	831.60
7	49.8	16.9	2 480.04	285.61	841.62
8	49.9	17.0	2 490.01	289.00	848.30
9	50.2	17.1	2 520.04	289.00	858.42
10	50.2	17.1	2 520.04	292.41	858.42
Σ	496.1	168.6	24 613.51	2 842.84	8 364.92

解：将表 8-8 中的相关数据代入相关系数的计算公式，即可得 $r=0.97$。

③相关系数检验。

计算出相关系数以后就可以查相关系数检验表，对计算出的相关系数进行检验。表 8-9 为相关系数检验表，表中 $n-2$ 为自由度，5%，1%为显著性水平。

表 8-9　相关系数检验表

$n-2$	r(5%)	R (1%)	$n-2$	r (5%)	R (1%)
⋮	⋮	⋮	15	0.482	0.606
7	0.666	0.794	16	0.468	0.590
8	0.632	0.765	17	0.456	0.575
9	0.602	0.735	18	0.444	0.561
10	0.576	0.708	19	0.433	0.549
11	0.553	0.684	20	0.423	0.537
12	0.532	0.661	21	0.413	0.526
13	0.514	0.641	22	0.404	0.515
14	0.494	0.623	⋮	⋮	⋮

例 8-2 中有 10 对数据，则从表 8-9 中查出 $n-2=8$ 时的临界值 $r_\alpha(5\%)=0.632$，因为 $|r|=0.97>0.632$，所以，x 与 y 之间存在着线性相关关系。

8.2.4 分层法

1. 分层法的概念

引起质量波动的原因是多种多样的,因此搜集到的质量数据往往带有综合性。为了能真实地反映产品质量波动的实质原因和变化规律,就必须对质量数据进行适当地归类和整理。分层法是分析产品质量原因的一种常用的统计方法,它能使杂乱无章的数据和错综复杂的因素系统化和条理化,有利于找出主要的质量原因和采取相应的技术措施。

质量管理中的数据分层就是将数据根据使用目的,按其性质、来源、影响因素等进行分类,把不同材料、不同加工方法、不同加工时间、不同操作人员、不同设备等各种数据加以分类,即把性质相同、在同一生产条件下收集到的质量特性数据归为一类。

分层法经常同质量管理中的其他方法一起使用,如将数据分层之后再加工整理成分层排列图、分层直方图、分层控制图以及分层散布图等。

2. 常用的分层方法

分层法有一个重要的原则就是,使同一层内的数据波动幅度尽可能小,而层与层之间的差别尽可能大,否则就起不到归类汇总的作用。分层的目的不同,分层的标志也不一样。一般说来,分层可采用以下标志:

①操作人员。可按年龄、工级、性别等分层。

②机器。可按不同的工艺设备类型、新旧程度、不同的生产线等分层。

③材料。可按产地、批号、制造厂、规范、成分等分层。

④方法。可按不同的工艺要求、操作参数、操作方法以及生产速度等分层。

⑤时间。可按不同的班次、日期等分层。

3. 分层法示例

例8-3:某柴油机装配厂的气缸体与气缸垫之间经常发生漏油现象,为解决这一质量问题,对该工序进行现场统计。被调查的50台柴油机,有19台漏油,漏油率为38%,通过分析,认为造成漏油的原因有两个:一是该工序涂密封剂的工人A、B、C三人的操作方法有差异;二是气缸垫分别由甲、乙两厂供应,原材料有差异。

解:为了弄清究竟是什么原因造成漏油和找到降低漏油率的方法,现将数据进行分层。先按工人进行分层,得到的统计情况如表8-10所列。然后按气缸垫生产厂家进行分层,得到的统计情况如表8-11所列。

表8-10 按操作工人分层统计表

操作者	漏 油	不漏油	漏油率(%)
A	6	13	32
B	3	9	25
C	10	9	53
合 计	19	31	38

表 8-11　按气缸生产厂家分层统计表

供应厂	漏　油	不漏油	漏油率(%)
甲	9	14	39
乙	10	17	37
合　计	19	31	38

由上面两个表格可以得出这样的结论：为降低漏油率，应采用操作者 B 的操作方法，因为操作者 B 的操作方法的漏油率最低；应采用乙厂提供的气缸垫，因为它比甲厂的漏油率低。实际情况是否如此，还需要更详细的分层分析。下面同时按操作工人和气缸垫生产厂家分层，如表 8-12 所示。

表 8-12　综合分层的统计表

材　料 / 操　作		气缸垫		合　计
		甲厂	乙厂	
操作者 A	漏油	6	0	6
	不漏油	2	11	13
操作者 B	漏油	0	3	3
	不漏油	5	4	9
操作者 C	漏油	3	7	10
	不漏油	7	2	9
合　计	漏油	9	10	19
	不漏油	14	17	31
共　计		23	27	50

如果按照上面的结论，采用操作者 B 的操作方法和乙厂的气缸垫的话，漏油率为 3/7＝43%，而原来的是 38%，所以漏油率不但没有下降，反而上升了。因此，这样的简单分层是有问题的。正确的方法应该是：①当采用甲厂生产的气缸垫时，应推广采用操作者 B 的操作方法。②当采用乙厂生产的气垫缸时，应推广采用操作者 A 的操作方法。这时它们的平均漏油率为 0%。因此运用分层法时，不宜简单地按单一因素分层，必须考虑各因素的综合影响效果。

8.2.5　矩阵数据分析法

矩阵数据分析是多变量质量分析的一种方法。其基本思路是通过收集大量数据，组成相关矩阵，求出相关数矩阵及矩阵的特征值和特征向量，从而确定出第一主要成分、第二主要成分等。通过变量变换的方法，将众多的线性相关指标转换为少数线性无关的指标(由于线性无关，故使得分析与评价指标变量时，切断了相关的干扰，从而找出主导因素，做出更准确的估计)，这样就找出了进行研究攻关的主要目标或因素。

矩阵数据分析法可以应用于市场调查，如新产品开发、规划和研究，以及工艺分析等质量需求调研方面，其主要用途有以下几个方面：

①根据市场调查的数据资料,分析用户对产品质量的期望;

②分析由大量数据组成的不良因素;

③分析复杂因素相互交织在一起的工序;

④把功能特性分类体系化;

⑤进行复杂的质量评价;

⑥分析曲线的对应数据。

矩阵数据分析法是一种计算工作量相对很大的质量分析方法,下面通过具体实例详细介绍这种质量分析方法。

例 8-4:为了了解消费者对60种手机的满意程度,现来做一个调查,假设评分标准为1—9分,即最喜欢的评9分,最不喜欢的评1分。将调查人群分为10组。每组50人,经过统计平均得出局部数据资料如表8-13所列。

表 8-13 局部数据资料统计表

评价分组	手机1,(X_{1j})	手机2,(X_{2j})	手机i,(X_{ij})	手机60,(X_{60j})
X_1(男,10岁以下)	6.7	4.3	…	3.4
X_2(男,11—20岁)	5.4	5.1	…	2.6
X_3(男,21—30岁)	3.2	4.7	…	5.1
X_4(男,31—40岁)	4.3	2.3	…	7.6
X_5(男,40岁以上)	3.1	7.1	…	8.8
X_6(女,10岁以下)	8.3	8.3	…	7.6
X_7(女,11—20岁)	6.5	4.5	…	1.5
X_8(女,21—30岁)	7.0	6.2	…	3.4
X_9(女,31—40岁)	6.6	6.3	…	6.8
X_{10}(女,40岁以上)	1.8	9.0	…	4.4

解:所研究的问题是不同年龄的男女对手机的喜好有无差异,若有差异,则应估计出每个年龄组喜欢什么样的手机。而表8-13中的数据并不能反映出来,因为数据的相关因素太多,并没有达到调查的目的。对上述数据进行处理,得相关矩阵,即

$$\boldsymbol{R}=[r_{ij}]$$

$$\bar{X}_j=\frac{1}{60}\sum_{i=1}^{60}X_{ij},\qquad j=1,2,\cdots,10$$

$$S_j^2=\frac{1}{60-1}\sum_{i=1}^{60}(X_{ij}-\bar{X}_j)^2,\qquad j=1,2,\cdots,10$$

$$Y_{ij}=\frac{X_{ij}-\bar{X}_j}{S_j},\qquad i=1,2,\cdots,60,\quad j=1,2,\cdots,10$$

$$r_{ij}=\frac{\sum_{k=1}^{60}Y_{ki}\cdot Y_{kj}}{\sqrt{\sum_{k=1}^{60}Y_{ki}^2\cdot\sum_{k=1}^{60}Y_{kj}^2}},\qquad i=1,2,\cdots,60,\quad j=1,2,\cdots,10$$

$$
\boldsymbol{R}=\begin{bmatrix}
1 & 0.870 & 0.615 & 0.432 & 0.172 & 0.903 & 0.811 & 0.154 & 0.742 & 0.330\\
 & 1 & 0.698 & 0.640 & 0.402 & 0.815 & 0.678 & 0.657 & 0.666 & 0.330\\
 & & 1 & 0.524 & 0.726 & 0.517 & 0.838 & 0.687 & 0.687 & 0.558\\
 & & & 1 & 0.208 & 0.314 & 0.658 & 0.624 & 0.735 & 0.457\\
 & & & & 1 & 0.213 & 0.345 & 0.542 & 0.710 & 0.634\\
 & & & & & 1 & 0.889 & 0.746 & 0.624 & 0.745\\
 & & & & & & 1 & 0.897 & 0.768 & 0.486\\
 & & & & & & & 1 & 0.546 & 0.773\\
 & & & & & & & & 1 & 0.901\\
 & & & & & & & & & 1
\end{bmatrix}
$$

该协方差矩阵实际上是通过对原始数据进行标准化处理后，利用标准化后的样本估计，获得一个对称的协方差矩阵，从而可以通过计算得到反映系统特性的特征根。用计算机求解矩阵 $\boldsymbol{R}$，得到特征根 λ_i 和相应的特征向量 $\boldsymbol{a}_i$，由于在所有的特征根 λ_i 中，特征根值由小到大排列，对应前三个特征的累计贡献率 $\left(\sum_{i=1}^{3}\lambda_i/\sum_{i=1}^{n}\lambda_i\right)$ 为 90.1%，故取前三位特征作为主成分来综合描述原来的 10 项分组指标，更能反映人群对手机系列的满意程度。计算结果如表 8-14 所列。

表 8-14　对手机的喜好程度的计算结果

评价分组 \ 特征向量	$\boldsymbol{a}_1$（第一主成分）	$\boldsymbol{a}_2$（第二主成分）	$\boldsymbol{a}_3$（第三主成分）
X_1	0.264	0.371	0.194
X_2	0.331	0.245	0.336
X_3	0.323	−0.166	0.442
X_4	0.239	−0.359	0.375
X_5	0.245	−0.544	0.128
X_6	0.254	0.408	−0.284
X_7	0.344	0.235	−0.127
X_8	0.348	0.032	−0.290
X_9	0.303	−0.164	−0.189
X_{10}	0.411	−0.267	−0.256
特征根 λ_i	6.45	1.64	0.92
贡献率 $\lambda_i/10$	0.645	0.164	0.092
累计贡献率	0.645	0.89	0.901

表 8-14 中的数据可以反映各主成分的权重系数，三个主成分的意义可用特征向量来表示。第一主成分下有 10 个数值，即特征向量，各数值表示各观测组同该嗜好类型（主成分）的关系。

第一主成分下的数值大体相近,而且符号相同,表示不论哪一个年龄组均共同喜欢它。因此,称这个新的综合指标为一般喜好指标。

第二主成分的特征值从第1组到第5组变小,第6组到第10组变小,表示男女各年龄组对嗜好类型的喜欢程度随年龄增长而下降。因此,称这个新的综合指标为年龄影响喜好指标。

第三主成分中,男性的特征向量为正值,女性为负值。由此看出男女之间的嗜好类型差别。因此,称该指标为性别影响嗜好指标。

以上分析可以看出,关于手机的喜好调查分析可以用3个综合指标来描述它们的影响率,分别是64.5%、16.4%、9.2%,累计贡献率为90.1%。

为了更进一步分析,对手机按各种喜好类型排列一下,用计算机求得主成分得分为

$$Z_{mj} = \sum_{i=1}^{10} a_{mi} y_{ij}$$

其中,a_{mi} 为第 m 个主成分的第 i 个观测组所对应的特征向量值,具体数值表示在表8-14中。由 $m=1,2,3$ 的各主成分,可求得各手机的 $j=1,2,\cdots,60$ 时的主成分得分,若将第一主成分与第二主成分的得分分别表示在横、纵坐标轴上,则横轴正方向表示对手机一般喜欢,负方向表示对手机不太喜欢;纵轴正方向表示年轻人喜好的手机,负方向表示年轻人不太喜欢的手机。由此可以得到一般嗜好和老少嗜好相区别的情况。同理,也可以分析第三主成分的信息。

矩阵数据分析法就是利用主成分分析法来整理矩阵数据,并借助计算机从原始数据中获得许多有益的情报。

8.2.6 调查表法

1. 调查表的概述

调查表又称检查表、统计分析表,是一种收集整理数据和粗略分析质量原因的工具,也是一种为了调查客观事物、产品、工作质量,或为了分层收集数据而设计的图表,即把产品可能出现的情况及其分类预先列成统计调查表,在检查产品时只需要在相应分类中进行统计,并可从调查表中进行粗略的整理和简单的原因分析,为下一步的统计分析与判断质量状况创造良好条件。

2. 调查表的类型

为了能够获得良好的效果、可比性以及准确性,调查表格设计应简单明了、突出重点;应填写方便、符号好记;填写好的调查表要定时、准时更换并保存,数据要便于加工整理,分析整理后及时反馈。常用的调查表有如下三类:

(1) 不良品调查表

不良品是指产品生产过程中不符合图纸、工艺规程以及技术标准的不合格品和缺陷品的总称,它包括废品、返修品、次品。不良品检查表有三种,第一种是不良品原因调查表,第二种是不良品项目调查表,第三种是不良品类型调查表。

①不良品原因调查表。为了调查不良品原因,通常把有关原因的数据与其结果的数据一一对应地收集起来。记录前应明确检验内容和抽查间隔,由操作者、检查员、班组长共同执行抽检的标准和规定。某车间机械零件不良品原因调查表如表8-15所列。

表8-15　不良品原因调查表

序　号	抽样数	不良品数	批不良品率(%)	不良品原因					
				操作不慎	机床原因	刀具影响	工　艺	材　料	其　他
1	1 000	3	0.3	1	1	0	0	1	0
2	1 000	2	0.2	1	0	1	0	0	0
3	1 000	3	0.3	0	2	0	0	1	0
4	1 000	4	0.4	1	0	0	2	0	1
5	1 000	2	0.2	1	0	0	0	1	0
6	1 000	1	0.1	0	0	1	0	0	0
7	1 000	2	0.2	0	1	1	0	0	0
合　计	7 000	17	0.243	4	4	3	2	3	1

②不良品项目调查表。一个工序或一种产品不能满足标准要求的质量项目叫作不良品项目。为了减少生产中出现的各种不良品,需要了解哪些项目不合格及各种不合格项目所占的比例有多大。为此,可采用不合格项目调查表,不合格项目调查表主要用来调查生产现场不合格品项目频数和不合格品率,以便后续用于排列图等分析研究。

下面是某合成树脂成型工序的不良品项目调查表。对114件不良品进行了调查,调查结果如表8-16所列。当出现不良品项目时,操作人员就在相应栏内画上一个调查符号。一天工作完了,出现了哪些不良品项目及各种不合格项目发生了多少便一目了然,这等于指出了改进质量的方向。显然,发生不合格次数较多的项目应优先考虑进行改进。

表8-16　不良品项目调查表

不良品项目	不良品个数	合　计
表面缺陷	正正正正正正丅	32
砂　眼	正正正正	20
加工不合格	正正正正正正正正正正	50
形状不合格	正	5
其　他	正丅	7
合　计		114

③不良品类型调查表。为了调查生产过程中出现了哪些不良品及各种不良品的比例,可采用不良品类型调查表,表8-17就是一个不良品类型调查表。

(2) 缺陷位置调查表

在很多产品中都会存在气孔、疵点、碰伤、砂眼、脏污、色斑等外观质量缺陷,一般采用缺陷位置调查表比较好,这种调查表多是画成示意图或展开图,每当发生缺陷时,将其发生位置标记在图上,这种调查分析的做法是:画出产品示意图或展开图,并规定不同的外观质量缺陷的表示符号,然后逐一检查样本,把发现的缺陷按规定的符号在同一张示意图上的相应位置表示出来。这样,这张缺陷位置调查表就记录了这一阶段样本的所有缺陷的分布位置、数量以及集中部位,便于进一步发现问题,分析原因,并采取改进措施。

表 8-17　不良品类型调查表

序　号	成品数	不良品数	不良品类型		
			废品数	次品数	返修品数
1	1 000	8	3	4	1
2	1 000	9	2	3	4
3	1 000	7	2	2	3
4	1 000	8	1	3	4
5	1 000	7	1	2	4
合　计	5 000	39	9	14	16

缺陷位置调查表可用来记录、统计、分析不同类型的外观质量缺陷所发生的部位和密集程度,进而从中找出规律性,为进一步调查或找出解决问题的办法提供事实依据。缺陷位置调查表是工序质量分析中常用的方法,掌握缺陷发生之处的规律,可以进一步分析为什么缺陷会集中在某一区域,从而追寻原因,采取对策,能更好地解决出现的质量问题。

(3) 质量分布调查表

质量分布调查表是对计量值数据进行现场调查的有效工具。了解工序某质量指标的分布状态及其与标准的关系,可用质量分布调查表。质量分布调查表是根据以往的资料,将某一质量特性项目的数据分布范围分成若干区间而制成的表格,用以记录和统计每一质量特性数据在某一区间的频数。从表格形式看,质量分布调查表与直方图的频数分布表相似,所不同的是,质量分布调查表的区间范围是根据以往的资料,首先划分区间范围,然后制成表格,以供现场调查记录数据;而频数分布表则是首先收集数据,再适当划分区间,然后制成图表,以供分析现场质量分布状况。做完调查表就可研究工序质量分布状态,如果分布不是所期望的类型或出现异常状态,那么就要查明原因,采取必要的措施以便求得改进。

8.2.7　偏差流理论

1. 偏差流理论的概念

随着市场竞争日益激烈、生产技术的发展突飞猛进,如今的产品生产愈发呈现开发周期短、批量小的特点。由于需要大量的历史数据,故传统的过程监控与事后控制方法在此类场景下的应用效果逐渐降低。针对统计过程方法的固有不足,美国密歇根大学的胡世新教授提出了偏差流(Stream of Variation, SOV)理论,其目的是研究多阶段制造系统中的产品尺寸偏差产生及传递情况,为产品尺寸偏差预测和系统故障诊断提供理论基础。偏差流理论提出后,以此为基础的偏差控制及预测方法首先在汽车车身装配中得到应用,并在著名的降低车身综合制造偏差的“2 mm工程”中大获成功。随后,以胡世新、史建军、D. Ceglarek等为代表的密歇根大学众多学者对偏差流理论进行了深入研究,引入控制理论中的状态空间模型,使偏差传递及偏差诊断模型大大简化,并使之逐渐成为世界范围内被广泛接受的偏差建模与控制理论。本节旨在简要介绍多工序制造过程(Multistage Manufacturing Process, MMP)中偏差流的状态空间建模方法在过程监测和故障诊断方面的应用,旨在为读者开拓视野。

首先介绍 MMP 的概念。MMP 是指具有如下特征的复杂产品的生产过程：①产品生产过程包含多道工序；②产品质量可以由一组关键产品特征（Key Product Characteristics，KPCs）定量描述；③产品质量偏差可归因于当前工序产生的误差和（或）由上游工序传递而来的累积误差。在 MMP 中，一个工序的输出质量是下一工序的输入质量，当前工序所产成的质量偏差会对后续的工序质量产生影响，就像溪流沿着既定路径（工序）从高至低，自上而下地流淌。具体而言，一个 MMP 中的每道工序可能增加如下偏差：固有的工序偏差（当没有工序异常发生时）或者特有的可归因过程偏差（当发生工序异常时）。最终产品的偏差是所有工序上偏差传递和累积的结果，研究偏差流就旨在揭示这种质量偏差的传递和累积规律，识别造成质量偏差的根源。

2. 偏差流的状态空间模型

基于控制理论，N 道制造工序的 KPCs 偏差状态能被表示成一系列的状态向量。如图 8-11 所示，状态向量 $\boldsymbol{x}_i$ 为 $m\times1$ 阶向量，表示工序 $i(i=1,2,\cdots,N)$ 完成后的 m 个 KPCs 的偏差状态；$\boldsymbol{y}_i$ 是工序 i 上 m_i 个 KPCs 的 $m_i\times1$ 阶观测向量；$\boldsymbol{u}_i$ 是系统输入向量，表示工序 i 上的偏差源；$\boldsymbol{w}_i$ 和 $\boldsymbol{v}_i$ 分别表示工序 i 上的随机制造误差和测量误差。

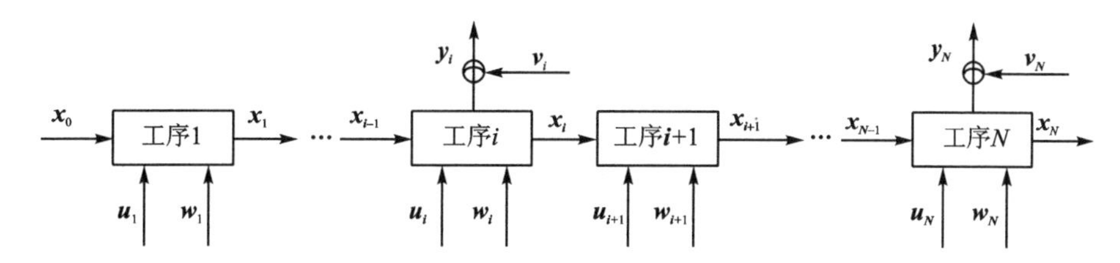

图 8-11　MMP 偏差流的数学表示

状态空间建模的目标是要描述 $\boldsymbol{x}_i$、$\boldsymbol{y}_i$ 和 $\boldsymbol{u}_i$ 间的关系：① $\boldsymbol{x}_i$ 和 $\boldsymbol{u}_i$ 间的关系可以描述误差源是如何作用在产品 KPCs 上的；② $\boldsymbol{x}_i$ 和 $\boldsymbol{y}_i$ 间的关系可以描述 KPCs 的观测；③ $\boldsymbol{x}_i$ 和 $\boldsymbol{x}_{i-1}$ 间的关系可以描述 KPCs 的偏差传递。基于制造和装配过程的所有零件均是刚体零件和零件产生的偏差较小这两个假设，目前普遍使用的偏差流模型如下：

$$\boldsymbol{x}_i=\boldsymbol{A}_{i-1}\boldsymbol{x}_{i-1}+\boldsymbol{B}_i\boldsymbol{u}_i+\boldsymbol{w}_i$$
$$\boldsymbol{y}_i=\boldsymbol{C}_i\boldsymbol{x}_i+\boldsymbol{v}_i,\quad i=1,2,\cdots,N$$

其中，第一个公式是状态转换方程，表示工序 i 上的产品偏差由当前工序误差源造成的偏差 $\boldsymbol{B}_i\boldsymbol{u}_i$、上游工序 $i-1$ 传递的偏差 $\boldsymbol{A}_{i-1}\boldsymbol{x}_{i-1}$ 以及工序 i 上的随机误差 $\boldsymbol{w}_i$ 组成。第二个公式是观测方程，表示 KPCs 的观测量 $\boldsymbol{y}_i$ 与 x_i 的线性关系，即 $\boldsymbol{y}_i$ 等于 $\boldsymbol{C}_i\boldsymbol{x}_i$ 与观测噪声向量 $\boldsymbol{v}_i$ 之和。矩阵 $\boldsymbol{A}_i$、$\boldsymbol{B}_i$、$\boldsymbol{C}_i$ 被称为系统矩阵，由产品的加工工艺和设计信息决定，例如零件的理想位置和方向，夹具定位销的布局设计信息等。

3. 基于状态空间模型的故障源识别与连续质量改进

偏差流理论的状态空间模型可用于 MMP 中故障源识别和连续质量改进，有关技术在这里做简要介绍。

首先，基于偏差流理论中的状态空间模型可以识别 MMP 中造成缺陷的故障源，该技术方法的核心思想是基于建立的数学模型估计输入变量（潜在故障源）的方差水平。为此，将状态转换方程写成如下输入－输出模型：

$$y_N=\sum_{i=1}^{N}C_N\Phi_{N,i}B_iu_i+C_N\Phi_{N,0}x_0+\sum_{i=1}^{N}C_N\Phi_{N,i}w_i+v_i \tag{8-1}$$

式(8-1)中,$\Phi_{N,i}$ 是状态转移矩阵,$\Phi_{N,i}=A_{N-1}A_{N-2}\cdots A_i$,$(N>i)$,当 $N=i$ 时,$\Phi_{N,N}=I_{n_x}$,其中 I 是单位阵,n_x 是 x_N 的阶数。如果将式(8-1)中随机向量的线性组合记为 ε,则式(8-1)可写为

$$y=\Gamma u+\varepsilon \tag{8-2}$$

式中 $y=[y_1,y_2,\cdots,y_N]^{\mathrm{T}}$,$\Gamma$ 可由状态转换方程推出。为不失一般性,令初始偏差状态 $x_0=0$,则式(8-2)提供了一个面向整个制造过程的故障源诊断线性方程,故障模式被定义在系数矩阵 Γ 中,式(8-2)可根据在线测量数据直接估计作为输入向量 u 的均值和方差,估计多采用最小二乘估计和似然估计方法。

其次,基于偏差流理论中的状态空间模型可以对 MMP 进行连续质量改进。由于式(8-2)明确指出在产品 KPCs 向量 y 和过程变量(误差源)u 间存在近似的线性关系,系数矩阵 Γ 的结构就成为产品设计、工艺编排、夹具设计以及公差分配研究的对象。如通过合理设计夹具定位元件的布局,使 Γ 的结构对 u 的输入不敏感,从而提高多工序装配过程的装配质量;再如,对系数矩阵 Γ 的结构进行设计,使对误差源敏感的工序获得较大公差,对误差源不敏感的工序获得较小公差,以达到面向系统的最优公差分配,改进系统的工艺性能。

此外,状态空间模型还被用于优化系统传感器配置、集成公差和维修设计、过程控制等。

8.3 定性分析与改进方法

8.3.1 因果图

1. 因果图的概念

质量管理的目的是减少不合格品,保证和提高产品质量,降低成本和提高效率,控制产品质量和工作质量的波动以提高经济效益。但是在实际设计、生产和各项工作中,常常出现质量问题,为了解决这些问题,就需要查找原因,考察对策,采取措施,解决问题。影响产品质量的原因有时是多种多样、错综复杂的,概括起来,有两种互为依存的关系,即平行关系和因果关系。如能找到质量问题的主要原因,便可针对这种原因采取措施,使质量问题迅速得到解决。假如这些问题能用排列图定量地加以分析,这当然很好。但是有时存在困难,例如很难把引起质量问题的各种原因的单独影响区分开来,因为它们的作用往往是交织在一起的。用因果图来定性地分析影响产品质量的各种原因,是一种有效的方法。

因果图是以结果为特性,以原因作为因素,用箭头把它们联系起来的表示因果关系的图形。因果图又叫特性因果图,或被形象地称为树枝图或鱼刺图,是日本质量管理学者石川馨(Kaoru Ishikawa)在1943年提出的,所以也称因果图为石川图。

因果图是利用头脑风暴法的原理,集思广益,寻找影响质量、时间、成本等问题的潜在因素,从产生问题的结果出发,首先找出产生问题的大原因,然后再通过大原因找出中原因,再进一步找出小原因,依次类推下去,步步深入,一直找到能够采取的措施为止。

2. 因果图的作法

通过实例介绍因果图的具体画法。

例 8-5：某雷达总装过程焊缝质量未达到预定标准，希望通过因果图找出导致焊缝质量不合格的原因，以便采取针对性措施加以解决。

解：

第 1 步，确定待分析的质量问题，将其写在右侧的方框内，画出主干，箭头指向右端。确定焊缝质量不合格作为此问题的特性，在它的左侧画一个自左向右的粗箭头，如图 8-12 所示。

第 2 步，确定该问题中影响质量原因的分类方法。一般分析工序质量问题，常按其影响因素：人、机、料、法、环五大因素来分析，造成焊缝质量不合格的原因可以具体分成使用人员、设备、材料、环境以及工艺五大类，用中箭头表示。

第 3 步，将各分类项目分别展开，每个中枝表示各项目中造成质量问题的一个原因。作图时，中枝平行于主干，箭头指向大枝，将原因记在中枝上下方。

第 4 步，对每个中枝所代表的一类因素进一步分析，找出导致它们质量不好的原因，逐类细分，用粗细不同，长短不一的箭头表示，直到能具体采取措施为止。

每 5 步，分析图上标出的原因是否有遗漏，找出主要原因，画上方框，作为质量改进的重点。

第 6 步，注明因果图的名称、绘图者、绘图时间、参与分析人员等。

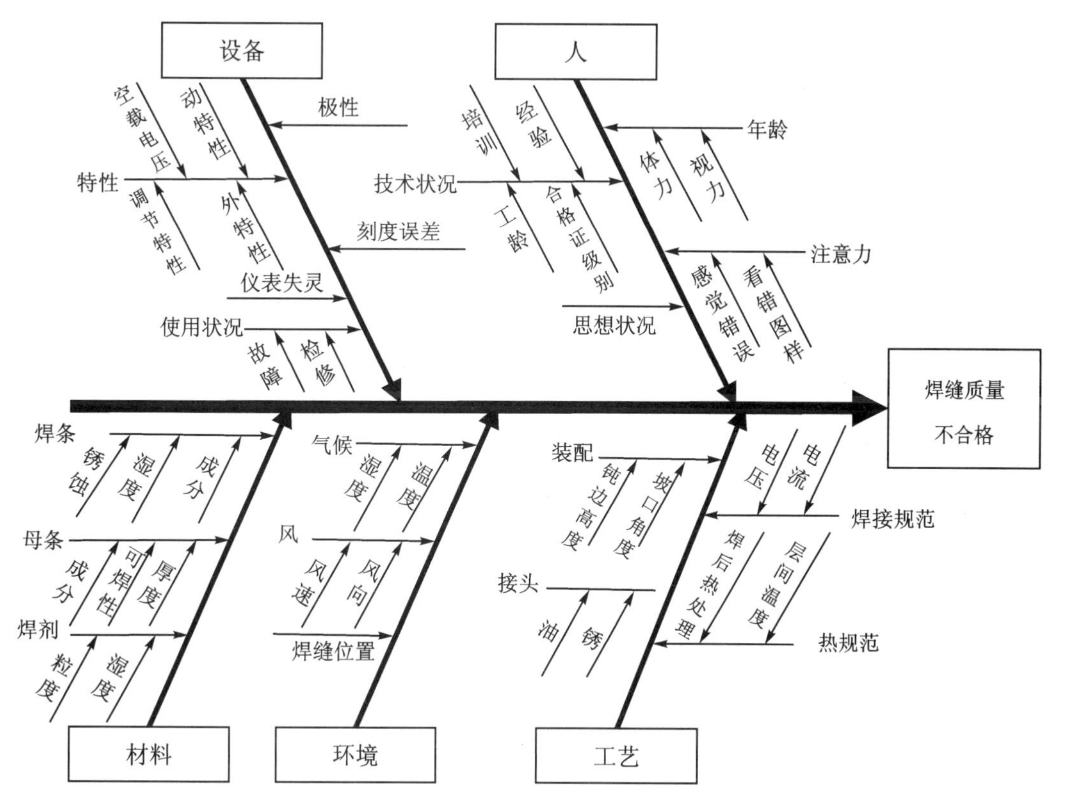

图 8-12　焊缝质量不合格的因果图

3. 画因果图应注意的事项

①画因果图时应广泛收集数据，充分发扬民主，畅所欲言，各抒己见，集思广益，把每个人的意见都一一记录在图上。

②确定要分析的主要质量问题(特性),不能笼统,要具体,不宜在一张图上分析若干个主要质量问题,即一个主要质量问题只能画一张图,多个质量问题则应画多张因果图。总之,因果图只能用于单一问题的研究分析。

③因果关系的层次要分明。最高层次的原因应寻求到可以直接采取措施为止。

④主要原因一定要确定在末端因素上,而不应确定在中间过程上。

⑤主要原因可用排列图、投票或试验验证等方法确定,然后加以标记。

⑥画出因果图后,就要针对主要原因列出对策表,包括原因、改进项目、措施、负责人、进度要求、效果检查以及存在问题等。

8.3.2 关联图法

关联图是表示事物依存或因果关系的连线图,它把与事物有关的各环节按相互制约的关系连成整体,从中找出解决问题的切入点。关联图用于搞清楚各种复杂因素相互缠绕、相互牵连的问题,寻找、发现各种因素内在的因果关系,并用箭头将它们逻辑性地连接起来,综合地掌握全貌,从而找出解决问题的措施。关联图的箭头不表示工作顺序,而是反映逻辑关系,一般是从原因指向结果,手段指向目的。

1. 关联图的用途

①制定、执行质量方针及方针的展开、分解和落实;

②分析、研究潜在不良品和提高质量的因素及其改进措施;

③制定开展质量管理小组活动的规划;

④改善企业劳动、财务、外协、设备管理等不良的业务工作。

2. 关联图的作法

①提出主要质量问题,列出全部影响因素;

②用简明语言表达或示意各因素;

③用箭头把因素间的因果关系指明出来,绘制全图,找出重点因素。

3. 关联图的类型

①中央集中型关联图(单一目的),即把应解决的问题或重要的项目安排在中央位置,从和它们最近的因素开始,把有关系的各因素排列在它的周围,并逐层展开,如图8-13所示。

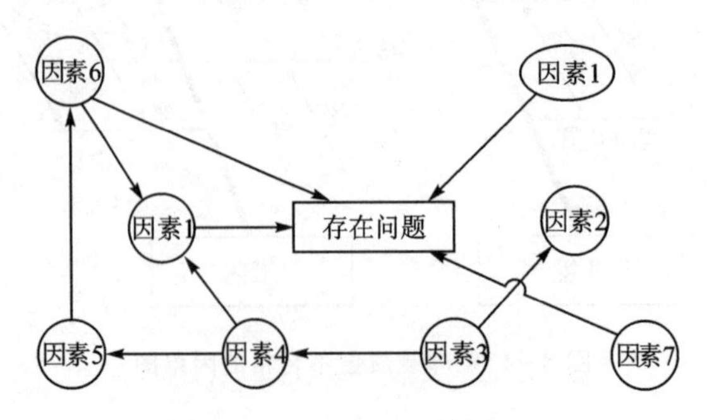

图8-13　中央集中型关联图

②单向汇集型关联图(单一目的),即把需要解决的问题或重要项目安排在右(或左)侧,与其相关联的各因素,按主要因果关系和层次顺序从向右(或左)侧向左(或右)侧排列,

如图8－14所示。

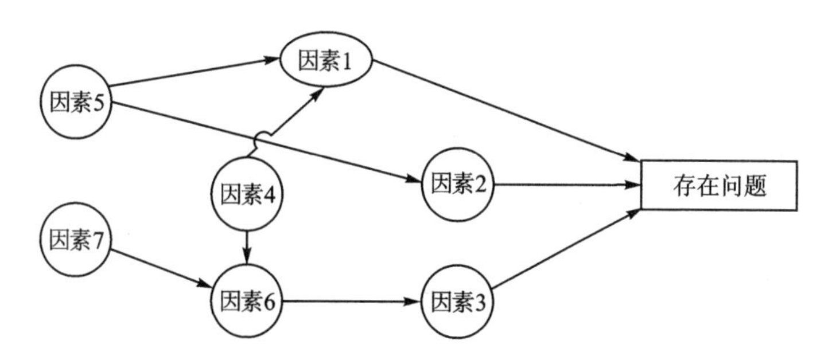

图8－14　单向汇集型关联图

③关系表示型关联图(多目的)，主要用来表示各因素间的因果关系，因此在排列上比较自由灵活，如图8－15所示。

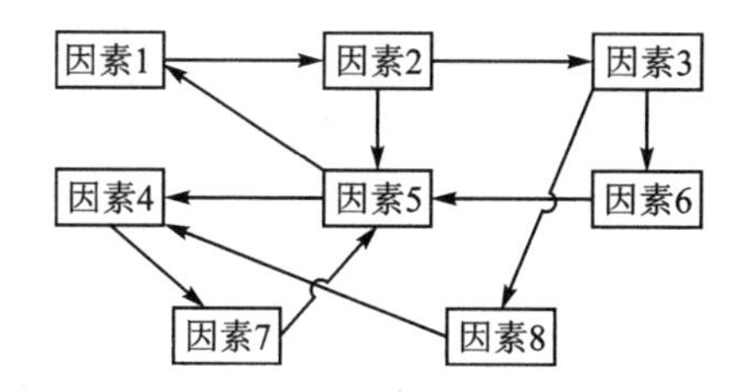

图8－15　关系表示型关联图

4. 关联图的优缺点

(1) 关联图的优点

①从整体出发，从混杂、复杂中找出重点；

②明确相互关系，并加以协调；

③把个人的意见、看法照原样记入图中；

④多次绘图，了解过程、关键以及依据；

⑤用关联图表达看法，他人易理解；

⑥整体和各因素之间的关系一目了然；

⑦可绘入措施及其结果。

(2)关联图的缺点

①同一问题，图形、结论可能不一致；

②表达不同，箭头可能有时与原意相反；

③比较费时间；

④开头较难，不易很快取得实效。

5. 关联图与因果图的比较

关联图与因果图的主要区别是：因果图以研究因素与质量之间的纵向关系为主，以质量问题为主干，对各影响因素逐项整理，从而得出它们之间的因果关系；而关联图是以分析因素之间的横向关系为主，找出各因素之间的关联程度，从而达到解决质量问题的目的，具体如表8－18所列。

表 8-18　关联图与因果图的对比表

因果图	关联图
只限因果关系,从因果关系入手	一切关系,从整体部署,全局观点
只限一个问题,箭头方向一致	多个问题,箭头方向不变,并可扩散
箭头不可逆,一因素一箭头	箭头可逆,一因素可有多箭头
短期基本不变	动态,不断变化
一般措施前、后各绘制一次	多次分析研究绘制
措施不绘入	多考虑措施及其结果

6. 关联图示例

例 8-6: 在对某重型卡车后桥主减总成装配质量分析的过程中,由于装配过程复杂,故影响装配质量的因素较多,而且经常出现交叉影响。如:为了调整齿轮啮合斑点,就要改变主被齿位置,而改变了主被齿位置,就可能会影响主减启动力矩和主减噪音。

解: 项目组借助关联图法来系统分析,在对影响主减装配质量问题进行总结的基础上,最后形成如图 8-16 所示的关联图,为解决这一问题提供了必要的支持。

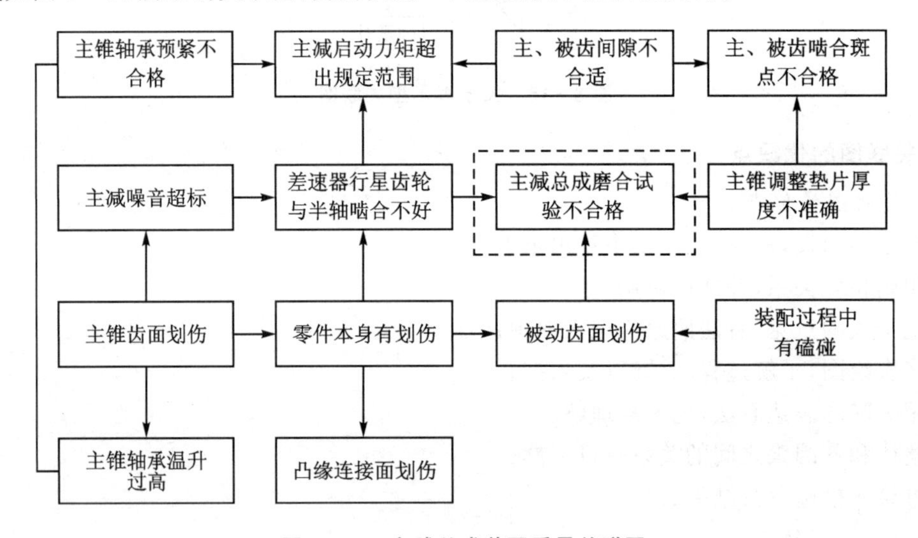

图 8-16　主减总成装配质量关联图

习题 8

8-1 质量改进是朱兰质量管理三部曲中重要的一环,请解释其基本原理和重要意义。

8-2 排列图、因果图的作用是什么? 二者的异同点是什么?

8-3 分层法主要解决什么问题? 如何应用?

8-4 什么是直方图? 其作用如何? 怎样观察和使用直方图?

8-5 某精密铸造机匣小组一周的质量不良项目有:表面疵点、气孔、未充满、形状不佳、尺寸超差及其他等项,其缺陷记录表如表 8-19 所列,试计算并做排列图。

表 8-19　缺陷记录表

缺陷项目	频数/个	频率/%	累计频率/%
疵点	51		
气孔	28		
未充满	23		
形状不佳	17		
尺寸超差	15		
其他	10		
合计	144		

8-6 某厂生产某零件，技术标准要求公差范围为 225±15 mm，经随机抽样得到 100 个数据如 8-20 所列，根据表中的数据做直方图。

表 8-20　数据表

203	204	205	206	206	207	207	208	208	209
208	210	210	210	211	211	211	211	212	212
213	213	213	213	214	214	214	215	215	215
214	216	216	216	216	217	217	217	217	217
218	218	218	218	218	218	218	218	218	219
218	219	219	220	220	220	220	220	220	220
221	220	220	221	221	221	221	221	221	221
226	222	222	222	223	223	223	223	224	224
223	225	225	225	226	226	227	227	228	228
228	229	230	231	231	232	233	234	235	237

本章参考文献

[1] 戴克商. 质量工程技术方法[M]. 北京：清华大学出版社，2007.
[2] 张根保. 质量管理与可靠性[M]. 北京：中国科学技术出版社，2006.
[3] 宋明顺. 质量管理学[M]. 北京：科学出版社，2005.
[4] 张根保. 现代质量工程[M]. 2 版. 北京：机械工业出版社，2009.
[5] 赵选民. 试验设计方法[M]. 北京：科学出版社，2006.
[6] 陈亚力. 概率论与数理统计[M]. 北京：科学出版社，2008.
[7] 徐京辉. 产品质量分析与评价技术基础[M]. 北京：中国标准出版社，2007.
[8] Shi J. Stream of Variation Modeling and Analysis for Multistage Manufacturing Processes[M]. Abingdon：Taylor & Francis Group，2007.
[9] Juran J M. Juran's Quality Handbook[M]. 7th ed. New York：McGraw-Hiu，2017.

附　录

附录Ⅰ　标准正态分布表

$$\Phi(z)=\int_{-\infty}^{z}\frac{1}{\sqrt{2\pi}}e^{-u^2/2}du$$

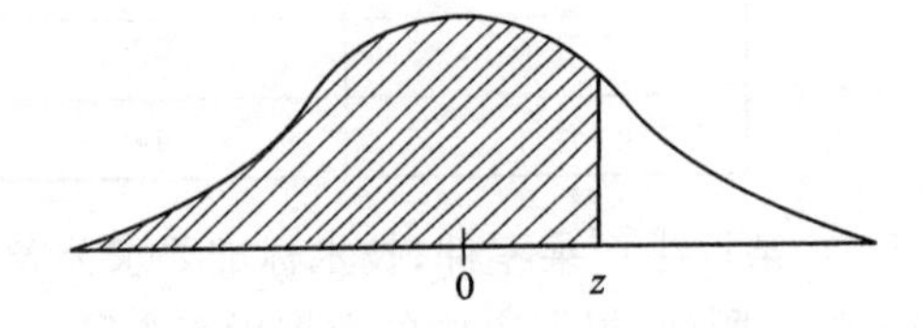

表Ⅰ-1

z	0.00	0.01	0.02	0.03	0.04	0.05	0.06	0.07	0.08	0.09	z
0.0	0.500 00	0.503 99	0.507 98	0.511 97	0.515 95	0.519 94	0.523 92	0.527 90	0.531 88	0.535 86	0.0
0.1	0.539 83	0.543 79	0.547 76	0.551 72	0.555 67	0.559 62	0.563 56	0.567 49	0.571 42	0.575 34	0.1
0.2	0.579 26	0.583 17	0.587 06	0.590 95	0.591 83	0.598 71	0.602 57	0.606 42	0.610 26	0.614 09	0.2
0.3	0.617 91	0.621 72	0.625 51	0.629 30	0.633 07	0.636 83	0.640 58	0.644 31	0.648 03	0.651 73	0.3
0.4	0.655 42	0.659 10	0.662 76	0.666 40	0.670 03	0.673 64	0.677 24	0.680 82	0.684 38	0.687 93	0.4
0.5	0.691 46	0.694 97	0.698 47	0.701 94	0.705 40	0.708 84	0.712 26	0.715 66	0.719 04	0.722 40	0.5
0.6	0.725 75	0.729 07	0.732 37	0.735 65	0.738 91	0.742 15	0.745 37	0.748 57	0.751 75	0.754 90	0.6
0.7	0.758 03	0.761 15	0.764 24	0.767 30	0.770 35	0.773 37	0.776 37	0.779 35	0.782 30	0.785 23	0.7
0.8	0.788 14	0.791 03	0.793 89	0.796 73	0.799 54	0.802 34	0.805 10	0.807 85	0.810 57	0.813 27	0.8
0.9	0.815 94	0.818 59	0.821 21	0.823 81	0.826 39	0.828 94	0.831 47	0.833 97	0.836 46	0.838 91	0.9
1.0	0.841 34	0.843 75	0.846 13	0.848 49	0.850 83	0.853 14	0.855 43	0.857 69	0.859 93	0.862 14	1.0
1.1	0.864 33	0.866 50	0.868 64	0.870 76	0.872 85	0.874 93	0.876 97	0.879 00	0.881 00	0.882 97	1.1
1.2	0.884 93	0.886 86	0.888 77	0.890 65	0.892 51	0.894 35	0.896 16	0.897 96	0.899 73	0.901 47	1.2
1.3	0.903 20	0.904 90	0.906 58	0.908 24	0.909 88	0.911 49	0.913 08	0.914 65	0.916 21	0.917 73	1.3
1.4	0.919 24	0.920 73	0.922 19	0.923 64	0.925 06	0.926 47	0.927 85	0.929 22	0.930 56	0.931 89	1.4
1.5	0.933 19	0.934 48	0.935 74	0.936 99	0.938 22	0.939 43	0.940 62	0.941 79	0.942 95	0.944 08	1.5
1.6	0.945 20	0.946 30	0.947 38	0.948 45	0.949 50	0.950 53	0.951 54	0.952 54	0.953 52	0.954 48	1.6
1.7	0.955 43	0.956 37	0.957 28	0.958 18	0.959 07	0.959 94	0.960 80	0.961 64	0.962 46	0.963 27	1.7
1.8	0.964 07	0.964 85	0.965 62	0.966 37	0.967 11	0.967 84	0.968 56	0.969 26	0.969 95	0.970 62	1.8
1.9	0.971 28	0.971 93	0.972 57	0.973 20	0.973 81	0.974 41	0.975 00	0.975 58	0.976 15	0.976 70	1.9
2.0	0.977 25	0.977 78	0.978 31	0.978 82	0.979 32	0.979 82	0.980 30	0.980 77	0.981 24	0.981 69	2.0
2.1	0.982 14	0.982 57	0.983 00	0.983 41	0.983 82	0.984 22	0.984 61	0.985 00	0.985 37	0.985 74	2.1
2.2	0.986 10	0.986 45	0.986 79	0.987 13	0.987 45	0.978 78	0.988 09	0.988 40	0.988 70	0.988 99	2.2
2.3	0.989 28	0.989 56	0.989 83	0.990 10	0.990 36	0.990 61	0.990 86	0.991 11	0.991 34	0.991 58	2.3

续表Ⅰ-1

z	0.00	0.01	0.02	0.03	0.04	0.05	0.06	0.07	0.08	0.09	z
2.4	0.991 80	0.992 02	0.992 24	0.992 45	0.992 66	0.992 86	0.993 05	0.993 24	0.993 43	0.993 61	2.4
2.5	0.993 79	0.993 96	0.994 13	0.994 30	0.994 46	0.994 61	0.994 77	0.994 92	0.995 06	0.995 20	2.5
2.6	0.995 34	0.995 47	0.995 60	0.995 73	0.995 85	0.995 98	0.996 09	0.996 21	0.996 32	0.996 43	2.6
2.7	0.996 53	0.996 64	0.996 74	0.996 83	0.996 93	0.997 02	0.997 11	0.997 20	0.997 28	0.997 36	2.7
2.8	0.997 44	0.997 52	0.997 60	0.997 67	0.997 74	0.997 81	0.997 88	0.997 95	0.998 01	0.998 07	2.8
2.9	0.998 13	0.998 19	0.998 25	0.998 31	0.998 36	0.998 41	0.998 46	0.998 51	0.998 56	0.998 61	2.9
3.0	0.998 65	0.998 69	0.998 74	0.998 78	0.998 82	0.998 86	0.998 89	0.998 93	0.998 97	0.999 00	3.0
3.1	0.999 03	0.999 06	0.999 10	0.999 13	0.999 16	0.999 18	0.999 21	0.999 24	0.999 26	0.999 29	3.1
3.2	0.999 31	0.999 34	0.999 36	0.999 38	0.999 40	0.999 42	0.999 44	0.999 46	0.999 48	0.999 50	3.2
3.3	0.999 52	0.999 53	0.999 55	0.999 57	0.999 58	0.999 60	0.999 61	0.999 62	0.999 64	0.999 65	3.3
3.4	0.999 66	0.999 68	0.999 69	0.999 70	0.999 71	0.999 72	0.999 73	0.999 74	0.999 75	0.999 76	3.4
3.5	0.999 77	0.999 78	0.999 78	0.999 79	0.999 80	0.999 81	0.999 81	0.999 82	0.999 83	0.999 83	3.5
3.6	0.999 84	0.999 85	0.999 85	0.999 86	0.999 86	0.999 87	0.999 87	0.999 88	0.999 88	0.999 89	3.6
3.7	0.999 89	0.999 90	0.999 90	0.999 90	0.999 91	0.999 91	0.999 92	0.999 92	0.999 92	0.999 92	3.7
3.8	0.999 93	0.999 93	0.999 93	0.999 94	0.999 94	0.999 94	0.999 94	0.999 95	0.999 95	0.999 95	3.8
3.9	0.999 95	0.999 95	0.999 96	0.999 96	0.999 96	0.999 96	0.999 96	0.999 96	0.999 97	0.999 97	3.9

附录Ⅱ　随机数表

表Ⅱ-1

行＼列	1					2					3					4					5				
1	03	47	43	73	86	36	96	47	36	61	46	98	63	71	62	33	26	16	80	45	60	11	14	10	95
	97	74	24	67	62	42	81	14	57	20	42	53	32	37	32	27	07	36	07	51	24	51	79	89	73
	16	76	62	27	66	56	50	26	71	07	32	90	79	78	53	13	55	38	58	59	88	97	54	14	10
	12	56	85	99	26	96	96	68	27	31	05	03	72	93	15	57	12	10	14	21	88	26	49	81	76
	55	59	56	35	64	38	54	82	46	22	31	62	43	09	90	06	18	44	32	53	23	83	01	30	30
2	16	22	77	94	39	49	54	43	54	82	17	37	93	23	78	87	35	20	96	43	84	26	34	91	64
	84	42	17	53	31	57	24	55	06	88	77	04	74	47	67	21	76	33	50	25	83	92	12	06	76
	63	01	63	78	59	16	95	55	67	19	98	10	50	71	75	12	86	73	58	07	44	39	52	38	79
	33	21	12	34	29	78	64	56	07	82	52	42	07	44	38	15	51	00	13	42	99	66	02	79	54
	57	60	86	32	44	09	47	27	96	54	49	17	46	09	62	90	52	84	77	27	08	02	73	43	28
3	18	18	07	92	46	44	17	16	58	09	79	83	86	19	62	06	76	50	03	10	55	23	64	05	05
	26	62	38	97	75	84	16	07	44	99	83	11	46	32	24	20	14	85	88	45	10	93	72	88	71
	23	42	40	64	74	82	97	77	77	81	07	45	32	14	08	32	98	94	07	72	93	85	79	10	75
	52	36	28	19	95	50	92	26	11	97	00	56	76	31	38	80	22	02	53	53	86	60	42	04	53
	37	85	94	35	12	83	39	50	08	30	42	34	07	96	88	54	42	06	87	98	35	85	29	48	39

续表Ⅱ-1

列/行	1					2					3					4					5				
4	70	29	17	12	13	40	33	20	38	26	13	89	51	03	74	17	76	37	13	04	07	74	21	19	30
	56	62	18	37	35	96	83	50	87	75	97	12	25	93	47	70	33	24	03	54	97	77	46	44	80
	99	49	57	22	77	88	42	95	45	72	16	64	36	16	00	04	43	18	66	39	94	77	24	21	90
	16	08	15	04	72	33	27	14	34	09	45	59	34	68	49	12	72	07	34	45	99	27	72	95	14
	31	16	93	32	43	50	27	89	87	19	20	15	37	00	49	52	85	66	60	44	36	68	88	11	80
5	68	34	30	13	70	55	74	60	77	40	44	22	78	84	26	04	33	46	09	52	68	07	97	06	57
	74	57	25	65	76	59	29	97	68	60	71	91	38	67	54	13	58	18	24	76	15	54	55	95	52
	27	42	37	86	53	48	55	90	65	72	96	57	69	36	10	96	46	92	42	45	97	60	49	04	91
	00	39	68	29	61	66	37	32	20	30	77	84	57	03	29	10	45	65	04	26	11	04	96	67	24
	29	94	98	94	24	68	49	69	10	82	53	75	91	93	30	34	25	20	57	27	40	48	73	51	92
6	16	90	82	66	59	83	62	64	11	12	67	19	00	71	74	60	47	21	29	68	02	02	37	03	31
	11	27	94	75	06	06	09	19	74	66	02	94	37	34	02	76	70	90	30	86	38	45	94	30	38
	35	24	10	16	20	33	32	51	26	38	79	78	45	04	91	16	92	53	56	16	02	75	50	95	98
	38	23	16	86	38	42	38	97	01	50	87	75	66	81	41	40	01	74	91	62	48	51	84	08	32
	31	96	25	91	47	96	44	33	49	13	34	86	82	53	91	00	52	43	48	85	27	55	26	89	62
7	11	67	40	67	14	64	05	71	95	86	11	05	65	09	68	76	83	20	37	90	57	16	00	11	66
	14	90	84	45	11	75	73	88	05	90	52	27	41	14	86	22	98	12	22	08	07	52	74	95	80
	68	05	51	18	00	33	96	02	75	19	07	60	62	93	55	59	33	82	43	90	49	37	38	44	59
	20	46	78	73	90	97	51	40	14	02	04	02	33	31	08	39	54	16	49	36	47	95	93	13	30
	64	19	58	97	79	15	06	15	93	20	01	90	10	75	06	40	78	78	89	62	02	67	74	17	33
8	05	26	93	10	60	22	35	85	15	13	92	03	51	59	77	59	56	78	06	83	52	91	05	07	74
	07	97	10	88	23	09	98	42	99	64	61	71	62	99	15	06	51	29	16	93	58	05	77	09	51
	68	71	86	85	85	54	87	66	47	54	73	32	08	11	12	44	95	92	63	16	29	56	24	29	48
	26	99	06	65	53	58	37	78	80	70	42	10	50	67	42	32	17	55	85	74	94	44	67	16	94
	14	65	52	68	75	87	59	36	22	41	26	78	63	06	55	13	08	27	01	50	15	29	39	39	43
9	17	53	17	58	71	71	41	61	50	72	12	41	94	96	26	44	95	27	36	99	02	96	74	30	83
	90	26	59	21	19	23	52	23	33	12	96	93	02	18	39	07	02	18	36	07	25	99	32	70	23
	41	23	52	55	99	31	04	49	69	96	10	47	48	45	88	13	41	43	89	20	97	17	14	49	17
	60	20	50	81	69	31	99	73	68	68	35	81	33	03	76	24	30	12	48	60	18	99	10	72	34
	91	25	38	05	90	94	58	28	41	36	45	37	59	03	09	90	35	57	29	12	82	62	54	65	60

续表Ⅱ－1

行＼列	1					2					3					4					5				
10	34	50	57	74	37	98	80	33	00	91	09	77	93	19	82	74	94	80	04	04	45	07	31	66	49
	85	22	04	39	43	73	81	53	94	79	33	62	46	86	28	08	31	54	46	31	53	94	13	38	47
	09	79	13	77	48	73	82	97	22	21	05	03	27	24	83	72	89	44	05	60	35	80	39	94	88
	88	75	80	18	14	22	95	75	42	49	39	32	82	22	49	02	48	07	70	37	16	04	61	67	87
	90	96	23	70	00	39	00	03	06	90	55	85	78	38	36	94	37	30	69	32	90	89	00	76	33

附录Ⅲ　常用正交表

表Ⅲ－1　正交表 $L_4(2^3)$

试验号＼列号	1	2	3
1	1	1	1
2	1	2	2
3	2	1	2
4	2	2	1

表Ⅲ－2　正交表 $L_8(2^7)$

试验号＼列号	1	2	3	4	5	6	7
1	1	1	1	1	1	1	1
2	1	1	1	2	2	2	2
3	1	2	2	1	1	2	2
4	2	2	2	2	2	1	1
5	2	1	2	1	2	1	2
6	2	1	2	2	1	2	1
7	2	2	1	1	2	2	1
8	2	2	1	2	1	1	2

表Ⅲ－3　正交表 $L_{16}(2^{15})$

试验号＼列号	1	2	3	4	5	6	7	8	9	10	11	12	13	14	15
1	1	1	1	1	1	1	1	1	1	1	1	1	1	1	1
2	1	1	1	1	1	1	1	2	2	2	2	2	2	2	2
3	1	1	1	2	2	2	2	1	1	1	1	2	2	2	2
4	1	1	1	2	2	2	2	2	2	2	2	1	1	1	1
5	1	2	2	1	1	1	2	1	1	2	2	1	1	2	2
6	1	2	2	1	1	1	2	2	2	1	1	2	2	1	1
7	1	2	2	2	2	2	1	1	1	2	2	2	2	1	1
8	1	2	2	2	2	2	1	2	2	1	1	1	1	2	2
9	2	1	2	1	2	1	2	1	2	1	2	1	2	1	2
10	2	1	2	1	2	1	2	2	1	2	1	2	1	2	1
11	2	1	2	2	1	2	1	1	2	1	2	2	1	2	1
12	2	1	2	2	1	2	1	2	1	2	1	1	2	1	2

续表Ⅲ-3

试验号 \ 列号	1	2	3	4	5	6	7	8	9	10	11	12	13	14	15
13	2	2	1	1	2	2	1	1	2	2	1	1	2	2	1
14	2	2	1	1	2	2	1	2	1	1	2	2	1	1	2
15	2	2	1	2	1	1	2	1	2	2	1	2	1	1	2
16	2	2	1	2	1	1	2	2	1	1	2	1	2	2	1

表Ⅲ-4 2水平正交表 $L_4(2^3)L_8(2^7)L_{16}(2^{15})$ 的交互作用表

试验号 \ 列号	1	2	3	4	5	6	7	8	9	10	11	12	13	14	15
1	(1)	3	2	5	4	7	6	9	8	11	10	13	12	15	14
2		(2)	1	6	7	4	5	10	11	8	9	14	15	12	13
3			(3)	7	6	5	4	11	10	9	8	15	14	13	12
4				(4)	1	2	3	12	13	14	15	8	9	10	11
5					(5)	3	2	13	12	15	14	9	8	11	10
6						(6)	1	14	15	12	13	10	11	8	9
7							(7)	15	14	13	12	11	10	9	8
8								(8)	1	2	3	4	5	6	7
9									(9)	1	6	7	4	7	6
10										(10)	1	6	7	4	5
11											(11)	7	6	5	4
12												(12)	1	2	3
13													(13)	3	2
14														(14)	1

表Ⅲ-5 正交表 $L_9(3^4)$

试验号 \ 列号	1	2	3	4
1	1	1	1	1
2	1	2	2	2
3	1	3	3	3
4	2	1	3	3
5	2	2	2	1
6	2	3	1	2
7	3	1	3	2
8	3	2	1	3
9	3	3	2	1

表Ⅲ-6 正交表 $L_{27}(3^{13})$

试验号 \ 列号	1	2	3	4	5	6	7	8	9	10	11	12	13
1	1	1	1	1	1	1	1	1	1	1	1	1	1
2	1	1	1	1	2	2	2	2	2	2	2	2	2
3	1	1	1	1	3	3	3	3	3	3	3	3	3
4	1	2	2	2	1	1	1	2	2	2	3	3	3
5	1	2	2	2	2	2	2	3	3	3	1	1	1
6	1	2	2	2	3	3	3	1	1	1	2	2	2
7	1	3	3	3	1	1	1	3	3	3	2	2	2
8	1	3	3	3	2	2	2	1	1	1	3	3	3
9	1	3	3	3	3	3	3	2	2	2	1	1	1
10	2	1	2	3	1	2	3	1	2	3	1	2	3
11	2	1	2	3	2	3	1	2	3	1	2	3	1
12	2	1	2	3	3	1	2	3	1	2	3	1	2
13	2	2	3	1	1	2	3	2	3	1	3	1	2
14	2	2	3	1	2	3	1	3	1	2	1	2	3
15	2	2	3	1	3	1	2	1	2	3	2	3	1
16	2	3	1	2	1	2	3	3	1	2	2	3	1
17	2	3	1	2	2	3	1	1	2	3	3	1	2
18	2	3	1	2	3	1	2	2	3	1	1	2	3
19	3	1	3	2	1	3	2	1	3	2	1	3	2
20	3	1	3	2	2	1	3	2	1	3	2	1	3
21	3	1	3	2	3	2	1	3	2	1	3	2	1
22	3	2	1	3	1	3	2	2	1	3	3	2	1
23	3	2	1	3	2	1	3	3	2	1	1	3	2
24	3	2	1	3	3	2	1	1	3	2	2	1	3
25	3	3	2	1	1	3	2	3	2	1	2	1	3
26	3	3	2	1	2	1	3	1	3	2	3	2	1
27	3	3	2	1	3	2	1	2	1	3	1	3	2

表Ⅲ-7　3 水平正交表 $L_9(3^4)L_{27}(3^{13})$ 的交互作用表

试验号＼列号	1	2	3	4	5	6	7	8	9	10	11	12	13
1	(1)	3	2	2	6	5	5	9	8	8	12	11	11
		4	4	3	7	7	6	10	10	9	13	13	12
2		(2)	1	1	8	9	10	5	6	7	5	6	7
			4	3	11	12	13	11	12	13	8	9	10
3			(3)	1	9	10	8	7	5	6	6	7	5
				2	13	11	12	12	13	11	10	8	9
4				(4)	10	8	9	6	7	5	7	5	6
					12	13	11	13	11	12	9	10	8
5					(5)	1	1	2	3	4	2	4	3
						7	6	11	13	12	8	10	9
6						(6)	1	4	2	3	3	2	4
							5	13	12	11	10	9	8
7							(7)	3	4	2	4	3	2
								12	11	13	9	8	10
8								(8)	1	1	2	3	4
									10	9	5	7	6
9									(9)	1	4	2	3
										8	7	6	5
10										(10)	3	4	2
											6	5	7
11											(11)	1	1
												13	12
12												(12)	1
													11

表Ⅲ-8　正交表 $L_{16}(4^5)$

试验号＼列号	1	2	3	4	5
1	1	1	1	1	1
2	1	2	2	2	2
3	1	3	3	3	3
4	1	4	4	4	4
5	2	1	2	3	4
6	2	2	1	4	3
7	2	3	4	1	2
8	2	4	3	2	1
9	3	1	3	4	2
10	3	2	4	1	3
11	3	3	1	2	4
12	3	4	2	1	3
13	4	1	4	2	3
14	4	2	3	1	4
15	4	3	2	4	1
16	4	4	1	3	2

注：表中任何两列的交互作用是另外 3 列。

表Ⅲ-9　正交表 $L_{25}(5^6)$

试验号＼列号	1	2	3	4	5	6
1	1	1	1	1	1	1
2	1	2	2	2	2	2
3	1	3	3	3	3	3
4	1	4	4	4	4	4
5	1	5	5	5	5	5
6	2	1	2	3	4	5
7	2	2	3	4	5	1
8	2	3	4	5	1	2
9	2	4	5	1	2	3
10	2	5	1	2	3	4
11	3	1	3	5	2	4
12	3	2	4	1	3	5
13	3	3	5	2	4	1
14	3	4	1	3	5	2
15	3	5	2	4	1	3
16	4	1	4	2	5	3
17	4	2	5	3	1	4
18	4	3	1	4	3	5
19	4	4	2	5	3	1
20	4	5	3	1	4	2
21	5	1	5	4	3	2
22	5	2	1	5	4	3
23	5	3	2	1	5	4
24	5	4	3	2	1	5
25	5	5	4	3	2	1

注：表中任何两列的交互作用是另外 4 列。

附录Ⅳ　F 分布表

$P\{F(n_1,n_2)>F_\alpha(n_1,n_2)\}=\alpha$

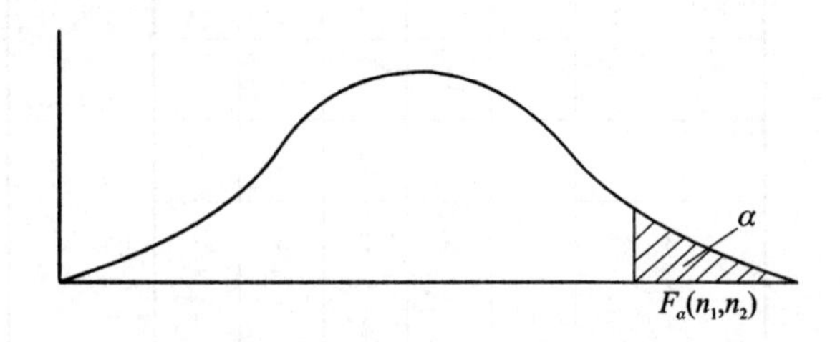

表Ⅳ-1

$\alpha=0.01$																			
n_2 \ n_1	1	2	3	4	5	6	7	8	9	10	12	15	20	24	30	40	60	120	∞
1	4 052	4 999.5	5 403	5 625	5 764	5 859	5 928	5 982	6 022	6 056	6 106	6 157	6 209	6 235	6 261	6 287	6 313	6 339	6 336
2	98.50	99.00	99.17	99.25	99.30	99.33	99.36	99.37	99.39	99.40	99.42	99.43	99.45	99.46	99.47	99.47	99.48	99.49	99.50
3	34.12	30.82	29.46	28.71	28.24	27.91	27.67	27.49	27.35	27.23	27.05	26.87	26.69	26.60	26.50	26.41	26.32	26.22	26.13
4	21.20	18.00	16.69	15.98	15.52	15.21	14.98	14.80	14.66	14.55	14.37	14.20	14.02	13.93	13.84	13.75	13.65	13.56	13.46
5	16.26	13.27	12.06	11.39	10.97	10.67	10.46	10.29	10.16	10.05	9.89	9.72	9.55	9.47	9.38	9.29	9.20	9.11	9.02
6	13.75	10.92	9.78	9.15	8.75	8.47	8.26	8.10	7.98	7.87	7.72	7.56	7.40	7.31	7.23	7.14	7.06	6.97	6.88
7	12.25	9.55	8.45	7.85	7.46	7.19	6.99	6.84	6.72	6.62	6.47	6.31	6.16	6.07	5.99	5.91	5.82	5.74	5.65
8	11.26	8.65	7.59	7.01	6.63	6.37	6.18	6.03	5.91	5.81	5.67	5.52	5.36	5.28	5.20	5.12	5.03	4.95	4.86
9	10.56	8.02	6.99	6.42	6.06	5.80	5.61	5.47	5.35	5.26	5.11	4.96	4.81	4.73	4.65	4.57	4.48	4.40	4.31
10	10.04	7.56	6.55	5.99	5.64	5.39	5.20	5.06	4.94	4.85	4.71	4.56	4.41	4.33	4.25	4.17	4.08	4.00	3.91
11	9.65	7.21	6.22	5.67	5.32	5.07	4.89	4.74	4.63	4.54	4.40	4.25	4.10	4.02	3.94	3.86	3.78	3.69	3.60
12	9.33	6.93	5.95	5.41	5.06	4.82	4.64	4.50	4.39	4.30	4.16	4.01	3.86	3.78	3.70	3.62	3.54	3.45	3.36
13	9.07	6.70	5.74	5.21	4.86	4.62	4.44	4.30	4.19	4.10	3.96	3.82	3.66	3.59	3.51	3.43	3.34	3.25	3.17
14	8.86	6.51	5.56	5.04	4.69	4.46	4.28	4.14	4.03	3.94	3.80	3.66	3.51	3.43	3.35	3.27	3.18	3.09	3.00
15	8.68	6.36	5.42	4.89	4.56	4.32	4.14	4.00	3.89	3.80	3.67	3.52	3.37	3.29	3.21	3.13	3.05	2.96	2.87
16	8.53	6.23	5.29	4.77	4.44	4.20	4.03	3.89	3.78	3.69	3.55	3.41	3.26	3.18	3.10	3.02	2.93	2.84	2.75
17	8.40	6.11	5.18	4.67	4.34	4.10	3.93	3.79	3.68	3.59	3.46	3.31	3.16	3.08	3.00	2.92	2.83	2.75	2.65
18	8.29	6.01	5.09	4.58	4.25	4.01	3.84	3.71	3.60	3.51	3.37	3.23	3.08	3.00	2.92	2.84	2.75	2.66	2.57
19	8.18	5.93	5.01	4.50	4.17	3.94	3.77	3.63	3.52	3.43	3.30	3.15	3.00	2.92	2.84	2.76	2.67	2.58	2.49
20	8.10	5.85	4.94	4.43	4.10	3.87	3.70	3.56	3.46	3.37	3.23	3.09	2.94	2.86	2.78	2.69	2.61	2.52	2.42
21	8.02	5.78	4.87	4.37	4.04	3.81	3.64	3.51	3.40	3.31	3.17	3.03	2.88	2.80	2.72	2.64	2.55	2.46	2.36
22	7.95	5.72	4.82	4.31	3.99	3.76	3.59	3.45	3.35	3.26	3.12	2.98	2.83	2.75	2.67	2.58	2.50	2.40	2.31
23	7.88	5.66	4.76	4.26	3.94	3.71	3.54	3.41	3.30	3.21	3.07	2.93	2.78	2.70	2.62	2.54	2.45	2.35	2.26

续表Ⅳ-1

$\alpha=0.01$

n_2 \ n_1	1	2	3	4	5	6	7	8	9	10	12	15	20	24	30	40	60	120	∞
24	7.82	5.61	4.72	4.22	3.90	3.67	3.50	3.36	3.26	3.17	3.03	2.89	2.74	2.66	2.58	2.49	2.40	2.31	2.21
25	7.77	5.57	4.68	4.18	3.85	3.63	3.46	3.32	3.22	3.13	2.99	2.85	2.70	2.62	2.54	2.45	2.36	2.27	2.17
26	7.72	5.53	4.64	4.14	3.82	3.59	3.42	3.29	3.18	3.09	2.96	2.81	2.66	2.58	2.50	2.42	2.33	2.23	2.13
27	7.68	5.49	4.60	4.11	3.78	3.56	3.39	3.26	3.15	3.06	2.93	2.78	2.63	2.55	2.47	2.38	2.29	2.20	2.10
28	7.64	5.45	4.57	4.07	3.75	3.53	3.36	3.23	3.12	3.03	2.90	2.75	2.60	2.52	2.44	2.35	2.26	2.17	2.06
29	7.60	5.42	4.54	4.04	3.73	3.50	3.33	3.20	3.09	3.00	2.87	2.73	2.57	2.49	2.41	2.33	2.23	2.14	2.03
30	7.56	5.39	4.51	4.02	3.70	3.47	3.30	3.17	3.07	2.98	2.84	2.70	2.55	2.47	2.39	2.30	2.21	2.11	2.01
40	7.31	5.18	4.31	3.83	3.51	3.29	3.12	2.99	2.89	2.80	2.66	2.52	2.37	2.29	2.20	2.11	2.02	1.92	1.80
60	7.08	4.98	4.13	3.65	3.34	3.12	2.95	2.82	2.72	2.63	2.50	2.35	2.20	2.12	2.03	1.94	1.84	1.73	1.60
120	6.85	4.79	3.95	3.48	3.17	2.96	2.79	2.66	2.56	2.47	2.34	2.19	2.03	1.95	1.86	1.76	1.66	1.53	1.38
∞	6.63	4.61	3.78	3.32	3.02	2.80	2.64	2.51	2.41	2.32	2.18	2.04	1.88	1.79	1.70	1.59	1.47	1.32	1.00

$\alpha=0.05$

n_2 \ n_1	1	2	3	4	5	6	7	8	9	10	12	15	20	24	30	40	60	120	∞
1	161.4	199.5	215.7	224.6	230.2	234.0	236.8	238.9	240.5	241.9	243.9	24.59	24.80	24.91	25.01	25.11	25.22	25.33	25.43
2	18.51	19.00	19.16	19.25	19.30	19.33	19.35	19.37	19.38	19.40	1941	19.43	19.45	19.45	19.46	19.47	19.48	19.49	19.50
3	10.13	9.55	9.28	9.12	9.01	8.94	8.89	8.85	8.81	8.79	874	8.70	8.66	8.64	8.62	8.59	8.57	8.55	8.53
4	7.71	6.94	6.59	6.39	6.26	6.16	6.09	6.04	6.00	5.96	591	5.86	5.80	5.77	5.75	5.72	5.69	5.66	5.63
5	6.61	5.79	5.41	5.19	5.05	4.95	4.88	4.82	4.77	4.74	468	4.62	4.56	4.53	4.50	4.46	4.43	4.40	4.36
6	5.99	5.14	4.76	4.53	4.39	4.28	4.21	4.15	4.10	4.06	400	3.94	3.87	3.84	3.81	3.77	3.74	3.70	3.67
7	5.59	4.74	4.35	4.12	3.97	3.87	3.79	3.73	3.68	3.64	357	3.51	3.44	3.41	3.38	3.34	3.30	3.27	3.23
8	5.32	4.46	4.07	3.84	3.69	3.58	3.50	3.44	3.39	3.35	328	3.22	3.15	3.12	3.08	3.04	3.01	2.97	2.93
9	5.12	4.26	3.86	3.63	3.48	3.37	3.29	3.23	3.18	3.14	307	3.01	2.94	2.90	2.86	2.83	2.79	2.75	2.71
10	4.96	4.10	3.71	3.48	3.33	3.22	3.14	3.07	3.02	2.98	291	2.85	2.77	2.74	2.70	2.66	2.62	2.58	2.54
11	4.84	3.98	3.59	3.36	3.20	3.09	3.01	2.95	2.90	2.85	279	2.72	2.65	2.61	2.57	2.53	2.49	2.45	2.40
12	4.75	3.89	3.49	3.26	3.11	3.00	2.91	2.85	2.80	2.75	269	2.62	2.54	2.51	2.47	2.43	2.38	2.34	2.30
13	4.67	3.81	3.41	3.18	3.03	2.92	2.83	2.77	2.71	2.67	260	2.53	2.46	2.42	2.38	2.34	2.30	2.25	2.21
14	4.60	3.74	3.34	3.11	2.96	2.85	2.76	2.70	2.65	2.60	253	2.46	2.39	2.35	2.31	2.27	2.22	2.18	2.13
15	4.54	3.68	3.29	3.06	2.90	2.79	2.71	2.64	2.59	2.54	248	2.40	2.33	2.29	2.25	2.20	2.16	2.11	2.07
16	4.49	3.63	3.24	3.01	2.85	2.74	2.66	2.59	2.54	2.49	242	2.35	2.28	2.24	2.19	2.15	2.11	2.06	2.01
17	4.45	3.59	3.20	2.96	2.81	2.70	2.61	2.55	2.49	2.45	238	2.31	2.23	2.19	2.15	2.10	2.06	2.01	1.96

续表Ⅳ-1

$\alpha=0.05$																			
n_2 \ n_1	1	2	3	4	5	6	7	8	9	10	12	15	20	24	30	40	60	120	∞
18	4.41	3.55	3.16	2.93	2.77	2.66	2.58	2.51	2.46	2.41	234	2.27	2.19	2.15	2.11	2.06	2.02	1.97	1.92
19	4.38	3.52	3.13	2.90	2.74	2.63	2.54	2.48	2.42	2.38	231	2.23	2.16	2.11	2.07	2.03	1.98	1.93	1.88
20	4.35	3.49	3.10	2.87	2.71	2.60	2.51	2.45	2.39	2.35	228	2.20	2.12	2.08	2.04	1.99	1.95	1.90	1.84
21	4.32	3.47	3.07	2.84	2.68	2.57	2.49	2.42	2.37	2.32	225	2.18	2.10	2.05	2.01	1.96	1.92	1.87	1.81
22	4.30	3.44	3.05	2.82	2.66	2.55	2.46	2.39	2.34	2.30	223	2.15	2.07	2.03	1.98	1.94	1.89	1.84	1.78
23	4.28	3.42	3.03	2.80	2.64	2.53	2.44	2.37	2.32	2.27	220	2.13	2.05	2.01	1.96	1.91	1.86	1.81	1.76
24	4.26	3.40	3.01	2.78	2.62	2.51	2.42	2.36	2.30	2.25	218	2.11	2.03	1.98	1.94	1.89	1.84	1.79	1.73
25	4.24	3.39	2.99	2.76	2.60	2.49	2.40	2.34	2.28	2.24	216	2.09	2.01	1.96	1.92	1.87	1.82	1.77	1.71
26	4.23	3.37	2.98	2.74	2.59	2.47	2.39	2.32	2.27	2.22	215	2.07	1.99	1.95	1.90	1.85	1.80	1.75	1.69
27	4.21	3.35	2.96	2.73	2.57	2.46	2.37	2.31	2.25	2.20	213	2.06	1.97	1.93	1.88	1.84	1.79	1.73	1.67
28	4.20	3.34	2.95	2.71	2.56	2.45	2.36	2.29	2.24	2.19	212	2.04	1.96	1.91	1.87	1.82	1.77	1.71	1.65
29	4.18	3.33	2.93	2.70	2.55	2.43	2.35	2.28	2.22	2.18	210	2.03	1.94	1.90	1.85	1.81	1.75	1.70	1.64
30	4.17	3.32	2.92	2.69	2.53	2.42	2.33	2.27	2.21	2.16	209	2.01	1.93	1.89	1.84	1.79	1.74	1.68	1.62
40	4.08	3.23	2.84	2.61	2.45	2.34	2.25	2.18	2.12	2.08	200	1.92	1.84	1.79	1.74	1.69	1.64	1.58	1.51
60	4.00	3.15	2.76	2.53	2.37	2.25	2.17	2.10	2.04	1.99	192	1.84	1.75	1.70	1.65	1.59	1.53	1.47	1.39
120	3.92	3.07	2.68	2.45	2.29	2.17	2.09	2.02	1.96	1.91	183	1.75	1.66	1.61	1.55	1.50	1.43	1.35	1.25
∞	3.84	3.00	2.60	2.37	2.21	2.10	2.01	1.94	1.88	1.83	175	1.67	1.57	1.52	1.46	1.39	1.32	1.22	1.00

附录Ⅴ Minitab 软件介绍与参数设计示例

1. Minitab 软件介绍

Minitab 软件是全球公认的在质量工程与六西格玛领域运用的主要统计软件,是质量工程师的得力助手。它于 1972 年诞生于美国宾夕法尼亚大学统计系,2019 年 6 月 5 日,Minitab 推出了第 19 版 R19。

Minitab 软件提供了普通统计学所涉及的全部功能,如描述性统计分析、假设检验、方差分析、相关与回归、关联表和多元统计分析等,并包括了丰富的质量分析工具,如统计过程控制、试验设计、参数设计、容差设计、测量系统分析、可靠性分析和抽样检验等。同时,Minitab 软件还提供了箱线图、直方图、散点图、时间序列图、曲面图和概率分布图等 20 多类统计图形,生动形象地显示了数据分析的结果。

2. 参数设计示例

(1) 问题描述

现有器件盒,其内部含有 P、Q 两个元器件。器件盒输入为 X、Y,输出为 Z。根据设计人

员的专业知识，输入 X、Y 的可选参数空间为

$$X:[0.5,9.5]$$

$$Y:[0.01,0.03]$$

通常 X、Y 会有 ±10% 的波动量。

而内置不可更换的 P、Q 元器件在选购时也存在着波动，经过测量，如下所示：

$$P:220 \pm 10$$

$$Q:50 \pm 5$$

利用实验仿真计算软件，开展田口参数设计实验，寻找参数组合[X,Y]，使得实验结果 Z 达到目标值 20，且在面临 X,Y,P,Q 波动时较为稳健。

(2) 绘制因素-特性关系图，寻找相关因素

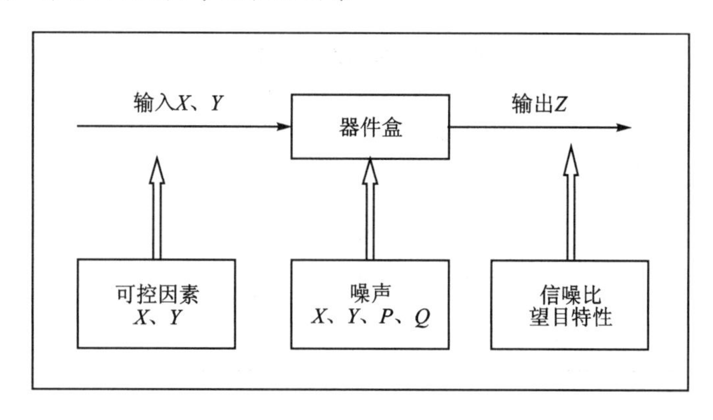

图Ⅴ-1　因素-特性图

(3) 确定可控因素及其水平

表Ⅴ-1　可控因素及水平

因素＼水平	第一水平	第二水平	第三水平
X	0.5	5.0	9.5
Y	0.01	0.02	0.03

(4) 内设计

选用正交表 $L_9(3^4)$ 进行内设计。正交表及具体方案如表Ⅴ-2、Ⅴ-3 所列。

表Ⅴ-2　正交实验用内表

试验号＼因素	正交表				具体方案	
	X	Y	$e1$	$e2$	X	Y
1	1	1	1	1	0.5	0.01
2	1	2	2	2	0.5	0.02
3	1	3	3	3	0.5	0.03
4	2	1	3	3	5	0.01

续表Ⅴ-2

试验号 \ 因素	正交表				具体方案	
	X	Y	e1	e2	X	Y
5	2	2	2	1	5	0.02
6	2	3	1	2	5	0.03
7	3	1	3	2	9.5	0.01
8	3	2	1	3	9.5	0.02
9	3	3	2	1	9.5	0.03

(5) 确定噪声因素及其水平

表Ⅴ-3 噪声因素水平表

因素 \ 水平	第一水平	第二水平	第三水平
X	X－0.1X	X	X＋0.1X
Y	Y－0.1Y	Y	Y＋0.1Y
P	210	220	230
Q	45	50	55

(6) 外设计

选用正交表 $L_9(3^4)$，因素 X 及 Y 按上下浮动10％选定。P、Q 按要求选定。正交表及具体方案如表Ⅴ-4所列。

表Ⅴ-4 正交实验用外表

试验号 \ 因素	正交表				具体方案			
	X	Y	P	Q	X	Y	P	Q
1	1	1	1	1	0.9X	0.9Y	210	45
2	1	2	2	2	0.9X	Y	220	50
3	1	3	3	3	0.9X	1.1Y	230	55
4	2	1	3	3	X	0.9Y	230	55
5	2	2	2	1	X	Y	220	45
6	2	3	1	2	X	1.1Y	210	50
7	3	1	3	2	1.1X	0.9Y	230	50
8	3	2	1	3	1.1X	Y	210	55
9	3	3	2	1	1.1X	1.1Y	220	45

(7) 求输出特性

将噪声因素带入内表，利用实验仿真软件求出输出 Z，得到输出特性如表Ⅴ-5所列。

表Ⅴ-5　输出特性表

内　表	外　表								
	1	2	3	4	5	6	7	8	9
1	41.516	38.508	36.598	42.35	41.248	33.645	44.515	33.509	38.944
2	26.284	24.484	23.376	26.425	26.051	20.466	27.553	22.344	24.413
3	20.784	19.752	19.004	21.017	21.031	18.16	22.118	18.37	19.855
4	27.374	27.402	27.593	28.497	27.426	24.301	27.385	23.968	25.228
5	22.694	21.756	21.543	22.827	22.036	19.936	23.182	19.187	21.203
6	19.648	19.287	17.984	19.421	19.453	17.2	20.327	17.63	18.601
7	20.022	20.096	21.799	21.145	20.039	18.82	19.615	18.074	18.824
8	18.449	18.835	18.764	19.286	19.163	17.421	18.84	16.563	18.174
9	17.445	17.469	17.761	17.695	17.553	15.945	17.594	16.103	16.874

(8) 计算信噪比

利用 Minitab 计算得到内表的信噪比、标准差以及平均值如表Ⅴ-6 所列。

表Ⅴ-6　信噪比计算结果

试验号	A	B	信噪比	标准差	平均值
1	1	1	20.134	3.838 299	38.981 44
2	1	2	20.752	2.256 052	24.599 56
3	1	3	23.498	1.337 626	20.010 11
4	2	1	24.254	1.628 457	26.574 89
5	2	2	24.204	1.330 963	21.596
6	2	3	25.127	1.044 074	18.839
7	3	1	24.594	1.168 291	19.826
8	3	2	26.351	0.885 138	18.388 33
9	3	3	27.875	0.693 019	17.159 89

(9) 内表的方差分析

对于信噪比的方差分析如表Ⅴ-7 所列。

表Ⅴ-7　内表方差分析

来　源	自由度	Seq SS	Adj SS	Adj MS	F	P
A	2	35.604	35.604	17.801 9	28.86	0.004
B	2	9.878	9.878	4.939 1	8.01	0.040
残差误差	4	2.468	2.468	0.616 9		
合　计	8	47.95				

(10) 显著因素分析

由 Minitab 分析得到效应图如图Ⅴ-2、Ⅴ-3 所示。

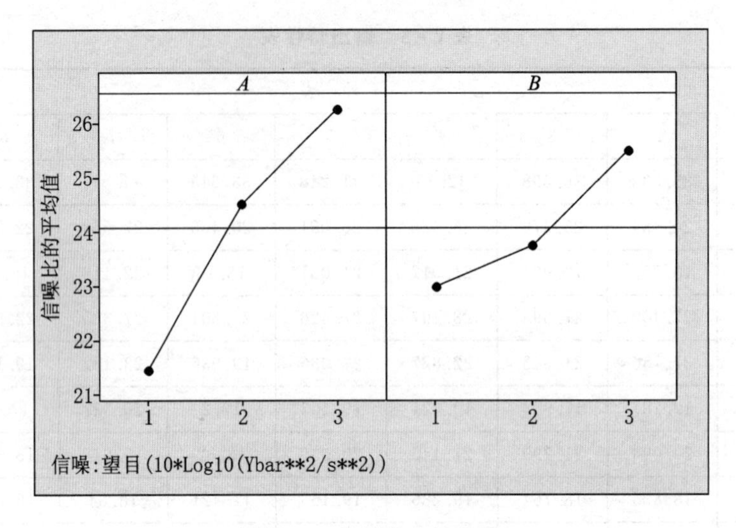

图Ⅴ-2 信噪比主效应图

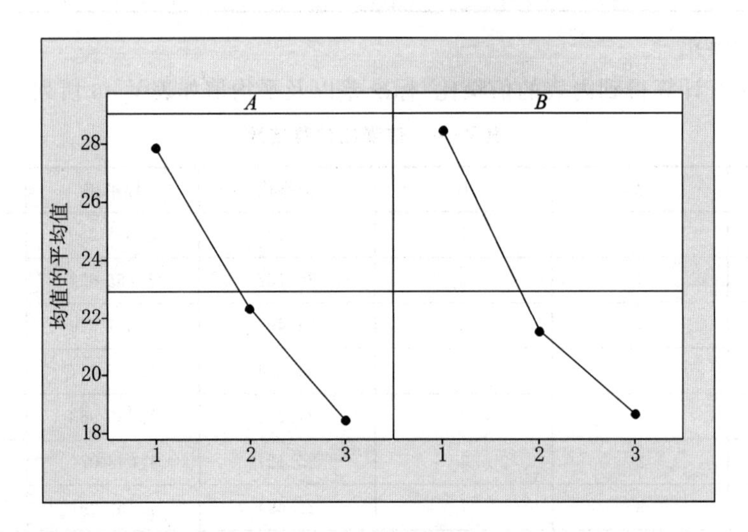

图Ⅴ-3 均值主效应图

(11) 结 论

由内表的方差分析可知,$P_A=0.004<0.05$,由此可知,因素 X 为影响信噪比的显著因素,而因素 Y 为调整因素。因此,需要选择稳定因素使得信噪比最大,寻找调整因素使得产出接近目标值。由此分析发现,使得信噪比最大的水平为 X 的水平3,因此 X 取水平3;而使输出 Z 最接近目标值20的实验是第7、第8和第9组中的第7组,$Z=19.826$,因此因素 Y 取第七组的第1水平,如表Ⅴ-8所列。

(12) 优化估计

以水平3为中点,重新选定因素 X 的三水平分别为9.45,9.5,9.55。

以水平1为中点,重新选定因素 Y 的三水平分别为0.005,0.01,0.015。

针对此 X 和 Y 的三水平,重新利用实验软件求出输出 Z,结果如表Ⅴ-9所列。

表Ⅴ-8　分析结论

试验号	A	B	信噪比	标准差	平均值
1	1	1	20.134	3.838 299	38.981 44
2	1	2	20.752	2.256 052	24.599 56
3	1	3	23.498	1.337 626	20.010 11
4	2	1	24.254	1.628 457	26.574 89
5	2	2	24.204	1.330 963	21.596
6	2	3	25.127	1.044 074	18.839
7	3	1	24.594	1.168 291	19.826
8	3	2	26.351	0.885 138	18.388 33
9	3	3	27.875	0.693 019	17.159 89

表Ⅴ-9　输出特性表

内　表	外　表								
	1	2	3	4	5	6	7	8	9
1	19.965	21.261	22.342	21.627	20.16	19.716	18.39	18.351	19.817
2	19.926	20.579	21.722	21.234	20.066	18.557	19.698	18.275	18.672
3	19.818	19.621	20.822	20.022	19.745	18.38	19.236	17.971	18.689
4	20.016	21.185	22.834	21.656	20.447	18.85	20.136	18.555	19.218
5	20.359	20.512	21.317	20.535	20.234	19.07	20.026	17.93	18.716
6	19.011	20.28	20.215	20.485	19.809	18.471	19.904	17.867	18.241
7	20.698	21.2	22.734	21.135	20.663	19.322	20.689	18.174	19.65
8	19.668	20.784	21.554	20.686	19.671	19.083	20.117	17.948	18.976
9	19.47	19.827	19.928	20.102	19.275	18.011	19.949	17.373	18.885

根据输出特性表，利用 Minitab 求得信噪比和均值如表Ⅴ-10 所列。

表 V-10 信噪比计算结果

A	B	信噪比 2	标准差 2	平均值 2
1	1	20.134 4	3.838 3	38.981 4
1	2	23.403 8	1.363 8	20.181
1	3	24.358	1.202 4	19.858 8
2	1	26.739 9	0.891 4	19.367 1
2	2	23.290 7	1.391 3	20.321 9
2	3	25.408 8	1.065 2	19.855 4
3	1	25.887 3	0.983 2	19.364 8
3	2	23.951 6	1.299	20.473 9
3	3	25.165 4	1.094 2	19.831 9

由 Minitab 分析得到效应图如图 V-4、V-5 所示。

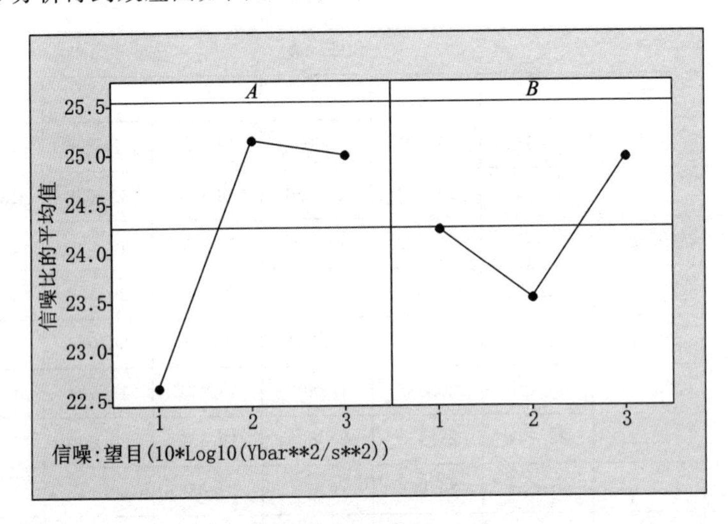

图 V-4 信噪比主效应图

由上述分析可知 X 选择水平 2,Y 选择水平 3。

(13) 实验结果

由以上分析,最终选定参数组合为 $X=9.5$,$Y=0.015$;输出 $Z=19.855\ 4$,信噪比为 25.408 8。此输出结果 Z 较为接近 20,且信噪比比较大,说明实验结果较为稳定,参数设计结束。

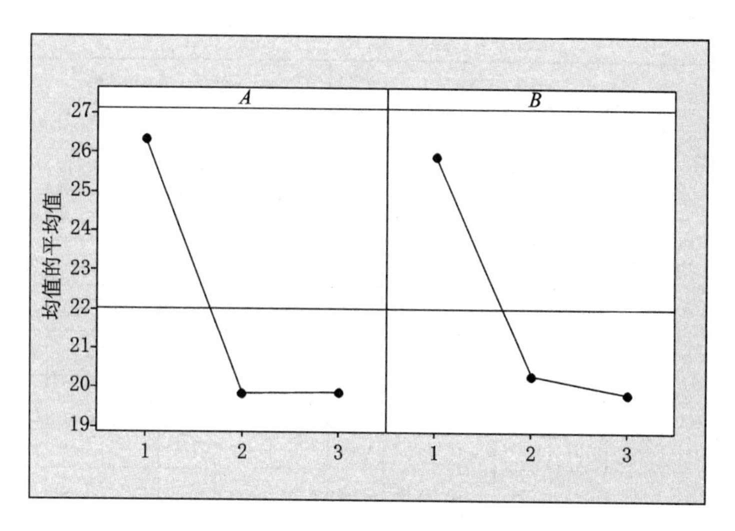

图Ⅴ-5　均值主效应图

附录Ⅵ　计量控制图系数表

表Ⅵ-1

子样大小 n	均值控制图			标准差控制图						极差控制图							中位数控制图	
	控制界限系数			中心线系数		控制界限系数				中心线系数			控制界限系数				控制界限系数	
	A	A_2	A_3	c_4	$1/c_4$	B_3	B_4	B_5	B_6	d_2	$1/d_2$	d_3	D_1	D_2	D_3	D_4	m_3	m_3A_2
2	2.121	1.880	2.659	0.797 9	1.253 3	0	3.267	0	2.606	1.128	0.886 5	0.853	0	3.686	0	3.267	1.000	1.880
3	1.732	1.023	1.954	0.886 2	1.128 4	0	2.568	0	2.276	1.693	0.590 7	0.888	0	4.358	0	2.574	1.160	1.187
4	1.500	0.729	1.628	0.921 3	1.085 4	0	2.266	0	2.088	2.059	0.485 7	0.880	0	4.698	0	2.282	1.092	0.796
5	1.342	0.577	1.427	0.940 0	1.063 8	0	2.089	0	1.964	2.326	0.429 9	0.864	0	4.918	0	2.115	1.198	0.691
6	1.225	0.483	1.287	0.951 5	1.051 0	0.030	1.970	0.029	1.874	2.534	0.394 6	0.848	0	5.078	0	2.004	1.135	0.549
7	1.134	0.419	1.182	0.959 4	1.042 3	0.118	1.882	0.113	1.806	2.704	0.399 8	0.833	0.204	5.204	0.076	1.924	1.214	0.509
8	1.061	0.373	1.099	0.965 0	1.036 3	0.185	1.815	0.179	1.751	2.847	0.351 2	0.820	0.388	5.306	0.136	1.864	1.160	0.432
9	1.000	0.337	1.032	0.969 3	1.031 7	0.239	1.761	0.232	1.707	2.970	0.336 7	0.808	0.547	5.393	0.184	1.816	1.223	0.412
10	0.949	0.308	0.975	0.972 7	1.028 1	0.284	1.716	0.276	1.669	3.078	0.324 9	0.797	0.687	5.469	0.223	1.777	1.176	0.363
11	0.905	0.285	0.927	0.975 4	1.025 2	0.321	1.679	0.313	1.637	3.173	0.315 2	0.787	0.811	5.535	0.256	1.744		
12	0.866	0.266	0.886	0.977 6	1.022 9	0.354	1.646	0.346	1.610	3.258	0.306 9	0.778	0.922	5.594	0.283	1.717		
13	0.832	0.249	0.850	0.979 4	1.021 0	0.382	1.618	0.374	1.585	3.336	0.299 8	0.770	1.025	5.674	0.307	1.693		
14	0.802	0.235	0.817	0.981 0	1.019 4	0.406	1.594	0.399	1.563	3.407	0.293 5	0.763	1.118	5.696	0.328	1.672		
15	0.775	0.223	0.789	0.982 3	1.018 0	0.428	1.572	0.421	1.544	3.472	0.288 0	0.756	1.203	5.741	0.347	1.653		
16	0.750	0.212	0.763	0.983 5	1.016 8	0.448	1.552	0.440	1.526	3.532	0.283.1	0.750	1.282	5.782	0.363	1.637		

续表Ⅵ-1

子样大小 n	均值控制图			标准差控制图						极差控制图							中位数控制图	
	控制界限系数			中心线系数		控制界限系数				中心线系数			控制界限系数				控制界限系数	
	A	A_2	A_3	c_4	$1/c_4$	B_3	B_4	B_5	B_6	d_2	$1/d_2$	d_3	D_1	D_2	D_3	D_4	m_3	m_3A_2
17	0.728	0.203	0.739	0.984 5	1.015 7	0.466	1.534	0.458	1.511	3.588	0.278 7	0.744	1.356	5.820	0.378	1.622		
18	0.707	0.194	0.718	0.985 4	1.014 8	0.482	1.518	0.475	1.496	3.640	0.274 7	0.739	1.424	5.856	0.391	1.608		
19	0.688	0.187	0.698	0.986 2	1.014 0	0.497	1.503	0.490	1.483	3.689	0.271 1	0.734	1.487	5.891	0.403	1.597		
20	0.671	0.180	0.680	0.986 9	1.013 3	0.510	1.490	0.504	1.470	3.735	0.267 7	0.729	1.549	5.921	0.415	1.585		
21	0.655	0.173	0.663	0.987 6	1.012 6	0.523	1.477	0.516	1.459	3.778	0.264 7	0.724	1.605	5.951	0.425	1.575		
22	0.640	0.167	0.647	0.988 2	1.011 9	0.534	1.466	0.528	1.448	3.819	0.261 8	0.720	1.659	5.979	0.434	1.566		
23	0.626	0.162	0.633	0.988 7	1.011 4	0.545	1.455	0.539	1.438	3.858	0.259 2	0.716	1.710	6.006	0.443	1.557		
24	0.612	0.157	0.619	0.989 2	1.010 9	0.555	1.455	0.549	1.429	3.895	0.256 7	0.712	1.759	6.031	0.451	1.548		
25	0.600	0.153	0.606	0.989 6	1.010 5	0.565	1.435	0.559	1.420	3.931	0.254 4	0.708	1.806	6.056	0.459	1.541		

注：当 $n>25$，$A=\frac{3}{\sqrt{n}}$，$A_3=\frac{3}{c_4\sqrt{n}}$，$c_4=\frac{4(n-1)}{4n-3}$，$B_3=1-\frac{3}{c_4\sqrt{2(n-1)}}$，$B_4=1+\frac{3}{c_4\sqrt{2(n-1)}}$，$B_5=c_4-3\sqrt{1-c_4^2}$，$B_6=C_4+3\sqrt{1-c_4^2}$。

附录Ⅶ　计数调整型抽样表

表 Ⅶ-1　样本大小字码

批量范围	特殊检验水平				一般检验水平		
	S-1	S-2	S-3	S-4	Ⅰ	Ⅱ	Ⅲ
2～8	A	A	A	A	A	A	B
9～15	A	A	A	A	A	B	C
16～25	A	A	B	B	B	C	D
26～50	A	B	B	C	C	D	E
51～90	B	B	C	C	C	E	F
91～150	B	B	C	D	D	F	G
151～280	B	C	D	E	E	G	H
281～500	B	C	D	E	F	H	J
501～1 200	C	C	E	F	G	J	K
1 201～3 200	C	D	E	G	H	K	L
3 201～10 000	C	D	F	G	J	L	M
10 001～35 000	C	D	F	H	K	M	N
35 001～150 000	D	E	G	J	L	N	P
150 001～500 000	D	E	G	J	M	P	Q
500 001 以上	D	E	H	K	N	Q	R

表Ⅶ-2　一次正常检查抽样方式(主表)

试样字码	试样大小	合格质量水平(AQL)(正常检查)																			
		0.010		0.015		0.025		0.040		0.065		0.10									
		Ac	*Re*	*Ac*	*Re*	*Ac*	*Re*	*Ac*	*Re*	*Ac*	*Re*	*Ac*	*Re*								
A	2																				
B	3																				
C	5																				
D	8																				
E	13																				
F	20																				
G	32																				
H	50																				
J	80											↓									
K	125									↓		0	1								
L	200							↓		0	1	↑									
M	315					↓		0	1	↑		↓									
N	500			↓		0	1	↑		↓		1	2								
P	800	↓		0	1	↑		↓		1	2	2	3								
Q	1 250	0	1	↑		↓		1	2	2	3	3	4								
R	2 000	↑				1	2	2	3	3	4	5	6								

试样字码	试样大小	0.15		0.25		0.40		0.65		1.0		1.5		2.5		4.0		6.5	
		Ac	*Re*	*Ac*	*Re*	*Ac*	*Re*	*Ac*	*Re*	*Ac*	*Re*	*Ac*	*Re*	*Ac*	*Re*	*Ac*	*Re*	*Ac*	*Re*
A	2															↓		0	1
B	3													↓		0	1	↑	
C	5											↓		0	1	↑		↓	
D	8									↓		0	1	↑		↓		1	2
E	13							↓		0	1	↑		↓		1	2	2	3
F	20					↓		0	1	↑		↓		1	2	2	3	3	4
G	32			↓		0	1	↑		↓		1	2	2	3	3	4	5	6
H	50	↓		0	1	↑		↓		1	2	2	3	3	4	5	6	7	8
J	80	0	1	↑		↓		1	2	2	3	3	4	5	6	7	8	10	11
K	125	↑		↓		1	2	2	3	3	4	5	6	7	8	10	11	14	15
L	200	↓		1	2	2	3	3	4	5	6	7	8	10	11	14	15	21	22
M	315	1	2	2	3	3	4	5	6	7	8	10	11	14	15	21	22	↑	
N	500	2	3	3	4	5	6	7	8	10	11	14	15	21	22	↑			
P	800	3	4	5	6	7	8	10	11	14	15	21	22	↑					
Q	1 250	5	6	7	8	10	11	14	15	21	22	↑							
R	2 000	7	8	10	11	14	15	21	22	↑									

试样字码	试样大小	10		15		25		40		65		100		150		250		400		650		1 000	
		Ac	*Re*	*Ac*	*Re*	*Ac*	*Re*	*Ac*	*Re*	*Ac*	*Re*	*Ac*	*Re*	*Ac*	*Re*	*Ac*	*Re*	*Ac*	*Re*	*Ac*	*Re*	*Ac*	*Re*
A	2			↓		1	2	2	3	3	4	5	6	7	8	10	11	14	15	21	22	30	31
B	3	↓		1	2	2	3	3	4	5	6	7	8	10	11	14	15	21	22	30	31	44	45
C	5	1	2	2	3	3	4	5	6	7	8	10	11	14	15	21	22	30	31	44	45	↑	
D	8	2	3	3	4	5	6	7	8	10	11	14	15	21	22	30	31	44	45	↑			
E	13	3	4	5	6	7	8	10	11	14	15	21	22	30	31	44	45	↑					
F	20	5	6	7	8	10	11	14	15	21	22	↑		↑		↑							
G	32	7	8	10	11	14	15	21	22	↑													
H	50	10	11	14	15	21	22	↑															
J	80	14	15	21	22	↑																	
K	125	21	22	↑																			
L	200	↑																					
M	315																						
N	500																						
P	800																						
Q	1 250																						
R	2 000																						

↓=用箭头下面的第一抽样方式，如果试样大小等于或超过批量，进行全数检查。

↑=用箭头上面的第一抽样方式。

Ac=合格判定数。

Re=不合格判定数。

表Ⅶ-3　一次加严检查方式(主表)

试样字码	试样大小	合格质量水平(AQL)(正常检查)																			
		0.010		0.015		0.025		0.040		0.065		0.10		0.15		0.25		0.40		0.65	
		Ac	Re	Ac	Re	Ac	Re	Ac	Re	Ac	Re	Ac	Re	Ac	Re	Ac	Re	Ac	Re	Ac	Re
A	2																				
B	3																				
C	5																				
D	8																				
E	13																				
F	20																			↓	
G	32																	↓		0	1
H	50															↓		0	1		
J	80													↓		0	1			↓	
K	125											↓		0	1			↓		1	2
L	200									↓		0	1			↓		1	2	2	3
M	315							↓		0	1			↓		1	2	2	3	3	4
N	500					↓		0	1			↓		1	2	2	3	3	4	5	6
P	800			↓		0	1			↓		1	2	2	3	3	4	5	6	8	9
Q	1 250	↓		0	1			↓		1	2	2	3	3	4	5	6	8	9	12	13
R	2 000	0	1	↑		↓		1	2	2	3	3	4	5	6	8	9	12	13	18	19
S	3 150	↑				1	2	2	3	3	4	5	6	8	9	12	13	18	19	↑	

试样字码	试样大小	1.0		1.5		2.5		4.0		6.5		10		15		25		40		65		100		150		250		400		650		1 000	
		Ac	Re	Ac	Re	Ac	Re	Ac	Re	Ac	Re	Ac	Re	Ac	Re	Ac	Re	Ac	Re	Ac	Re	Ac	Re	Ac	Re	Ac	Re	Ac	Re	Ac	Re	Ac	Re
A	2									↓						↓		1	2	2	3	3	4	5	6	8	9	12	13	18	19	27	28
B	3							↓		0	1			↓		1	2	2	3	3	4	5	6	8	9	12	13	18	19	27	28	41	42
C	5					↓		0	1			↓		1	2	2	3	3	4	5	6	8	9	12	13	18	19	27	28	41	42	↑	
D	8			↓		0	1			↓		1	2	2	3	3	4	5	6	8	9	12	13	18	19	27	28	41	42	↑			
E	13	↓		0	1			↓		1	2	2	3	3	4	5	6	8	9	12	13	18	19	27	28	41	42	↑					
F	20	0	1			↓		1	2	2	3	3	4	5	6	8	9	12	13	18	19	↑		↑		↑							
G	32			↓		1	2	2	3	3	4	5	6	8	9	12	13	18	19	↑													
H	50	↓		1	2	2	3	3	4	5	6	8	9	12	13	18	19	↑															
J	80	1	2	2	3	3	4	5	6	8	9	12	13	18	19	↑																	
K	125	2	3	3	4	5	6	8	9	12	13	18	19	↑																			
L	200	3	4	5	6	8	9	12	13	18	19	↑																					
M	315	5	6	8	9	12	13	18	19	↑																							
N	500	8	9	12	13	18	19	↑																									
P	800	12	13	18	19	↑																											
Q	1 250	18	19	↑																													
R	2 000	↑																															
S	3 150																																

↓=用箭头下面的第一抽样方式，如果试样大小等于或超过批量，进行全数检查。

↑=用箭头上面的第一抽样方式。

Ac=合格判定数。

Re=不合格判定数。

表Ⅶ-4　一次放宽检查抽样方式(主表)

合格质量水平(AQL)(正常检查)

试样字码	试样大小	0.010 Ac	0.010 Re	0.015 Ac	0.015 Re	0.025 Ac	0.025 Re	0.040 Ac	0.040 Re	0.065 Ac	0.065 Re	0.10 Ac	0.10 Re	0.15 Ac	0.15 Re	0.25 Ac	0.25 Re
A	2																
B	2																
C	2																
D	3																
E	5																
F	8																
G	13															↓	
H	20													↓		0	1
J	32											↓		0	1	↑	
K	50									↓		0	1	↑		↓	
L	80							↓		0	1	↑		↓		0	2
M	125					↓		0	1	↑		↓		0	2	1	3
N	200			↓		0	1	↑		↓		0	2	1	3	1	4
P	315	↓		0	1	↑		↓		0	2	1	3	1	4	2	5
Q	500	0	1	↑		↓		0	2	1	3	1	4	2	5	3	6
R	800	↑				1	2	1	3	1	4	2	5	3	6	5	8

试样字码	试样大小	0.40 Ac	0.40 Re	0.65 Ac	0.65 Re	1.0 Ac	1.0 Re	1.5 Ac	1.5 Re	2.5 Ac	2.5 Re	4.0 Ac	4.0 Re	6.5 Ac	6.5 Re
A	2											↓		0	1
B	2									↓		0	1	↑	
C	2							↓		0	1	↑		↓	
D	3					↓		0	1	↑		↓		0	2
E	5			↓		0	1	↑		↓		0	2	1	3
F	8	↓		0	1	↑		↓		0	2	1	3	1	4
G	13	0	1	↑		↓		0	2	1	3	1	4	2	5
H	20	↑		↓		0	2	1	3	1	4	2	5	3	6
J	32	↓		0	2	1	3	1	4	2	5	3	6	5	8
K	50	0	2	1	3	1	4	2	5	3	6	5	8	7	10
L	80	1	3	1	4	2	5	3	6	5	8	7	10	10	13
M	125	1	4	2	5	3	6	5	8	7	10	10	13	↑	
N	200	2	5	3	6	5	8	7	10	10	13	↑			
P	315	3	6	5	8	7	10	10	13	↑					
Q	500	5	8	7	10	10	13	↑							
R	800	7	10	10	13	↑									

试样字码	试样大小	10 Ac	10 Re	15 Ac	15 Re	25 Ac	25 Re	40 Ac	40 Re	65 Ac	65 Re	100 Ac	100 Re	150 Ac	150 Re	250 Ac	250 Re	400 Ac	400 Re	650 Ac	650 Re	1 000 Ac	1 000 Re
A	2			↓		1	2	2	3	3	4	5	6	7	8	10	11	14	15	21	22	30	31
B	2	↓		0	2	1	3	2	4	3	5	5	6	7	8	10	11	14	15	21	22	30	31
C	2	0	2	1	3	1	4	2	5	3	6	5	8	7	10	10	13	14	17	21	24	↑	
D	3	1	3	1	4	2	5	3	6	5	8	7	10	10	13	14	17	21	24	↑			
E	5	1	4	2	5	3	6	5	8	7	10	10	13	14	17	21	24	↑					
F	8	2	5	3	6	5	8	7	10	10	13	↑		↑		↑							
G	13	3	6	5	8	7	10	10	13	↑													
H	20	5	8	7	10	10	13	↑															
J	32	7	10	10	13	↑																	
K	50	10	13	↑																			
L	80	↑																					
M	125																						
N	200																						
P	315																						
Q	500																						
R	800																						

↓=用箭头下面的第一抽样方式，如果试样大小等于或超过批量，进行全数检查。

↑=用箭头上面的第一抽样方式。

Ac=合格判定数。*Re*=不合格判定数。

如果试样的不合格品数超过了合格判定数而未达到不合格判定时，判定该批合格，但从下批开始回到正常检查。

表Ⅶ-5　二次正常检查抽样方式(主表)

试样字码	试样	试样大小	累积试样大小	合格质量水平(AQL)(正常检查) 0.010	0.015	0.025	0.040	0.065	0.10	0.15	0.25	0.40	0.65	1.0	1.5	2.5	4.0	6.5	10	15	25	40	65	100	150	250	400	650	1 000
				Ac Re	*Ac Re*	*Ac Re*	*Ac Re*	*Ac Re*	*Ac Re*	*Ac Re*	*Ac Re*	*Ac Re*	*Ac Re*	*Ac Re*	*Ac Re*	*Ac Re*	*Ac Re*	*Ac Re*	*Ac Re*	*Ac Re*	*Ac Re*	*Ac Re*	*Ac Re*	*Ac Re*	*Ac Re*	*Ac Re*	*Ac Re*	*Ac Re*	*Ac Re*
A	第1			↓	↓	↓	↓	↓	↓	↓	↓	↓	↓	↓	↓	↓	↓	*	↓	↓	*	*	*	*	*	*	*	*	*
	第2																												
B	第1	2	2	↓	↓	↓	↓	↓	↓	↓	↓	↓	↓	↓	↓	↓	*	↕	↓	0 2	0 3	1 4	2 5	3 7	5 9	7 11	11 16	17 22	25 31
	第2	4	4																	1 2	3 4	4 5	6 7	8 9	12 13	18 19	26 27	37 38	56 57
C	第1	3	3	↓	↓	↓	↓	↓	↓	↓	↓	↓	↓	↓	↓	*	↕	↕	0 2	0 3	1 4	2 5	3 7	5 9	7 11	11 16	17 22	25 31	↑
	第2	3	6																1 2	3 4	4 5	6 7	8 9	12 13	18 19	26 27	37 38	56 57	
D	第1	5	5	↓	↓	↓	↓	↓	↓	↓	↓	↓	↓	↓	*	↕	↕	0 2	0 3	1 4	2 5	3 7	5 9	7 11	11 16	17 22	25 31	↑	↑
	第2	5	10															1 2	3 4	4 5	6 7	8 9	12 13	18 19	26 27	37 38	56 57		
E	第1	8	8	↓	↓	↓	↓	↓	↓	↓	↓	↓	↓	*	↕	↕	0 2	0 3	1 4	2 5	3 7	5 9	7 11	11 16	17 22	25 31	↑	↑	↑
	第2	8	16													1 2	3 4	4 5	6 7	8 9	12 13	18 19	26 27	37 38	56 57				
F	第1	13	13	↓	↓	↓	↓	↓	↓	↓	↓	↓	*	↕	↕	0 2	0 3	1 4	2 5	3 7	5 9	7 11	11 16	↑	↑	↑	↑	↑	↑
	第2	13	26													1 2	3 4	4 5	6 7	8 9	12 13	18 19	26 27						
G	第1	20	20	↓	↓	↓	↓	↓	↓	↓	↓	*	↕	↕	0 2	0 3	1 4	2 5	3 7	5 9	7 11	11 16	↑	↑	↑	↑	↑	↑	↑
	第2	20	40												1 2	3 4	4 5	6 7	8 9	12 13	18 19	26 27							
H	第1	32	32	↓	↓	↓	↓	↓	↓	↓	*	↕	↕	0 2	0 3	1 4	2 5	3 7	5 9	7 11	11 16	↑	↑	↑	↑	↑	↑	↑	↑
	第2	32	64											1 2	3 4	4 5	6 7	8 9	12 13	18 19	26 27								
J	第1	50	50	↓	↓	↓	↓	↓	↓	*	↕	↕	0 2	0 3	1 4	2 5	3 7	5 9	7 11	11 16	↑	↑	↑	↑	↑	↑	↑	↑	↑
	第2	50	100										1 2	3 4	4 5	6 7	8 9	12 13	18 19	26 27									
K	第1	80	80	↓	↓	↓	↓	↓	*	↕	↕	0 2	0 3	1 4	2 5	3 7	5 9	7 11	11 16	↑	↑	↑	↑	↑	↑	↑	↑	↑	↑
	第2	80	160									1 2	3 4	4 5	6 7	8 9	12 13	18 19	26 27										
L	第1	125	125	↓	↓	↓	↓	*	↕	↕	0 2	0 3	1 4	2 5	3 7	5 9	7 11	11 16	↑	↑	↑	↑	↑	↑	↑	↑	↑	↑	↑
	第2	125	250								1 2	3 4	4 5	6 7	8 9	12 13	18 19	26 27											
M	第1	200	200	↓	↓	↓	*	↕	↕	0 2	0 3	1 4	2 5	3 7	5 9	7 11	11 16	↑	↑	↑	↑	↑	↑	↑	↑	↑	↑	↑	↑
	第2	200	400							1 2	3 4	4 5	6 7	8 9	12 13	18 19	26 27												
N	第1	315	315	↓	↓	*	↕	↕	0 2	0 3	1 4	2 5	3 7	5 9	7 11	11 16	↑	↑	↑	↑	↑	↑	↑	↑	↑	↑	↑	↑	↑
	第2	315	630						1 2	3 4	4 5	6 7	8 9	12 13	18 19	26 27													
P	第1	500	500	↓	*	↕	↕	0 2	0 3	1 4	2 5	3 7	5 9	7 11	11 16	↑	↑	↑	↑	↑	↑	↑	↑	↑	↑	↑	↑	↑	↑
	第2	500	1 000					1 2	3 4	4 5	6 7	8 9	12 13	18 19	26 27														
Q	第1	800	800	*	↑	↕	0 2	0 3	1 4	2 5	3 7	5 9	7 11	11 16	↑	↑	↑	↑	↑	↑	↑	↑	↑	↑	↑	↑	↑	↑	↑
	第2	800	1 600				1 2	3 4	4 5	6 7	8 9	12 13	18 19	26 27															
R	第1	1 250	1 250	↑	↑	0 2	0 3	1 4	2 5	3 7	5 9	7 11	11 16	↑	↑	↑	↑	↑	↑	↑	↑	↑	↑	↑	↑	↑	↑	↑	↑
	第2	1 250	2 500			1 2	3 4	4 5	6 7	8 9	12 13	18 19	26 27																

↓=用箭头下面的第一抽样方式，如果试样大小等于或超过批量，进行全数检查。

↑=用箭头上面的第一抽样方式。

Ac=合格判定数。*Re*=不合格判定数。*=采用对应的一次抽检方式。

表Ⅶ-6 二次加严检查抽样方式(主表)

试样字码	试样	试样大小	累积试样大小	合格质量水平(AQL)(正常检查)																									
				0.010	0.015	0.025	0.040	0.065	0.10	0.15	0.25	0.40	0.65	1.0	1.5	2.5	4.0	6.5	10	15	25	40	65	100	150	250	400	650	1 000
				Ac Re	*Ac Re*	*Ac Re*	*Ac Re*	*Ac Re*	*Ac Re*	*Ac Re*	*Ac Re*	*Ac Re*	*Ac Re*	*Ac Re*	*Ac Re*	*Ac Re*	*Ac Re*	*Ac Re*	*Ac Re*	*Ac Re*	*Ac Re*	*Ac Re*	*Ac Re*	*Ac Re*	*Ac Re*	*Ac Re*	*Ac Re*	*Ac Re*	*Ac Re*
A	第1			↓	↓	↓	↓	↓	↓	↓	↓	↓	↓	↓	↓	↓	↓	↓	↓	↓	↓	*	*	*	*	*	*	*	*
	第2																												
B	第1	2	2	↓	↓	↓	↓	↓	↓	↓	↓	↓	↓	↓	↓	↓	↓	*	↓	↓	0 2	0 3	1 4	2 5	3 7	6 10	9 14	15 20	23 29
	第2	4	4																		1 2	3 4	4 5	6 7	11 12	15 16	23 24	34 35	52 53
C	第1	3	3	↓	↓	↓	↓	↓	↓	↓	↓	↓	↓	↓	↓	↓	*	↓	↓	0 2	0 3	1 4	2 5	3 7	6 10	9 14	15 20	23 29	↑
	第2	3	6																	1 2	3 4	4 5	6 7	11 12	15 16	23 24	34 35	52 53	
D	第1	5	5	↓	↓	↓	↓	↓	↓	↓	↓	↓	↓	↓	↓	*	↓	↓	0 2	0 3	1 4	2 5	3 7	6 10	9 14	15 20	23 29	↑	↑
	第2	5	10																1 2	3 4	4 5	6 7	11 12	15 16	23 24	34 35	52 53		
E	第1	8	8	↓	↓	↓	↓	↓	↓	↓	↓	↓	↓	↓	*	↓	↓	0 2	0 3	1 4	2 5	3 7	6 10	9 14	15 20	23 29	↑	↑	↑
	第2	8	16															1 2	3 4	4 5	6 7	11 12	15 16	23 24	34 35	52 53			
F	第1	13	13	↓	↓	↓	↓	↓	↓	↓	↓	↓	↓	*	↓	↓	0 2	0 3	1 4	2 5	3 7	6 10	9 14	↑	↑	↑	↑	↑	↑
	第2	13	26														1 2	3 4	4 5	6 7	11 12	15 16	23 24						
G	第1	20	20	↓	↓	↓	↓	↓	↓	↓	↓	↓	*	↓	↓	0 2	0 3	1 4	2 5	3 7	6 10	9 14	↑	↑	↑	↑	↑	↑	↑
	第2	20	40													1 2	3 4	4 5	6 7	11 12	15 16	23 24							
H	第1	32	32	↓	↓	↓	↓	↓	↓	↓	↓	*	↓	↓	0 2	0 3	1 4	2 5	3 7	6 10	9 14	↑	↑	↑	↑	↑	↑	↑	↑
	第2	32	64											1 2	3 4	4 5	6 7	11 12	15 16	23 24									
J	第1	50	50	↓	↓	↓	↓	↓	↓	↓	*	↓	↓	0 2	0 3	1 4	2 5	3 7	6 10	9 14	↑	↑	↑	↑	↑	↑	↑	↑	↑
	第2	50	100											1 2	3 4	4 5	6 7	11 12	15 16	23 24									
K	第1	80	80	↓	↓	↓	↓	↓	↓	*	↓	↓	0 2	0 3	1 4	2 5	3 7	6 10	9 14	↑	↑	↑	↑	↑	↑	↑	↑	↑	↑
	第2	80	160										1 2	3 4	4 5	6 7	11 12	15 16	23 24										
L	第1	125	125	↓	↓	↓	↓	↓	*	↓	↓	0 2	0 3	1 4	2 5	3 7	6 10	9 14	↑	↑	↑	↑	↑	↑	↑	↑	↑	↑	↑
	第2	125	250									1 2	3 4	4 5	6 7	11 12	15 16	23 24											
M	第1	200	200	↓	↓	↓	↓	*	↓	↓	0 2	0 3	1 4	2 5	3 7	6 10	9 14	↑	↑	↑	↑	↑	↑	↑	↑	↑	↑	↑	↑
	第2	200	400								1 2	3 4	4 5	6 7	11 12	15 16	23 24												
N	第1	315	315	↓	↓	↓	*	↓	↓	0 2	0 3	1 4	2 5	3 7	6 10	9 14	↑	↑	↑	↑	↑	↑	↑	↑	↑	↑	↑	↑	↑
	第2	315	630							1 2	3 4	4 5	6 7	11 12	15 16	23 24													
P	第1	500	500	↓	↓	*	↓	↓	0 2	0 3	1 4	2 5	3 7	6 10	9 14	↑	↑	↑	↑	↑	↑	↑	↑	↑	↑	↑	↑	↑	↑
	第2	500	1 000						1 2	3 4	4 5	6 7	11 12	15 16	23 24														
Q	第1	800	800	↓	*	↓	↓	0 2	0 3	1 4	2 5	3 7	6 10	9 14	↑	↑	↑	↑	↑	↑	↑	↑	↑	↑	↑	↑	↑	↑	↑
	第2	800	1 600					1 2	3 4	4 5	6 7	11 12	15 16	23 24															
R	第1	1 250	1 250	*	↑	↓	0 2	0 3	1 4	2 5	3 7	6 10	9 14	↑	↑	↑	↑	↑	↑	↑	↑	↑	↑	↑	↑	↑	↑	↑	↑
	第2	1 250	2 500				1 2	3 4	4 5	6 7	11 12	15 16	23 24																
S	第1	1 250	1 250			0 2																							
	第2	1 250	2 500			1 2																							

↓=用箭头下面的第一抽样方式，如果试样大小等于或超过批量，进行全数检查。

↑=用箭头上面的第一抽样方式。

Ac=合格判定数。*Re*=不合格判定数。*=采用对应的一次抽检方式。

表Ⅶ-7　二次放宽检查抽样方式(主表)

试样字码	试样	试样大小	累积试样大小	合格质量水平(AQL)(正常检查)															
				0.010		0.015		0.025		0.040		0.065		0.10		0.15		0.25	
				Ac	*Re*	*Ac*	*Re*	*Ac*	*Re*	*Ac*	*Re*	*Ac*	*Re*	*Ac*	*Re*	*Ac*	*Re*	*Ac*	*Re*
A	第1			↓		↓		↓		↓		↓		↓		↓		↓	
	第2																		
B	第1	2	2	↓		↓		↓		↓		↓		↓		↓		↓	
	第2	4	4																
C	第1	3	3	↓		↓		↓		↓		↓		↓		↓		↓	
	第2	3	6																
D	第1	5	5	↓		↓		↓		↓		↓		↓		↓		↓	
	第2	5	10																
E	第1	8	8	↓		↓		↓		↓		↓		↓		↓		↓	
	第2	8	16																
F	第1	13	13	↓		↓		↓		↓		↓		↓		↓		↓	
	第2	13	26																
G	第1	20	20	↓		↓		↓		↓		↓		↓		↓		↓	
	第2	20	40																
H	第1	32	32	↓		↓		↓		↓		↓		↓		↓		*	
	第2	32	64																
J	第1	50	50	↓		↓		↓		↓		↓		↓		*		↕	
	第2	50	100																
K	第1	80	80	↓		↓		↓		↓		↓		*		↕		↕	
	第2	80	160																
L	第1	125	125	↓		↓		↓		↓		*		↕		↕		0	2
	第2	125	250															0	2
M	第1	200	200	↓		↓		↓		*		↕		↕		0	2	0	3
	第2	200	400													0	2	0	4
N	第1	315	315	↓		↓		*		↕		↕		0	2	0	3	0	4
	第2	315	630											0	2	0	4	1	5
P	第1	500	500	↓		*		↕		↕		0	2	0	3	0	4	0	4
	第2	500	1 000									0	2	0	4	1	5	3	6
Q	第1	800	800	*		↑		↕		0	2	0	3	0	4	0	4	1	5
	第2	800	1 600							0	2	0	4	1	5	3	6	4	7
R	第1	1 250	1 250	↑		↑		0	2	0	3	0	4	0	4	1	5	2	7
	第2	1 250	2 500					0	2	0	4	1	5	3	6	4	7	6	9

试样字码	试样	0.40		0.65		1.0		1.5		2.5		4.0		6.5		10		15	
		Ac	*Re*	*Ac*	*Re*	*Ac*	*Re*	*Ac*	*Re*	*Ac*	*Re*	*Ac*	*Re*	*Ac*	*Re*	*Ac*	*Re*	*Ac*	*Re*
A	第1	↓		↓		↓		↓		↓		↓		*		↓		↓	
	第2																		
B	第1	↓		↓		↓		↓		↓		*		↕		↓		*	
	第2																		
C	第1	↓		↓		↓		↓		*		↕		↕		*		*	
	第2																		
D	第1	↓		↓		↓		*		↕		↕		0	2	0	3	0	4
	第2													0	2	0	4	1	5
E	第1	↓		↓		*		↕		↕		0	2	0	3	0	4	0	4
	第2											0	2	0	4	1	5	3	6
F	第1	↓		*		↕		↕		0	2	0	3	0	4	0	4	1	5
	第2									0	2	0	4	1	5	3	6	4	7
G	第1	*		↕		↕		0	2	0	3	0	4	0	4	1	5	2	7
	第2							0	2	0	4	1	5	3	6	4	7	6	9
H	第1	↕		↕		0	2	0	3	0	4	0	4	1	5	2	7	3	8
	第2					0	2	0	4	1	5	3	6	4	7	6	9	8	12
J	第1	↕		0	2	0	3	0	4	0	4	1	5	2	7	3	8	5	10
	第2			0	2	0	4	1	5	3	6	4	7	6	9	8	12	12	16
K	第1	0	2	0	3	0	4	0	4	1	5	2	7	3	8	5	10	↑	
	第2	0	2	0	4	1	5	3	6	4	7	6	9	8	12	12	16		
L	第1	0	3	0	4	0	4	1	5	2	7	3	8	5	10	↑		↑	
	第2	0	4	1	5	3	6	4	7	6	9	8	12	12	16				
M	第1	0	4	0	4	1	5	2	7	3	8	5	10	↑		↑		↑	
	第2	1	5	3	6	4	7	6	9	8	12	12	16						
N	第1	0	4	1	5	2	7	3	8	5	10	↑		↑		↑		↑	
	第2	3	6	4	7	6	9	8	12	12	16								
P	第1	1	5	2	7	3	8	5	10	↑		↑		↑		↑		↑	
	第2	4	7	6	9	8	12	12	16										
Q	第1	2	7	3	8	5	10	↑		↑		↑		↑		↑		↑	
	第2	6	9	8	12	12	16												
R	第1	3	8	5	10	↑		↑		↑		↑		↑		↑		↑	
	第2	8	12	12	16														

试样字码	试样	25		40		65		100		150		250		400		650		1 000	
		Ac	*Re*	*Ac*	*Re*	*Ac*	*Re*	*Ac*	*Re*	*Ac*	*Re*	*Ac*	*Re*	*Ac*	*Re*	*Ac*	*Re*	*Ac*	*Re*
A	第1	*		*		*		*		*		*		*		*		*	
	第2																		
B	第1	*		*		*		*		*		*		*		*		*	
	第2																		
C	第1	*		*		*		*		*		*		*		*		↑	
	第2																		
D	第1	0	4	1	5	2	7	3	8	5	10	7	12	11	17	↑		↑	
	第2	3	6	4	7	6	9	8	12	12	16	18	22	26	30				
E	第1	1	5	2	7	3	8	5	10	7	12	11	17	↑		↑		↑	
	第2	4	7	6	9	8	12	12	16	18	22	26	30						
F	第1	2	7	3	8	5	10	↑		↑		↑		↑		↑		↑	
	第2	6	9	8	12	12	16												
G	第1	3	8	5	10	↑		↑		↑		↑		↑		↑		↑	
	第2	8	12	12	16														
H	第1	5	10	↑		↑		↑		↑		↑		↑		↑		↑	
	第2	12	16																
J	第1	↑		↑		↑		↑		↑		↑		↑		↑		↑	
	第2																		
K	第1	↑		↑		↑		↑		↑		↑		↑		↑		↑	
	第2																		
L	第1	↑		↑		↑		↑		↑		↑		↑		↑		↑	
	第2																		
M	第1	↑		↑		↑		↑		↑		↑		↑		↑		↑	
	第2																		
N	第1	↑		↑		↑		↑		↑		↑		↑		↑		↑	
	第2																		
P	第1	↑		↑		↑		↑		↑		↑		↑		↑		↑	
	第2																		
Q	第1	↑		↑		↑		↑		↑		↑		↑		↑		↑	
	第2																		
R	第1	↑		↑		↑		↑		↑		↑		↑		↑		↑	
	第2																		

↓=用箭头下面的第一抽样方式，如果试样大小等于或超过批量，进行全数检查。

↑=用箭头上面的第一抽样方式。

Ac=合格判定数。*Re*=不合格判定数。

*=采用对应的一次抽检方式。

表Ⅶ-8 放宽检验的界限数

最近10批样本大小之和	合格质量水平(AQL)(正常检查)																									
	0.010	0.015	0.025	0.040	0.065	0.10	0.15	0.25	0.40	0.65	1.0	1.5	2.5	4.0	6.5	10	15	25	40	65	100	150	250	400	650	1 000
20～29	*	*	*	*	*	*	*	*	*	*	*	*	*	*	*	0	0	2	4	8	14	22	40	68	115	181
30～49	*	*	*	*	*	*	*	*	*	*	*	*	*	*	0	0	1	3	7	13	22	36	63	105	178	277
50～79	*	*	*	*	*	*	*	*	*	*	*	*	*	0	0	2	3	7	14	25	40	63	110	181	301	
80～129	*	*	*	*	*	*	*	*	*	*	*	*	0	0	2	4	7	14	24	42	68	105	181	297		
130～199	*	*	*	*	*	*	*	*	*	*	*	0	0	2	4	7	13	25	42	72	115	177	301	490		
200～319	*	*	*	*	*	*	*	*	*	*	0	0	2	4	8	14	22	40	68	115	181	277	471			
320～499	*	*	*	*	*	*	*	*	*	0	0	1	4	8	14	24	39	68	113	189						
500～799	*	*	*	*	*	*	*	*	0	0	2	3	7	14	25	40	63	110	181							
800～1 249	*	*	*	*	*	*	*	0	0	2	4	7	14	24	42	68	105	181								
1 250～1 999	*	*	*	*	*	*	0	0	2	4	7	13	24	40	69	110	169									
2 000～3 149	*	*	*	*	*	0	0	2	4	8	14	22	40	68	115	181										
3 150～4 999	*	*	*	*	0	0	1	4	8	14	24	38	68	111	186											
5 000～7 999	*	*	*	0	0	2	3	7	14	25	40	63	111	181												
8 000～12 499	*	*	0	0	2	4	7	14	24	42	68	105	181													
12 500～19 999	*	0	0	2	4	7	13	24	40	69	110	169														
20 000～31 499	0	0	2	4	8	14	22	40	68	115	181															
31 500～49 999	0	1	4	8	14	24	38	67	111	186																
50 000以上	2	3	7	14	25	40	63	110	181	301																

*表示对于此AQL而言,用最近10批的样本不足以决定是否可放宽检验，需要计算更多的批来决定。

附录Ⅷ　典型质量事故案例

1. 挑战者号航天飞机灾难

挑战者号航天飞机于美国东部时间1986年1月28日上午11时39分在美国佛罗里达州发射。挑战者号航天飞机升空后,因其右侧固体火箭助推器的O型环密封圈失效,毗邻的外部燃料舱在泄漏出的火焰的高温烧灼下结构失效,使高速飞行中的航天飞机在空气阻力的作用下于发射后的第73 s解体,机上7名宇航员全部罹难。

具体而言,此次事故的根源是一个不起眼的橡胶部件——O型环。由于发射时气温过低,橡胶失去弹性,使得原本应该是密封的固体火箭助推器内的高压高热气体泄漏,最终导致高速飞行的航天飞机在高空解体。

发射前一晚,NASA工程师和负责飞船焊接及密封的塞奥科公司工程师一起讨论了天气对任务的影响。虽然有人表示了对橡胶材料密封性的担忧,但最终管理层还是决定进行发射。28日上午11时39分,航天飞机主发动机点火,仅0.6 s后,第一个故障征兆就已显现。从现场摄像机拍摄的画面中可以看到,一股黑色烟雾从发动机右侧尾部喷出,持续了约2 s。事后调查表明,此黑烟是由接缝开裂导致,主O型环原本的作用是封闭该裂缝,但由于温度过低失效,而副O型环又因为金属部分的崩离而偏离了原有位置。点火后58 s,一台追踪摄像机捕捉到了右侧发动机靠近尾部支架处出现的烟羽,可燃气体开始泄漏。第64 s,烟羽突然改变了形状,同时出现了肉眼可见的异常火光,这表明尾部燃料舱的液氢舱开始出现泄漏。然而,在地面控制人员和宇航员看来,出现这种情况还在正常范畴内。第68 s时,地面通信告知宇航员执行加速,不到10 s之后,挑战者号在14 600多米的高空解体,随着外部燃料箱的瓦解,脱离了正常飞行姿态的挑战者号在巨大气流冲击下被撕裂。25 s后,残存的驾驶舱在惯性作用下升至19 800 m高空,随后开始自由落体,在数分钟后以330 km/h的高速溅落海面。

这次灾难性事故导致美国的航天飞机飞行计划被冻结了长达32个月之久。在此期间,美国总统罗纳德·里根委派罗杰斯委员会对该事故进行调查。罗杰斯委员会发现,美国国家航空航天局(NASA)的组织文化与决策过程中的缺陷与错误是导致这次事件的关键因素。NASA的管理层事前已经知道承包商莫顿·塞奥科公司设计的固体火箭助推器存在潜在的缺陷,但未能提出改进意见。他们也忽视了工程师对于在低温下进行发射的危险性发出的警告,并未能充分地将这些技术隐患报告给上级。罗杰斯委员会向NASA提出了9项建议,并要求NASA在继续航天飞机飞行计划前贯彻这些建议。

2. 丰田召回事件

丰田产品大规模召回起源于美国。2009年8月28日,美国发生了一起丰田雷克萨斯因加速器失灵造成车毁人亡的惨剧,成为丰田汽车被召回的触发点。事实上,在此之前美国有关部门就收到多起有关丰田汽车无故突然自动加速的报告,美国州立农业保险公司早在2004年2月就向美国公路交通安全监管部门提交了报告,指出了丰田汽车在行驶中会突然加速并导致事故。

2009年9月,丰田公司在美国宣布:因部分汽车可能由于前排处的脚垫“向前滑动并卡住油门”而引发“只能加速不能刹车”的严重缺陷,共召回380万辆“脚垫问题汽车”。11月26

日，召回车型扩大到 420 万辆。

到了 2010 年 1 月 21 日，丰田公司又宣布，由于部分车辆电子油门系统机械方面的原因，导致汽车油门踏板在驾驶者脚松开后可能出现自然加速的现象，为此将召回 RAV4、卡罗拉、Matrix、Avalon、凯美瑞、汉兰达、Tundra、Sequoia 等 8 款车型，召回总量达到 230 万辆。1 月 27 日，丰田公司进一步召回 110 万辆脚垫缺陷汽车，并暂停在美国销售此 8 款车型。此后，丰田公司相继在欧洲、中东、拉美及其他地区市场召回数百万辆汽车。在我国，1 月 28 日丰田中国宣布对自 2009 年 3 月开始上市销售的国产 RAV4 全部召回，涉及车辆 75 552 辆，同时停止对 RAV4 所有车型的销售。

更具体来说，汽车脚垫引发的故障模式较为简单：因为驾驶员区域脚垫过长，油门踏板存在被脚垫卡住的风险，可能导致车辆自动加速现象，从而严重影响驾驶者和车内乘客的人身安全。其应对措施也非常简单，重新设计脚垫形状并进行更换即可完全消除上述隐患。与此相比，油门踏板的设计隐患则相对复杂，由于踏板机构的机械部件存在问题，故在油门踏板放松时可能出现阻滞现象，这将直接影响油门踏板无法及时归位，因 RAV4 使用的是电子油门，这时位移传感器会持续传递错误讯号，使汽车违背驾驶人意愿持续加速。对于这种问题的解决方式也较为简单，只需要更换重新设计的油门踏板的机械部件即可。

导致上述一系列召回事件的直接原因是汽车设计生产质量控制的不过关，但深层次的根本原因是丰田公司扩张速度过快，相应的产品质量管理和人员培训没有及时跟进，导致大批量汽车的某些部件存在设计和制造问题。丰田召回事件对我们的深刻启示是：在企业(特别是丰田这种体量庞大的世界级企业)扩张市场期间，一定要认真思考员工提出的各类建议，对客户反馈的质量问题要特别重视，对高层的发展理念要经常进行反思，切戒奢侈浮华，力求稳健朴实，要始终牢记公司长久的发展纲领和文化。切忌盲目降低成本，要始终注重产品售后维修服务和客户信息反馈，在前期就要避免重大质量问题的累积和爆发。

3. 三星 Note 7 爆炸事件

“三星电池门”是指三星 Galaxy Note 7 手机发布一个多月，已在全球范围内发生 30 多起因电池缺陷造成的爆炸和起火事故。官方声称自燃原因为电池，因而得名“电池门”，实际自燃原因不明。

三星 Galaxy Note 7 于 2016 年 8 月 2 日北京时间 23:00 在美国纽约、英国伦敦、巴西里约同步发布。2016 年 8 月 24 日，韩国知名手机论坛发布疑似 Note 7 爆炸图片；截至 9 月初，全球爆出至少有 35 起三星 Note 7 爆炸，这也导致美国 FAA、欧洲 EASA、日本国土交通省等国家/地区民航当局将 Note 7 列入危险品之列，禁止旅客携带 Note 7 登机。10 月 10 日，三星宣布全球停售 Note 7，三星手机经历了有史以来最痛苦的 46 天，而这款作为史上最短命旗舰手机的三星 Note 7 也终于以悲剧的形式退出历史舞台。

事件发生后，三星联合第三方机构对本次极为罕见的质量事故进行了详尽的调查，与此同时，媒体与民众也对三星手机爆炸的真实原因猜测纷纷。韩国《经济日报》称，三星 Note 7 的电池供应商主要有两家，一个是三星子公司 SDI，由 ITM 半导体公司封装；另一个是中国的 ATL(新能源)。其中三星 SDI 占比 70%，韩国或者越南产的 Note 7 就采用了这一供应商的电池，而中国制造的 Note 7 则选择的是 ATL。但没想到正是这家占大头的三星自家供应商在关键时刻掉了链子，三星 SDI 为了安全在电池设计上做了不少改动，但 Note 7 电池 R 角仍然会发生短路问题，从而引发自燃，甚至爆炸。三星曾表示“生产过程中一个罕见的错误导致电池正负极相触,造成电池过热”,这似乎是在描述内部短路,但三星没有对此给出更多细节。

此外,有外媒依据网传的爆炸图片及当事人描述猜测,Note 7 爆炸正是由机械损坏导致的短路引起。因为在多起爆炸事件中,当事人并没有在给手机充电,没有提到手机在爆炸前出现膨胀的情况,并且从爆炸后的图片来看,如果是过热导致的爆炸,手机烧毁面积应该更大。此外,还有观点认为爆炸的原因可能是快速充电导致手机过热、曲面屏设计对电池造成压力、内部机械应力等。

2017 年 1 月 23 日,历时多个月的调查,三星电子在首尔召开新闻发布会,公布 Note 7 事件调查结果,并现场向全球消费者、运营商、经销商以及商业伙伴道歉。三星委托美国保险商实验室、Exponent 实验室以及德国莱茵 TUV 集团等第三方机构,对 20 万部手机、3 万块电池进行大规模充放电测试,结果在 Note 7 搭载的 A 电池和 B 电池中均发现了不同原因导致的燃损现象,最终调查结果显示,Note 7 燃损的原因在于电池。

三星承认,为了追求创新与卓越的设计,就 Galaxy Note 7 电池设置了规格和标准,而这种电池在设计与制造过程中存在的问题,未能在 Note 7 发布之前发现和证实。鉴于此次严重质量事故的惨痛教训,三星表示,即将展开一系列强化防范措施,包含燃损原因的改善、8 项电池安全性检查措施、多重安全措施协议等,避免类似事故重演。

附录Ⅸ　质量工程技术领域主要中英文期刊

1.《质量与可靠性》

简介：

《质量与可靠性》是中国航天工业质量协会与中国航天标准化研究所联合主办的质量与可靠性技术综合性期刊。该期刊立足航天科技工业，面向整个国防科技工业，并为广大民用工业服务。

该刊设有产品质量管理、通用质量特性、质量管理体系、热点专栏、专家论坛、前沿技术探讨、质量标杆、QC 平台、信息动态等栏目。

期刊官网：

https://navi.cnki.net/knavi/JournalDetail?pcode=CJFD&pykm=ZNYZ

投稿办法：

来稿可以附件形式发送电子邮件至 qar708@126.com，在邮件主题栏中用中文注明“投稿+论文题目”。

2.《Journal of Quality Technology, JQT》

简介：

JQT 是美国质量协会 ASQ 主办的质量技术学术期刊，2019 年 SCI 影响因子为 2.019。

该刊主要刊登各类质量控制新技术理论及应用，技术重点是各类先进的控制图。

期刊官网：

https://www.tandfonline.com/toc/ujqt20/current

投稿网站：

https://mc.manuscriptcentral.com/jqt

3.《Quality Engineering, QE》

简介：

QE 是美国质量协会 ASQ 主办的质量工程学术期刊，2019 年 SCI 影响因子为 1.320。

该刊主要刊登试验设计、测量系统分析、工程过程建模、产品和工艺优化、质量控制与工艺监控、工程回归分析、可靠性工程、响应曲面方法、稳健设计、六西格玛、工程测试等方面的学术论文。

期刊官网：

https://www.tandfonline.com/loi/lqen20

投稿网站：

https://mc.manuscriptcentral.com/lqen

4.《Quality and Reliability Engineering International,QREI》

简介:

QREI 是面向质量与可靠性工程技术应用的综合学术期刊,2019 年 SCI 影响因子为 1.718。

该刊主要刊登试验设计、统计过程控制、过程监测、过程能力分析、控制图、稳健设计、可靠性工程、能力指数、工程过程控制、因子设计、质量改进、偏差消除等方面的学术论文。

期刊官网:

http://onlinelibrary.wiley.com/journal/10.1002/(ISSN)1099-1638

投稿网站:

http://mc.manuscriptcentral.com/qre

5.《Total Quality Management & Business Excellence,TQM》

简介:

TQM 是面向全面质量管理的新方法和新技术研究及应用的综合学术期刊,2019 年 SCI 影响因子为 2.922。

该刊主要刊登质量文化、质量策略、质量体系、质量技术与工具等方面的学术论文。

期刊官网:

https://www.tandfonline.com/toc/ctqm20/current

投稿网站:

http://mc.manuscriptcentral.com/ctqm

6.《Quality Technology & Quantitative Management,QTQM》

简介:

QTQM 是面向质量量化管理的新技术研究及应用的学术期刊,2019 年 SCI 影响因子为 2.231。

该刊主要刊登质量、可靠性、排队服务系统、应用统计新技术及其工商业管理应用等方面的学术论文。

期刊官网:

http://www.tandfonline.com/toc/ttqm20/current

投稿网站:

https://rp.tandfonline.com/submission/create?journalCode=TTQM